煤炭职业教育"十四五"规划教材

重力选煤技术

主　编　贾雪梅　赵　辉
参编人员　李毅红　陈建鹏　沙　杰　梁　龙
　　　　　　严　瑾　张舒洁

应急管理出版社

·北　京·

内 容 提 要

本书紧密结合选煤行业生产特点，针对重力选煤过程中的基本理论、选煤方法、典型工艺、重力选煤效果评定等做了较为系统的阐述。主要内容包括重力选煤的理论基础、原煤准备作业、跳汰选煤、重介质选煤、其他重力选煤方法、重力选煤生产工艺、煤炭可选性分析和重力选煤工艺效果评定、重力选煤实训。

本书既可作为高职高专煤炭清洁利用技术、煤化工技术等专业师生教学用书，也适合作为选煤领域工程技术人员的参考书。

前　言

随着我国碳达峰碳中和目标的提出，选煤技术作为煤炭清洁高效利用的龙头也有了长足的发展。为了能及时反映重力选煤技术的前沿进展，同时满足教育部高等职业教育专科专业目录调整后煤炭清洁利用技术相关专业的教学需求，我们总结近年来的教学和工作心得，编写了本书。

本书全面贯彻党的教育方针，落实立德树人根本任务，以项目为单位梳理课程蕴含的思想政治教育元素，整理为课程思政案例，助力"三全育人"。本书在内容上面向一线重力选煤技术核心岗位，对照煤炭清洁利用技术国家专业教学标准，紧跟选煤行业发展现状，将新工艺、新标准等引入教材。采用新型立体化教材的编写方式，以任务为基本教学单元，内容包括任务目标、课程思政、任务描述、任务知识、任务习题。同时配备微课、动画、PPT、课程标准、电子教案等阅读资料，读者可以扫描二维码随时阅读，增加了教材的立体感，助力以学生为中心的"课堂革命"改革。以上颗粒化教学资源可从"智慧职教平台煤化工技术省级教学资源库"获取用于组织课堂教学，推进信息技术与教学有机融合，助推"课堂革命"改革。书中还融入了煤炭清洁利用"1+X"证书职业技能等级标准有关内容及要求，落实"三教"改革，推动"书证融通"综合育人。

本书由贾雪梅、赵辉担任主编，参编人员有李毅红、陈建鹏、沙杰、梁龙、严瑾、张舒洁。各部分编写分工如下：绪论、项目七和附录由陕西能源职业技术学院贾雪梅编写；项目一由陕西新能选煤技术有限公司李毅红编写；项目二由陕西能源职业技术学院严瑾编写；项目三由陕西能源职业技术学院赵辉编写；项目四由国家能源集团神东洗选中心陈建鹏编写；项目五由中国矿业大学梁龙编写；项目六由陕西能源职业技术学院贾雪梅和中煤科工集团北京华宇工程有限公司张舒洁编写；项目八由中国矿业大学沙杰编写。

本书的顺利出版得到了中国煤炭工业协会、应急管理出版社、陕西新能选煤技术有限公司、陕西能源职业技术学院等单位的大力支持和帮助，在此表示诚挚的感谢。本书在编写过程中引用或参考了国内外各位专家学者的文献和研究成果,在此对相关专家学者表示崇高的敬意和衷心的感谢。

由于编者水平有限,书中疏漏之处在所难免,恳请广大读者批评指正。

编 者

2024 年 4 月

二维码索引

微课

序号	名称	图形	页码	序号	名称	图形	页码
1	重力选煤基本原理		20	8	颚式破碎机		39
2	筛分概述		28	9	齿辊式破碎机		40
3	筛分过程影响因素		28	10	冲击式破碎机		41
4	筛分过程分析		30	11	跳汰分选		47
5	筛分机械		31	12	重悬浮液性质		87
6	振动筛的使用与维护		32	13	重介质分选机		89
7	破碎概述		36	14	重介质旋流器		102

（续）

序号	名称	图形	页码	序号	名称	图形	页码
15	重悬浮液的回收与净化		112	20	浮沉试验		174,211
16	TBS 干扰床分选		132	21	浮沉试验资料整理		179,214
17	螺旋分选		136,216	22	可选性曲线及其应用		187,214
18	摇床分选		142,218	23	分配曲线		192
19	风力干法分选		147	24	重力选煤工艺效果的评定		200

动　　画

序号	名称	图形	页码	序号	名称	图形	页码
1	重力选煤基本原理		20	4	直线振动筛的结构及工作原理		32
2	大筛分试验		30	5	破碎方式		36
3	小筛分试验		30	6	破碎设备		39

(续)

序号	名称	图形	页码	序号	名称	图形	页码
7	跳汰分层过程		47	16	圆筒圆锥形重介质旋流器分选过程		103
8	交变介质流产生方式		49	17	圆筒形重介质旋流器工作原理		104
9	空气室跳汰机结构及工作原理		66	18	三产品重介质旋流器结构		107
10	TD系列液压动筛跳汰机结构及工作原理		71	19	三产品重介质旋流器工作原理		107
11	斜轮重介质分选机结构		90	20	浓缩磁选净化工艺流程		112
12	斜轮重介质分选机工作原理		90	21	TBS干扰床工作过程		133
13	立轮重介质分选机工作过程		92	22	螺旋溜槽工作原理		138, 216
14	浅槽重介质分选机结构		97	23	摇床的工作过程		141, 218
15	浅槽重介质分选机工作原理		97	24	空气重介质流化床干选机结构及工作过程		147

（续）

序号	名称	图形	页码	序号	名称	图形	页码
25	跳汰主再选—煤泥浮选工艺流程		158	30	块煤重介质排矸—末煤不入选工艺流程		169
26	块煤重介—末煤跳汰—煤泥浮选联合工艺流程		159	31	块煤重介质排矸—末煤跳汰选工艺流程		170
27	块、末煤全重介—煤泥浮选工艺流程		160	32	大浮沉试验过程		174, 211
28	跳汰粗选—粗精煤用重介质旋流器精选—煤泥浮选工艺流程		161	33	小浮沉试验过程		176, 211
29	块煤重介—末煤跳汰—跳汰中煤重介质旋流器再选—煤泥浮选工艺流程		163				

目 录

绪论 ······ 1

项目一 重力选煤的理论基础 ······ 7
    任务一 颗粒在重力场中的沉降 ······ 7
    任务二 颗粒在离心力场中的沉降 ······ 19
    任务三 斜面流分选理论 ······ 21

项目二 原煤准备作业 ······ 27
    任务一 认识筛分过程 ······ 27
    任务二 认识破碎过程 ······ 35

项目三 跳汰选煤 ······ 45
    任务一 学习跳汰选煤基本原理 ······ 45
    任务二 认识跳汰机 ······ 55
    任务三 了解跳汰机的操作工艺与制度 ······ 74

项目四 重介质选煤 ······ 78
    任务一 学习重介质选煤基本原理 ······ 78
    任务二 了解重悬浮液的性质 ······ 84
    任务三 认识重介质分选机 ······ 89
    任务四 认识重介质旋流器 ······ 101
    任务五 学习重悬浮液的回收与净化 ······ 111
    任务六 学习重介质选煤的自动控制 ······ 119

项目五 其他重力选煤方法 ······ 130
    任务一 认识液固流化床分选 ······ 130
    任务二 认识螺旋分选 ······ 135
    任务三 认识摇床分选 ······ 139
    任务四 了解空气重介质干法分选 ······ 144

项目六 重力选煤生产工艺 ······ 148
    任务一 绘制选煤工艺流程图 ······ 148
    任务二 了解炼焦煤选煤典型重选工艺 ······ 157

  任务三 了解动力煤选煤典型重选工艺 ………………………………………… 168

项目七 煤炭可选性分析和重力选煤工艺效果评定 ……………………………… 173
  任务一 煤炭密度组成测定 ……………………………………………………… 173
  任务二 学习可选性曲线及其应用 ……………………………………………… 183
  任务三 认识分配曲线 …………………………………………………………… 191
  任务四 重力选煤工艺效果评定 ………………………………………………… 199

项目八 重力选煤实训 …………………………………………………………………… 207
  任务一 粒度组成分析试验 ……………………………………………………… 207
  任务二 密度组成分析试验 ……………………………………………………… 210
  任务三 颚式破碎机破碎试验 …………………………………………………… 214
  任务四 螺旋分选试验 …………………………………………………………… 216
  任务五 摇床分选试验 …………………………………………………………… 218
  任务六 磁性物含量的测定 ……………………………………………………… 221
  任务七 加重介质的磁选回收试验 ……………………………………………… 222

附录1 选煤术语（GB/T 7186—2023）（节选） ……………………………………… 225
附录2 "1+X"煤炭清洁高效利用职业技能等级标准（节选） ……………………… 230
参考文献 …………………………………………………………………………………… 232

绪　　论

随着 2020 年我国碳达峰碳中和目标的确立，国家对煤炭清洁高效利用空前重视，煤炭产业发展迎来新阶段、新挑战、新机遇。

习近平总书记在党的二十大报告中指出：立足我国富煤贫油少气的能源资源禀赋，深入推进能源革命，加强煤炭清洁高效利用，积极稳妥推进碳达峰、碳中和。选煤是煤炭清洁高效利用的源头，选煤业高质量发展对"双碳"目标的实现具有重要的促进作用。新形势下，选煤业承担着提升煤质水平、助力"双碳"目标实现的历史使命。发展选煤是推进煤炭消费转型升级、促进煤炭消费环节减污降碳的基础，对抓好煤炭清洁高效利用、提升煤炭产业链清洁高效利用水平至关重要。

一、选煤概述

1. 选煤的概念

选煤，是根据煤中各种组分的密度、表面物理化学性质以及其他性质的差异而将煤分选成不同质量产品的加工过程。选煤的主要产品是精煤，副产品有中煤、煤泥等，选后的矸石和尾煤为废弃物，也可进一步综合利用。

2. 常用选煤术语

《选煤术语》（GB/T 7186—2023）规定了选煤行业中使用的各专业术语，其中常用的选煤术语见表 0-1。本书中涉及的其他选煤术语见附录 1。

表 0-1　常用选煤术语

术　语	含　　义
选煤	将煤炭经机械处理除去非煤物质，并按需要分成不同质量、规格产品的加工过程
毛煤	煤矿直接生产出来，未经过任何筛分、破碎和分选的煤
原煤	毛煤经过筛分或破碎处理的煤
原料煤	供给选煤厂或选煤设备以便用某种方式加工处理的煤
精煤	经过分选获得的低密度产物
中煤	经分选后得到的、品质介于精煤和矸石之间的产物
矸石	从原料煤中选出的高密度产物
手选矸石	用人工方法由原料煤中拣选出的矸石
粒级	一定粒度范围的颗粒群
块煤	粒度大于 13 mm 的各粒级煤的总称

表 0-1（续）

术　语	含　义
末煤	粒度小于 13 mm 的煤
粉煤	粒度小于 6 mm 的煤
煤粉	粒度小于 0.5 mm 的煤
选煤厂	对煤炭进行分选加工，生产不同质量、规格产品的加工厂
炼焦用煤	用于生产一定质量焦炭的煤炭
动力用煤/燃料煤	经过加工用于燃烧的煤炭
化工用煤	造气、液化等生产过程中所使用的煤炭

3. 选煤的重要意义和作用

煤炭是我国的主要能源，占一次能源的 75%。原煤在形成过程中混入了各种矿物杂质，在开采和运输过程中又不可避免地混入了顶板和底板的岩石及其他的杂质。选煤的主要任务就是除去原煤中的杂质，提高原煤质量，适应用户需要。通过对原煤进行分选加工，能够脱除其中大部分无机矿物质，降低煤的灰分和硫分，从而有效地改善煤炭产品质量，优化煤炭产品结构，增强煤炭企业的市场竞争力，并使得企业的经济效益得以提高。随着采煤机械化程度的提高和地质条件的变化，原煤质量将会越来越差。在此形势下，选煤已经成为煤炭企业不可缺少的生产环节。

无论是动力用煤，还是化工用煤或民用煤，煤中的灰分和硫分都是十分有害的。就动力煤而言，灰分每增加 1%，就得多消耗 2.0%~2.5% 的煤炭，我国电厂煤粉锅炉燃原煤热效率一般为 28% 左右，如改燃分选后的煤，热效率可提高到 35%。就炼焦煤而言，灰分每降低 1%，相应炼出焦炭的灰分将降低 1.33% 左右，对于后续的炼铁过程，焦炭灰分每降低 1%，高炉的焦炭消耗量可节约 1.7%~2.0%，同时还将少用 4% 的石灰石，这样高炉可多装一些铁矿石，生铁产量约提高 2.2%。

硫分在燃烧过程中产生 SO_2、SO_3、H_2S 等酸性气体，严重污染大气，煤炭的含硫量越高，SO_2 生成量也越高（动力煤燃烧时硫的释放率约为 90%）。通过煤炭分选，每分选 1 亿 t 原煤，一般可减少燃煤排放 SO_2 量 100 万~150 万 t。

在我国，原煤含矸量一般为 20%~30%，有的还更高。而我国煤炭资源的 90% 以上赋存在长江以北，北煤南运、西煤东运的局面将长期存在。我国煤炭运量占铁路运量的 40% 左右，每年通过铁路运煤约 5 亿 t，平均运距 580 km。如果不加分选，直接运输含有大量有害矸石的原煤，将造成运力和运费的极大浪费。按原煤平均含矸 20% 计，每年铁路运送矸石量为 1 亿 t，多占铁路运力 580 亿 t·km。通过分选加工可以除去煤炭中大量的矸石，从而减少铁路的无效运输。

选煤作为煤炭生产的一部分，对煤炭工业的发展具有十分重要的作用，是煤炭清洁高效利用的源头技术，具有重大的经济和社会意义，它已成为煤炭工业现代化水平的重要标志之一。

4. 选煤方法分类及主要选煤方法简介

根据分选介质的不同，选煤方法一般可分为两大类：湿法选煤和干法选煤。以重液或重悬浮液作为分选介质进行煤炭分选的方法，叫作湿法选煤；以空气或空气与其他微细颗粒的混合物作为分选介质进行煤炭分选的方法，叫作干法选煤。

根据分选原理的不同，选煤方法可分为重力选煤、浮游选煤、手选、筛选和特殊选煤。

重力选煤，简称为重选，主要是依据煤和矸石的密度差异而实现煤与矸石分选的方法。煤的密度通常在 1.2~1.8 g/cm^3 之间，而矸石的密度在 1.8 g/cm^3 以上。重力选煤又可分为跳汰选煤、重介质选煤、螺旋分选和摇床选煤等。

浮游选煤，简称为浮选，主要是依据煤和矸石表面润湿性的差异，分选细粒（小于 0.5 mm）煤的选煤方法。浮选是目前处理 0.5 mm 以下煤泥的最有效方法。

手选，即人工拣矸。根据块煤与矸石在颜色、光泽及外形上的差别，由人工拣除块煤中大块矸石降低含矸率的一种方法。在大型矿井生产中，大都采用机选代替手选方式。

筛选，主要依据煤与矸石硬度上的差别，通过筛分分级方法或采用滚筒碎选机进行选择性破碎，实现煤与矸石的分离。

特殊选煤，主要是利用煤与矸石的电导率、磁导率、摩擦系数、射线穿透能力等性质的不同，把煤与矸石分开的方法。一般包括静电选、磁选、摩擦选、放射性同位选和X射线选等方法，但这些特殊选煤方法工业化应用极少。

目前，我国选煤厂采用最广泛的选煤方法是湿法重力选煤和浮选，湿法重力选煤主要是跳汰选煤和重介质选煤。随着重介质选煤技术的发展，重介质选煤方法在我国新建、改建、扩建选煤厂中得到广泛应用，逐步成为我国选煤厂采用的主要选煤方法。

5. 选煤的工艺过程

煤炭的分选过程是在选煤厂中完成的。不论选煤厂的规模大小，一般都包括以下3个最基本的工艺过程。

(1) 原煤准备作业。不同的选煤方法适用于不同粒度级别的煤的分选。煤与有害杂质必须达到单体解离才能有效地分选。因此，煤在进入选过程之前，必须经过原煤准备阶段，需将不同的煤破碎到不同的粒度。一般的选煤厂在原煤准备阶段都包括筛分、破碎、拣矸等几个作业。在准备阶段把煤控制到一定的粒度上限或分成不同的粒度级，为洗选作准备。

(2) 分选作业。分选作业借助于重选、浮选等分选方法将煤和矸石分离，获得最终选煤产品（精煤、尾煤，有时还产出中煤）。根据原煤的可选性、伴生矿物状况、产品质量和品种的要求，充分发挥各种选煤方法的优势，实行各种选煤方法的经济合理的配合，组成不同的流程。并要采用不同设备，生产出质量和品种都符合要求的产品，获得尽可能好的经济效益。同时，要在经济上合理、技术上可行的条件下，把原煤中的伴生矿物选别成有用的产品，化害为利或化无用为有用，进一步提高选煤厂的经济效益。

(3) 选后产品的处理作业。选后产品的处理作业包括各种精煤、尾煤产品的脱水，煤泥水的沉淀浓缩、过滤、干燥和洗水澄清循环复用等。煤经过洗选加工得出不同质量的产品后，还要进行产品的脱水、脱泥处理，以便进一步改善质量，并使产品的水分指标合格。

二、重力选煤在我国的发展

重力分选在我国已有悠久的历史。早在4000多年前就开始了铜的冶炼。殷墟出土的商后母戊鼎重达832.84 kg,由此可见当时冶金技术的高超。战国时期铁的用途得到了推广。为了给冶金生产提供矿产原料,相应的采矿、选矿技术也很发达。明朝著名科学家宋应星于1637年编著的《天工开物》中较详细地记载了许多有关应用重选的实例。例如采用风车风选谷物、采用水力分级法提取瓷土、采用淘洗法选取铁砂和锡砂等。

我国选煤工业起步较晚,20世纪50年代才开始建立自己的选煤工业,初期仅有十几座选煤厂,如北票三宝选煤厂、鹤岗南山选煤厂、开滦林西选煤厂。到1957年的时候,我国原煤入选比例仅为14.03%。到1958年,全国有232座选煤厂,主要分选工艺是跳汰和槽选。在20世纪50年代后期我们就认识到重介质选煤的优势,但受技术条件的限制,到1980年10月,我国仅有24座重介质选煤厂,而且工艺主要为块末煤重介质、块煤重介质、末煤跳汰或重介质选跳汰中煤4种类型。

2010年,我国原煤入选率达到50.9%,首次突破50%。从2001年到2018年间,选煤厂的入选原煤量由4.1亿t/a增加到26.42亿t/a,入选率达71.8%。这一时期建设的动力煤选煤厂单座规模达到40.00 Mt/a,采用块煤浅槽、末煤重介质旋流器分选工艺的选煤厂占多数。炼焦煤分选工艺以跳汰粗选—重介质旋流器精选—煤泥浮选以及三产品重介质旋流器全粒级分选或分级分选—煤泥浮选的分选工艺为主。

近年来我国原煤入选能力、入选量和入选率稳步提高。2016—2022年来我国原煤产量及入选量情况见表0-2。

表0-2 2016—2022年我国原煤产量及入选量情况

年份	原煤产量/亿t	原煤入选量/亿t	入选率/%
2016	34.1	23.5	68.9
2017	35.2	24.7	70.2
2018	36.8	26.4	71.7
2019	38.5	28.2	73.2
2020	39.0	29.1	74.7
2021	41.3	29.6	71.7
2022	45.6	31.8	69.7

近年来选煤厂数量不断增加,单厂规模大大提高。据中国煤炭加工利用协会不完全统计,截至2021年在运行的规模及以上选煤厂已有2400多座,并且煤炭行业新建了一大批具有世界先进水平选煤技术和装备的大型和超大型选煤厂。近年来新建的炼焦煤选煤厂均为入选能力120万t/a以上的大型选煤厂,新建动力煤选煤厂入选能力均在300万t/a以上,单厂平均入选能力达到140万t/a。2021年原煤入选能力超过1000万t/a的特大型选煤厂有84座。

我国目前最主要的重力选煤方法是湿法重介质选煤，自20世纪90年代引进并吸收转化以来，逐步替代过去主流的湿法跳汰选煤，目前重介质选煤的占比已达80%。近几年新建的大型选煤厂全部采用湿法重介质选煤，主要设备是浅槽重介质分选机和重介质旋流器。

湿法跳汰选煤适宜处理易选和中等可选性煤，处理能力和精度都低于湿法重介质选煤，目前占比约为8%。随着选煤厂的改造进程，未来分选精度进一步提高的跳汰选煤仍将作为一项选煤实用工艺继续发挥作用。

干法选煤适用于干旱高寒地区遇水易泥化煤炭的分选，由于选煤过程不用水，既可减轻用水压力，又不会造成选后煤炭水分增加而降低发热量，但是相比湿法重介质分选精度还需进一步提高，过去发展比较缓慢。自2010年以来，我国西北地区煤炭产量激增，由于区域水源较少，且煤种多为易泥化的低阶煤，湿法分选效果不佳，因此干法选煤得到较大发展。目前我国大致有2亿t/a的入选能力，占比约为6%。

三、课程的性质、任务和学习方法

重力选煤技术是煤炭清洁利用技术专业及其相近专业的一门专业核心课程。该课程的主要任务是使学生掌握重力选煤的主要方法理论，典型重力选煤设备的结构及主要工作原理以及常见的重力选煤工艺；使学生能综合利用相关专业知识，根据煤炭资源特性，结合现代分析工具，完成对煤炭的高效洗选加工；使学生能在工程实践中关注资源利用与社会发展的协调关系，理解煤炭资源、环境与可持续发展的相关性，并能够在职业发展中拥有自主学习和终身学习的意识和能力。

重力选煤技术课程是一门理论性和实践性要求都较高的课程，学生学习过程中要采用理论与实践相结合的学习方法。理论学习方面，基于教材文字内容进行学习的同时可借助于教材中各种动态资源帮助加强理解。实践环节，一方面要认真参与课程中的各项试验、实训；另一方面要以成果为导向，积极参与课程相关职业技能等级考核并获得相应证书，例如"1+X"煤炭清洁高效利用职业技能等级考核（课程相关考核标准见附录2），同时积极参与课程相关的学生技能大赛。通过理论和实践相结合的方式提升学习效果。

任务习题

1. 名词解释

（1）选煤；（2）精煤；（3）矸石；（4）重力选煤。

2. 填空题

（1）煤炭的分选一般都包括三个最基本的工艺过程：_____、_____、_____。

（2）根据分选原理的不同，选煤方法可分为_____、_____、手选、筛选和特殊选煤。

（3）根据分选介质的不同，选煤方法一般可分为两大类：_____和_____。

3. 判断题

（1）原煤准备作业就是把煤控制到一定的粒度上限或分成不同的粒度级，为洗选作准备。（　　）

（2）选煤的主要作用就是降低煤中的灰分和硫分，从而有效地改善煤炭产品质量。
（　　）

4. 简答题

　　（1）选煤的意义和作用是什么？

　　（2）常用的选煤方法有哪些？各种选煤方法的主要区别是什么？

　　（3）查阅相关资料，了解选煤行业的发展和"双碳"目标实现之间的关系。

项目一　重力选煤的理论基础

不同粒度和密度颗粒组成的物料在流动介质中运动时，由于它们性质的差异和介质流动方式的不同，其运动状态也不同。在真空中不同性质的物体具有相同的沉降速度，在分选介质，如水、空气、重液（密度大于水的液体或高密度盐类的水溶液）、悬浮液（固体微粒与水的混合物）、空气重介质（固体微粒与水的混合物）中，由于它们受到不同的介质阻力，才形成运动状态的差异。

重力选煤就是根据颗粒间密度的差异，因而在运动介质中所受重力、流体动力和其他机械力的不同，从而实现按密度分选颗粒群的过程，粒度和形状也会影响按密度分选的精确性。

各种重选过程的共同特点如下。
（1）颗粒间必须存在密度的差异。
（2）分选过程在运动介质中进行。
（3）在重力、流体动力及其机械力的综合作用下，颗粒群松散并按密度分层。
（4）分层好的物料，在运动介质的搬运下达到分离，并获得不同的最终产品。

重力选矿的目的主要是按密度来分选颗粒，因此，在分选过程中，应该想方设法创造条件，降低颗粒的粒度和形状对分选结果的影响，以便使颗粒间的密度差别在分选过程中起主导作用。

根据介质运动形式和作业目的的不同，重力选煤可以分为如下几种工艺方法：水力分级、重介质选煤、跳汰选煤、流态化选煤、摇床选矿、溜槽选矿等。其中水力分级是按粒度分离的作业，其他则均属于按密度分选的作业。

任务一　颗粒在重力场中的沉降

任务目标

知识目标：掌握颗粒在重力场沉降过程的各种受力，了解在不同雷诺数范围下不同沉降个别公式的选择以及通用公式的系数选择。
能力目标：具备应用干扰沉降原理分析和解决颗粒在重选过程中的受力与运动特性的能力。
素质目标：培养学生用理论指导实践的学术精神。

任务描述

重选的实质概括起来就是"松散—分层"和"搬运—分离"过程。置于分选设备内的散体物料，在运动介质中，受到流体浮力、动力或其他机械力的推动而松散，被松散的颗粒群，由于沉降时运动状态的差异，不同密度（或粒度）颗粒发生分层转移。颗粒在流体介质中的沉降是重力选煤过程中颗粒最基本的运动形式，松散可以看作颗粒在上升介质流中沉降的一种特殊形式。颗粒本身的密度、粒度和形状不同，而具有不同的沉降速度。为了便于研究，首先分析颗粒的自由沉降规律，在此基础上，再进一步讨论粒群存在时的干扰沉降运动。

一、颗粒在介质中的自由沉降

1. 颗粒在介质中所受的重力

沉降过程中，最常见的介质运动形式有静止、上升和下降流动3种。

单个颗粒在无限宽广的介质中的沉降称为自由沉降。这是最简单的沉降运动形式。其运动状态受重力和阻力支配。

颗粒在介质中所受重力 G_0 等于它在真空中重力 G 与浮力 F 之差，也可称为介质重力或有效重力，即

$$G_0 = G - F = V(\delta - \rho)g = m\frac{\delta - \rho}{\delta}g \tag{1-1}$$

式中　V——颗粒的体积，m^3；
　　　δ——颗粒的密度，kg/m^3；
　　　ρ——介质的密度，kg/m^3；
　　　g——重力加速度，m/s^2；
　　　m——颗粒的质量，kg。

$$V = \frac{\pi}{6}d^3 \tag{1-2}$$

式中　d——颗粒的直径，m。

若颗粒为球体，则

$$G_0 = \frac{\pi}{6}d^3(\delta - \rho)g \tag{1-3}$$

可见，颗粒在介质中的重力与颗粒的尺寸、密度及介质的密度有关。

2. 颗粒在介质中运动时所受的阻力

颗粒在介质中运动时，由于介质质点间内聚力的作用，最终表现为阻滞颗粒运动的作用力，这种作用力叫介质阻力。介质阻力始终与颗粒相对于介质的运动速度方向相反。由于介质的惯性，使运动颗粒前后介质的流动状态和动压力不同，这种因压力差所引起的阻力称为压差阻力。由于介质的黏性，使介质分子与颗粒表面存在黏性摩擦力，这种因黏性摩擦力所致的阻力称为摩擦阻力。介质阻力由压差阻力和摩擦阻力所组成，这两种阻力同时作用在颗粒上。介质阻力的形式与流体的绕流流态即雷诺数有关。不同情况下，它们各自所占比例不同，但归根结底，都是介质黏性所致。

最重要的介质阻力公式为黏性摩擦阻力区的斯托克斯公式和涡流压差阻力区的牛顿 – 雷

廷智公式，其次是过渡区的阿连公式。

当颗粒尺寸微小或颗粒相对于介质的运动速度（简称颗粒的相对速度）较小，且其形状又易于流体绕流，附面层没有分离时，摩擦阻力占优势，压差阻力可忽略（$Re \leqslant 1$），摩擦阻力 R_S 可用斯托克斯公式计算，即

$$R_S = 3\pi\mu dv = \frac{3\pi}{Re}d^2\rho v^2 \tag{1-4}$$

式中　R_S——介质对颗粒的摩擦阻力，N；
　　　μ——介质的动力黏度，Pa·s；
　　　Re——雷诺数，或称运动颗粒的雷诺数；
　　　v——颗粒的相对速度，m/s；
　　其余符号意义同上。

一般粉状物料（煤粉、黏土粉、水泥等）和雾滴在空气中沉降，或在气力输送计算中，只考虑黏性阻力，不计压差阻力，故按斯托克斯公式处理。对于微细固体颗粒在水中沉降（煤泥水、矿浆等），也可用斯托克斯阻力公式。

当颗粒尺寸较粉尘大，速度也稍大时，且颗粒沉降时后部开始出现附面层分离，其黏性摩擦阻力和压差阻力是相同的数量级（$1 < Re \leqslant 500$），此时过渡区阻力 R_A 用阿连公式计算，即

$$R_A = 1.25\pi\sqrt{\mu\rho d^2}v^{1.5} \tag{1-5}$$

$$R_A = \frac{5\pi}{4\sqrt{Re}}d^2\rho v^2 \tag{1-6}$$

一般细粒物料，如细粒煤炭、石英砂和石灰石砂等，在空气或水中沉降，必须同时考虑黏性阻力和压差阻力，即按阿连公式处理。

当颗粒尺寸或颗粒的相对速度较大时，且其形状又不易使介质绕流，导致其较早发生附面层分离，在颗粒尾部全部形成旋涡区（$500 < Re \leqslant 2 \times 10^5$），此时压差阻力占优势，摩擦阻力可以忽略不计。压差阻力 R_{N-R} 可用牛顿-雷廷智公式来计算，即

$$R_{N-R} = 0.055\pi d^2\rho v^2 \tag{1-7}$$

$$R_{N-R} = \frac{\pi}{18}d^2\rho v^2 \tag{1-8}$$

牛顿-雷廷智公式适用于一般块状物料在空气或水中沉降时阻力的计算。在计算中只计压差阻力，而不计黏性阻力。

可见，介质阻力与颗粒尺寸、颗粒的相对速度、介质密度及介质黏度有关。当压差阻力占优势时，介质阻力与颗粒的相对速度的平方和直径的平方成正比；当摩擦阻力占优势时，介质阻力与颗粒的相对速度和直径的一次方成正比。

介质阻力还可用下列通式表示，即

$$R = \varphi d^2 v^2 \rho \tag{1-9}$$

式中 φ 为阻力系数，它是颗粒形状和雷诺数 Re 的函数。由式（1-9）可知，介质阻力 R 与 d^2、u^2、r 成正比，并与雷诺数 Re 有关。

由于 φ 与 Re 的函数关系至今尚没有办法用理论将它求导出来，因此只有依靠试验的方法。英国物理学家李莱总结了大量试验资料，并在对数坐标上作出了不同形状颗粒在流

体介质中运动时,雷诺数 Re 与阻力系数 φ 的关系曲线,又称李莱曲线。图 1-1 是球形颗粒的 φ 与 Re 的关系曲线,虚线为个别公式的计算值,实线为实测值。图 1-2 为不规则形状颗粒的 φ_k 与 Re_V 的关系曲线。已知 Re,可利用该曲线求出 φ,再用阻力通式求解。

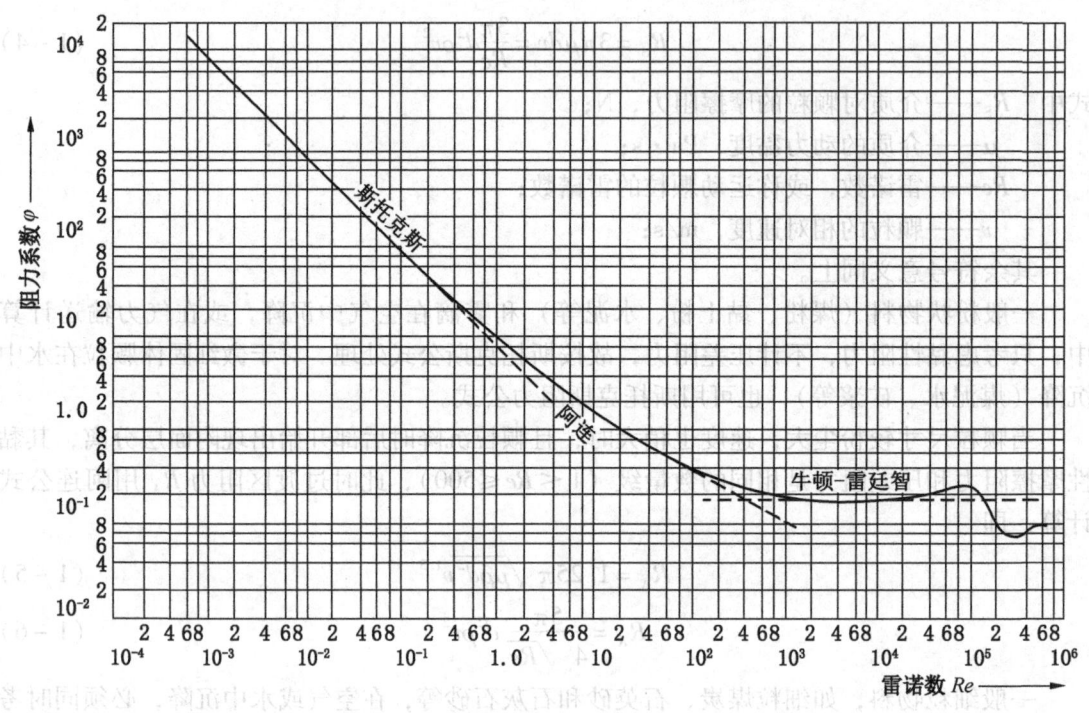

图 1-1 球形颗粒的 φ 与 Re 的关系曲线

3. 颗粒在静止介质中的沉降末速

颗粒在静止介质中沉降时,颗粒对介质的相对速度即为颗粒的运动速度。沉降初期,颗粒运动速度很小,介质阻力也很小,颗粒主要在重力 G_0 作用下,做加速沉降运动。随着颗粒沉降速度的增大,介质阻力渐增,颗粒的运动加速度逐渐减小,直至为零。此时,颗粒的沉降速度达到最大值,作用在颗粒上的重力 G_0 与阻力 R 平衡,颗粒以等速度沉降。这个速度称为颗粒的自由沉降末速,用 v_0 表示。

颗粒在介质中沉降时,所受合力与运动加速度之间有如下关系:

$$G_0 - R = m \frac{dv}{dt} \tag{1-10}$$

式中 m——颗粒的质量,kg;

v——颗粒的沉降速度,m/s;

其余符号意义同前。

若颗粒为球体,则将 G_0、m、R 代入式(1-10)中可得

$$\frac{dv}{dt} = \frac{\delta - \rho}{\delta} g - \frac{6\varphi v^2 \rho}{\pi d \delta} \tag{1-11}$$

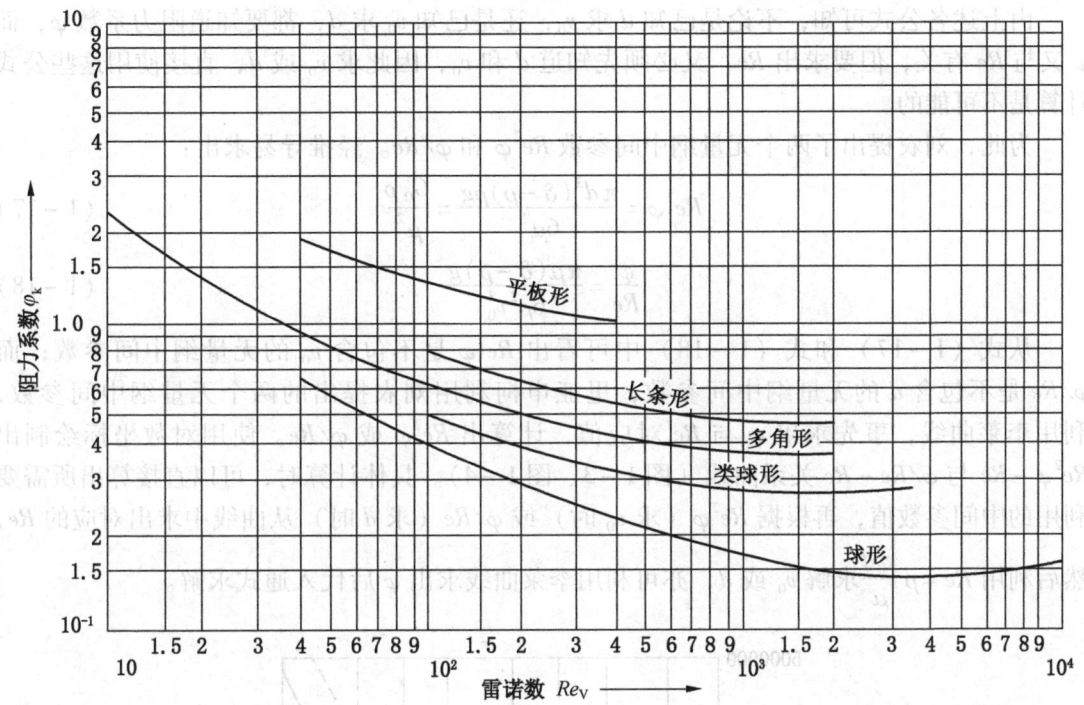

图 1-2 不规则形状颗粒的 φ_k 与 Re_V 的关系曲线

运动开始的瞬间，此时的颗粒运动加速度具有最大值，通常用 g_0 来表示，即

$$g_0 = \frac{\delta - \rho}{\delta} g \tag{1-12}$$

g_0 称为颗粒沉降时的初加速度，或颗粒在介质中的重力加速度，是一种静力性质的加速度，在一定的介质（如水，$\rho = 1000 \text{ kg/m}^3$）中，$g_0$ 为常数，它只与颗粒的密度有关。

颗粒运动时，介质阻力产生的阻力加速度 $\left(a = \frac{6\varphi v^2 \rho}{\pi d \delta}\right)$ 是动力性质的加速度，它不仅与颗粒及介质的密度有关，而且还与颗粒的粒度及其沉降速度有关。颗粒在静止介质中达到沉降末速 v_0 的条件为

$$R = G_0 \quad \text{或} \quad \frac{dv}{dt} = g_0 - a = 0 \tag{1-13}$$

$$\frac{\delta - \rho}{\delta} g = \frac{6\varphi v^2 \rho}{\pi d \delta} \tag{1-14}$$

$$v_0 = \sqrt{\frac{\pi d (\delta - \rho) g}{6 \varphi \rho}} \tag{1-15}$$

式（1-15）即为计算颗粒在静止介质中自由沉降时的沉降末速 v_0 的通式。当已知颗粒在介质中的沉降末速 v_0 时，可求出颗粒的粒度 d，可写成以下形式：

$$d = \frac{6\varphi v_0^2 \rho}{\pi (\delta - \rho) g} \tag{1-16}$$

由上述各公式可知，不论是已知 d 求 v_0，还是已知 v_0 求 d，都要知道阻力系数 φ，而 φ 又与 Re 有关，但要求出 Re，又必须先知道 d 和 v_0，因此求 v_0 或 d，直接使用这些公式计算是不可能的。

为此，刘农提出了两个无量纲中间参数 $Re^2\varphi$ 和 φ/Re。经推导易求出：

$$Re^2\varphi = \frac{\pi d^3(\delta-\rho)\rho g}{6\mu^2} = \frac{G_0\rho}{\mu^2} \tag{1-17}$$

$$\frac{\varphi}{Re} = \frac{\pi\mu(\delta-\rho)g}{6\rho^2 v_0^3} \tag{1-18}$$

从式（1-17）和式（1-18）中可看出 $Re^2\varphi$ 是不包含 v_0 的无量纲中间参数；而 φ/Re 是不包含 d 的无量纲中间参数，里亚申柯利用刘农提出的两个无量纲中间参数，利用李莱曲线，事先求出 φ 与 Re 对应值，计算出 $Re^2\varphi$ 或 φ/Re。使用对数坐标绘制出 $Re^2\varphi - Re$ 与 $\varphi/Re - Re$ 关系曲线（图 1-3、图 1-4）。具体计算时，可以直接算出所需要利用的中间参数值，再根据 $Re^2\varphi$（求 v_0 时）或 φ/Re（求 d 时）从曲线中求出对应的 Re，然后利用 $Re = \rho\dfrac{v_0 d}{\mu}$ 求解 v_0 或 d，亦可利用李莱曲线求出 φ 后代入通式求解。

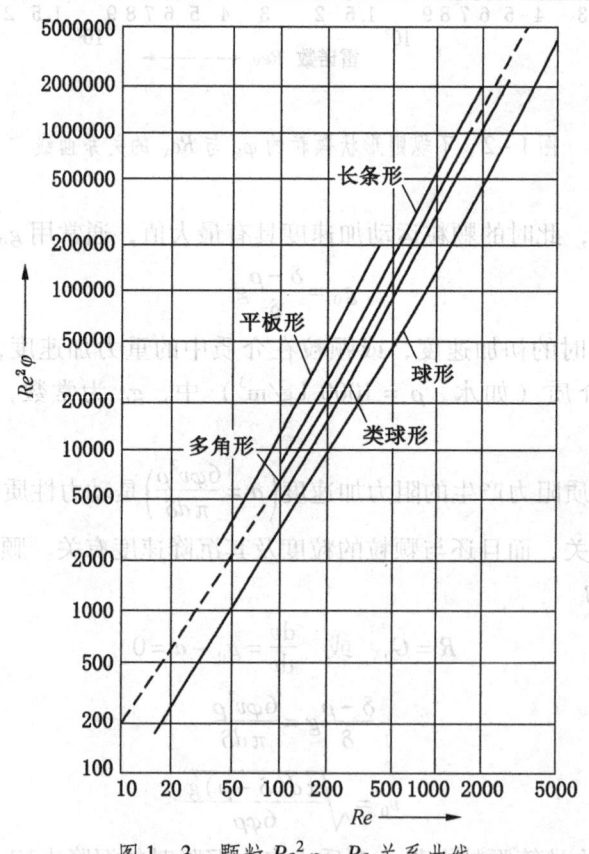

图 1-3 颗粒 $Re^2\varphi - Re$ 关系曲线

按照求沉降末速通式的原则，采用斯托克斯、阿连和牛顿-雷廷智阻力公式，也可求出 3 个适用于不同 Re 范围的颗粒在静止介质中自由沉降末速的个别公式。

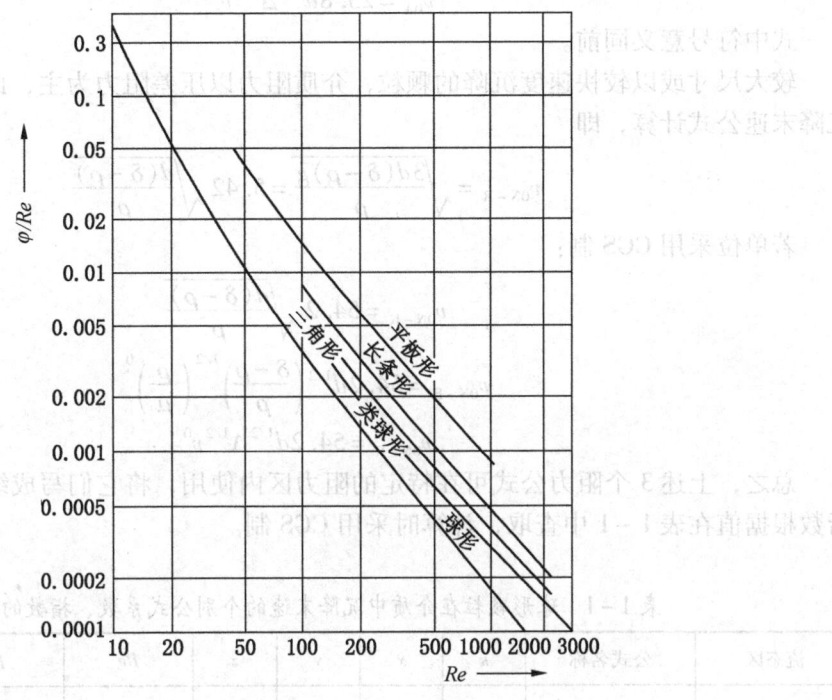

图 1-4 颗粒 $\varphi/Re-Re$ 关系曲线

较小尺寸或以较小速度沉降的颗粒，介质阻力以摩擦阻力为主，此时可用斯托克斯沉降末速公式计算 v_0，即

$$v_{0S} = \frac{d^2}{18\mu}(\delta-\rho)g \tag{1-19}$$

若单位采用 CGS 制：

$$v_{0S} = 54.5d^2\left(\frac{\delta-\rho}{\mu}\right) \tag{1-20}$$

$$v_{0S} = 54.5d^2\left(\frac{\delta-\rho}{\rho}\right)^{1.0}\left(\frac{\rho}{\mu}\right)^{1.0} \tag{1-21}$$

$$v_{0S} = 54.5d^2\Delta^{1.0}v^{-1} \tag{1-22}$$

式中 Δ ——颗粒相对于介质的有效密度，或称比密度；

v ——流体介质的运动黏度，m^2/s。

中间尺寸颗粒的沉降末速可用阿连公式计算，即

$$v_{0A} = d\sqrt[3]{\left(\frac{2}{15}g\frac{\delta-\rho}{\rho}\right)^2}\sqrt[3]{\frac{\rho}{\mu}} \tag{1-23}$$

若单位采用 CGS 制：

$$v_{0A} = 25.8d\sqrt[3]{\left(\frac{\delta-\rho}{\rho}\right)^2}\sqrt[3]{\frac{\rho}{\mu}} \tag{1-24}$$

$$v_{0A} = 25.8d^{1.0}\left(\frac{\delta-\rho}{\rho}\right)^{2/3}\left(\frac{\rho}{\mu}\right)^{1/3} \tag{1-25}$$

$$v_{0A} = 25.8 d^{1.0} \Delta^{2/3} v^{-1/3} \quad (1-26)$$

式中符号意义同前。

较大尺寸或以较快速度沉降的颗粒，介质阻力以压差阻力为主，此时用牛顿-雷廷智沉降末速公式计算，即

$$v_{0N-R} = \sqrt{\frac{3d(\delta-\rho)g}{\rho}} = 5.42\sqrt{\frac{d(\delta-\rho)}{\rho}} \quad (1-27)$$

若单位采用 CGS 制：

$$v_{0N-R} = 54.2\sqrt{\frac{d(\delta-\rho)}{\rho}} \quad (1-28)$$

$$v_{0N-R} = 54.2 d^{1/2}\left(\frac{\delta-\rho}{\rho}\right)^{1/2}\left(\frac{\rho}{\mu}\right)^{0} \quad (1-29)$$

$$v_{0N-R} = 54.2 d^{1/2} \Delta^{1/2} v^{0} \quad (1-30)$$

总之，上述 3 个阻力公式可在特定的阻力区内使用，将它们写成统一形式，其系数和指数根据值在表 1-1 中查取，计算时采用 CGS 制。

表 1-1 球形颗粒在介质中沉降末速的个别公式系数、指数的选择

流态区	公式名称	k	x	y	z	Re	$Re^2\varphi$	φ/Re
黏性摩擦阻力区	斯托克斯公式（层流绕流）	54.5	2	1	1	0~0.5	0~5.25	∞~42
过渡区	过渡区的起始段	23.6	3/2	5/6	2/3	0.5~30	5.25~720	42~0.027
过渡区	阿连公式（过渡区的中间段）	25.8	1	2/3	1/3	30~300	720~2.3×10⁴	0.027~8.7×10⁻⁴
过渡区	过渡区的末段	37.2	2/3	5/9	1/9	300~3000	2.3×10⁴~1.4×10⁶	8.7×10⁻⁴~5.2×10⁻⁵
涡流压差阻力区	牛顿-雷廷智公式（紊流绕流）	54.2	1/2	1/2	0	3000~10⁵	1.6×10⁶~1.7×10⁹	5.2×10⁻⁵~1.7×10⁻⁶
高度湍流区	$Re > 2 \times 10^5$ 工业生产中遇不到							

3 个流态区颗粒沉降末速个别公式的统一表达式为

$$v_0 = kd^x\left(\frac{\delta-\rho}{\rho}\right)^y\left(\frac{\rho}{\mu}\right)^z \quad (1-31)$$

$$v_0 = kd^x \Delta^y v^{-z} \quad (1-32)$$

以上沉降末速通式和个别公式均表明：颗粒的沉降末速与颗粒的性质（φ、d）和介质的性质（ρ、μ）有关。在一定的介质中，若颗粒的尺寸和密度越大，则沉降末速也越大。相同尺寸时，密度大者，具有较大沉降末速。相同密度时，尺寸大者，具有较大沉降末速。相同尺寸和密度时，介质密度大，一般黏性亦大，则沉降速度相对变小。对于形状不规则的颗粒，在使用上述各公式时，必须考虑到形状的影响，而对 v_0 公式加以修正，

此时，d 应该用与颗粒同体积球体直径 d_V（亦称体积当量直径），同时，公式应乘一个形状（修正）系数 Φ，具体如下。

不规则形状颗粒的沉降末速通式：

$$v_0 = \sqrt{\frac{\pi d_V (\delta - \rho) g}{6 \varphi_k \rho}} = \sqrt{\frac{\varphi}{\varphi_k}} v_0 = \Phi v_0 \tag{1-33}$$

不规则形状颗粒的沉降末速个别公式：

$$v_0 = \Phi k d_V^x \left(\frac{\delta - \rho}{\rho}\right)^y \left(\frac{\rho}{\mu}\right)^z \tag{1-34}$$

$$v_0 = \Phi k d_V^x \Delta^y \nu^{-z} \tag{1-35}$$

式中，Φ 是颗粒沉降速度公式中的形状修正系数，或简称形状系数。也就是说，若用球体沉降速度公式计算形状不规则的颗粒沉降速度时，必须引入一个形状系数。若将形状系数 Φ 与球形系数 χ 作一比较（表1-2），可以看出，两者是很接近的。因此，在进行粗略计算时，可用球形系数 χ 取代形状系数 Φ。这说明，使用形状系数来表示物体形状特征，在研究颗粒沉降运动时，具有实际意义。

表1-2 不规则形状颗粒形状系数与球形系数的比较

颗粒形状	阻力系数比值 φ_k/φ	形状系数 $\Phi = \sqrt{\dfrac{\varphi}{\varphi_k}}$		球形系数 χ
		范围	平均值	
类球形	1.2~1.8	0.91~0.75	0.85	1.0~0.8
多角形	1.5~2.25	0.82~0.67	0.75	0.8~0.65
长条形	2~3	0.71~0.58	0.65	0.65~0.5
扁平形	3~4.5	0.58~0.47	0.53	<0.5

因此，不规则形状颗粒的沉降末速中的 Φ 值可用 χ 值取代，即沉降末速通式可写为

$$v_{0k} = \chi v_0 \tag{1-36}$$

沉降末速个别公式为

$$v_{0k} = \chi k d_V^x \left(\frac{\delta - \rho}{\rho}\right)^y \left(\frac{\rho}{\mu}\right)^z \tag{1-37}$$

$$v_{0k} = \chi k d_V^x \Delta^y \nu^{-z} \tag{1-38}$$

颗粒的筛分粒度 d_S 与体积当量直径 d_V 的换算，可参照表1-3。

表1-3 筛分粒度和体积当量直径的换算关系

颗粒形状	测量值比 d_S/d_V	颗粒形状	测量值比 d_S/d_V
类球形	1.15~1.30	长条形	1.15~1.22
多角形	1.06~1.20	扁平形	1.05~1.10

4. 颗粒的自由沉降等沉比

沉降过程中，往往存在某些粒度大、密度小的颗粒同粒度小、密度大的颗粒以相同沉降速度沉降的现象，这种现象叫作等沉现象。密度和粒度不同但具有相同沉降速度的颗粒，称为等沉颗粒。等沉颗粒中，小密度颗粒的粒度与大密度颗粒的粒度之比称为等沉比，常用 e_0 表示。

例如两等沉颗粒，其粒度和密度分别用 d_{V1}、d_1 及 d_{V2}、d_2 表示，且设 $d_2 > d_1$，因 $v_{01} = v_{02}$，所以 $d_{V1} > d_{V2}$，故

$$e_0 = \frac{d_{V1}}{d_{V2}} > 1 \tag{1-39}$$

等沉比的大小，可由沉降末速的个别公式或通式写出。如两颗粒等沉，则 $v_{01} = v_{02}$，那么按通式求解得：

$$\sqrt{\frac{\pi d_{V1}(\delta_1 - \rho)g}{6\varphi_{k1}\rho}} = \sqrt{\frac{\pi d_{V2}(\delta_2 - \rho)g}{6\varphi_{k2}\rho}} \tag{1-40}$$

$$e_0 = \frac{d_{V1}}{d_{V2}} = \frac{\varphi_{k1}(\delta_2 - \rho)}{\varphi_{k2}(\delta_1 - \rho)} \tag{1-41}$$

由于等沉比通式中包含阻力系数，故无法直接计算，所以 e_0 常借助于个别公式来求得。但两个等沉比颗粒必须在同一性质阻力范围内。对形状不规则的颗粒还应把球形系数 χ 考虑在内。

粒度 d_V 大，速度 v_{0k} 亦大，则雷诺数 Re 就大。e_0 的大小在一定程度上反映了两个等沉颗粒密度差异的大小；同一矿石中不同密度颗粒的 e_0 越大，越易分选。同时 e_0 大小也随介质密度 r 的增大而增大，且 e_0 还是阻力系数 φ 的函数。理论和实践均表明，e_0 将随颗粒粒度变细而减小，e_0 越大，意味着可选的粒级范围越宽。

二、颗粒在介质中的干扰沉降

1. 颗粒在干扰沉降中运动的特点及常见的几种干扰沉降现象

实际选矿过程中，并非单个颗粒在无限介质中的自由沉降，而是颗粒成群地在有限介质空间里的沉降。这种沉降形式称为干扰沉降。干扰沉降时，其沉降速度除受到自由沉降因素支配外，还受容器器壁及周围颗粒所引起的附加因素的影响，所受附加因素如下。

（1）流体介质的黏滞性增加，引起介质阻力变大。由于粒群中任一颗粒的沉降均将引起周围的流体运动，又由于固体颗粒的大量存在，且这些固体又不像流体介质那样易于变形，因此介质就会受到阻尼作用而不易自由流动，这就相当于增加了流体的黏滞性，从而使沉降速度降低。

（2）颗粒沉降时与介质的相对速度增大，导致沉降阻力增大。由于粒群在有限的容器中沉降时，流体受到容器边界的约束，根据流体的连续性规律，一部分介质的下降便会引起相同体积介质的上升，从而引起一股附加的上升水流，使颗粒与介质的相对速度增大，导致介质阻力增加。

（3）在某一特定情况下，颗粒沉降受到的浮力作用变大。如颗粒群的粒度级别过宽时，对于其中粒度大的颗粒，其周围粒群与介质构成了重悬浮液，从而使颗粒的沉降环境

变成了液—固两相流悬浮体,其密度大于介质的密度,因此,颗粒将受到比分散介质大的浮力作用。

(4) 机械阻力的产生。处于运动中的粒群,颗粒之间、颗粒与器壁之间产生摩擦碰撞,致使每个沉降颗粒除受介质阻力外,还受机械阻力。

上述诸因素都将使颗粒的干扰沉降速度小于自由沉降速度。其降低程度将随介质中固体颗粒的密集程度增加而增加。因此,干扰沉降速度不是一个定值。

颗粒干扰沉降时所受阻力(包括介质阻力和机械阻力)的大小,主要取决于介质中固体颗粒的体积含量,以固体容积浓度 λ 表示。即单位体积悬浮液内固体颗粒占有的体积为

$$\lambda = \frac{V_g}{V} \times 100\% \tag{1-42}$$

式中 V_g——悬浮液内固体颗粒所占体积;
V——悬浮液中固体与液体所占体积总和。

单位体积悬浮液内液体所占的体积称为松散度 θ,因此

$$\theta = 1 - \lambda \tag{1-43}$$

容积浓度或松散度 θ 均可反映悬浮液(矿浆)中固体颗粒稠密或稀疏的程度。λ 越大或 θ 越小,说明颗粒沉降时受到粒群干扰的影响也就越显著,干扰沉降的速度也就越小。

常见的几种干扰沉降形式如图 1-5 所示。

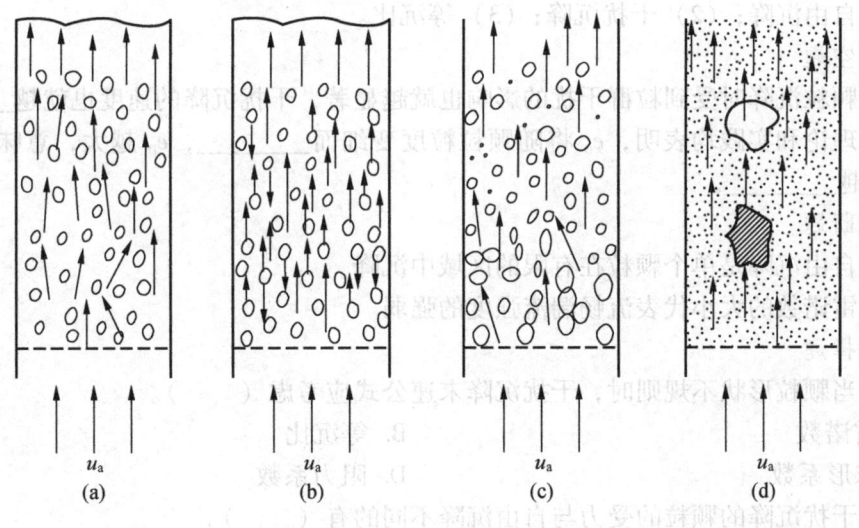

u_a—水流上升速度

图 1-5 常见的几种干扰沉降形式

目前,对图 1-5a 形式研究较多,其他形式均研究较少。图 1-5c 形式是重选中最常见的,图 1-5d 形式属于粗颗粒在重悬浮液中的沉降。

2. 干扰沉降的等沉比

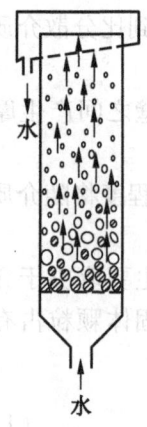

图1-6 混合颗粒的干扰沉降

将一组粒度不同、密度不同的宽级别粒群置于上升介质流中悬浮，流速稳定后，在管中可以看到固体容积浓度自上而下逐渐增大，而粒度亦是自上而下逐渐变大的悬浮体。如图1-6所示，在悬浮体下部可以获得纯净的粗粒重矿物层，在上部能得到纯净的细粒轻矿物层，中间段相当高的范围内是混杂层。这是宽粒级混合物料在上升介质流的作用下，各种颗粒按其干扰沉降速度的大小而分层的结果。各窄层中处于混杂状态的轻重颗粒，因其具有相同的干扰沉降速度，故称其为干扰沉降等沉颗粒。它们的粒度比称之为干扰沉降等沉比，用符号 e_g 表示，即

$$e_g = \frac{d_{V1}}{d_{V2}} \tag{1-44}$$

两种颗粒在混杂状态时，相对于同样大小的颗粒间隙，粒度小者容积浓度小，松散度大，而粒度大者容积浓度大，松散度小，故总是 $(1-\lambda_2) > (1-\lambda_1)$，即 $\theta_2 > \theta_1$，故可看出：

$$e_g > e_0 \tag{1-45}$$

即干扰沉降等沉比总是大于自由沉降等沉比，且随容积浓度的减小而降低。

任务习题

1. 名词解释

(1) 自由沉降；(2) 干扰沉降；(3) 等沉比。

2. 填空题

(1) 颗粒沉降时受到粒群干扰的影响也就越显著，干扰沉降的速度也就越_____。

(2) 理论和实践均表明，e_0 将随颗粒粒度变细而_____，e_0 越大，意味着可选的粒级范围越_____。

3. 判断题

(1) 自由沉降是单个颗粒在有限的区域中沉降。（　　）

(2) 雷诺数的大小代表流畅湍流强度的强弱。（　　）

4. 选择题

(1) 当颗粒形状不规则时，干扰沉降末速公式应考虑（　　）。

A. 雷诺数　　　　　　　　　B. 等沉比

C. 球形系数　　　　　　　　D. 阻力系数

(2) 干扰沉降的颗粒的受力与自由沉降不同的有（　　）。

A. 介质阻力　　　　　　　　B. 沉降阻力

C. 浮力　　　　　　　　　　D. 机械阻力

5. 简答题

(1) 简述介质阻力个别公式及其统一形式以及利用雷诺数曲线求解步骤。

(2) 简述干扰沉降等沉比与自由沉降等沉比的关系。

任务二　颗粒在离心力场中的沉降

任务目标

知识目标：了解并掌握颗粒在离心力场中沉降的阻力公式。
能力目标：具备应用离心力场阻力公式分析实际问题的能力。
素质目标：培养学生用理论指导实践的学术精神。

课程思政

颗粒在离心力场中沉降的分析，要大量用到物理中离心力场的分析方法，在国民经济发展的过程中，诸多工业应用场景均采用离心力场以实现短距离高速度的需求，其分析方法同样需要应用离心力场的分析方法。因此，在分析和处理实际问题时，要学会举一反三，这样才能在生产实践中不断解决新的问题，形成新的突破，为国民经济的发展起到促进作用。

任务描述

从研究颗粒在流体介质中的自由沉降可知，其沉降末速 v_0 除与颗粒及介质的性质有关外，还与重力加速度 g 有关。所以，不但改变介质的性质可以改善选矿过程，提高作用于颗粒上的重力加速度 g 也是改善重力选矿的有效途径。然而，在整个重力场中，重力加速度 g 几乎是一个不变的常数。这就使得微细颗粒的沉降速度受到限制。为了强化细粒尤其是微细颗粒按密度分选和按粒度分级及除尘的过程，于是采用惯性离心加速度 a 去取代重力加速度 g，这就是近几十年来出现的离心力场中的分选与分离技术。

任务知识

一、颗粒在离心力场中的运动特点

在离心力场中选矿与在重力场中选矿，并没有什么原则性的差别，区别仅是作用于颗粒上并促使其运动的力是离心力而不是重力。在离心力场中，离心力的大小、作用方向以及加速度、在整个力场中的分布规律，都与重力场有所不同。

例如在重力场中，颗粒在整个运动期间，在介质中所受的重力 G_0 及重力加速度 g_0 都是常数；在离心力场中则不然，离心力（$F = m\omega^2 r$）和离心加速度（$a = \omega^2 r$），是旋转半径及旋转速度的函数，而且一般来说，它们随着半径的增加而加大。离心力的作用方向是作用在垂直于旋转轴线的径向上，所以在离心力选矿过程中，分选作用也是发生在径向上。此时，沿径向作用于物体上的力有离心力与阻力。所受重力忽略不计。

二、颗粒在离心力场中的径向速度

在离心力场中，颗粒在介质中所受的离心力（当介质也做同步旋转运动时）为

$$F = \frac{\pi d_V^3}{6}(\delta - \rho)\omega^2 r \tag{1-46}$$

介质对颗粒在径向上运动的阻力为（v_c 为颗粒与介质间的相对运动速度）

$$R_r = \varphi d_V^2 v_c^2 \rho \tag{1-47}$$

根据颗粒在径向运动时受力情况的分析，可建立起运动微分方程式：

$$m\frac{dv_c}{dt} = \frac{\pi d_V^3}{6}(\delta - \rho)\omega^2 r - \varphi d_V^2 v_c^2 \rho \tag{1-48}$$

$$\frac{dv_c}{dt} = \frac{(\delta - \rho)}{\delta}\omega^2 r - \frac{6\varphi v_c^2 \rho}{\pi d_V \delta} \tag{1-49}$$

式（1-49）说明，与重力场相似，颗粒在离心力场中运动的加速度为离心加速度与阻力加速度之差。前者为半径 r 的函数，随 r 的增加而增加，后者为运动相对速度 v_c 的函数，并与 v_c 的平方成正比。

颗粒开始受到离心加速度的作用后，颗粒的径向速度逐渐增加，而阻力和阻力加速度也随之加大，当阻力增加到与该处的离心力相等时，颗粒运动的加速度 $dv_c/dt = 0$，此时 v_c 达到最大值。这一加速过程是随离心加速度的增加而变短。

众所周知，在重力场中完成这个过程所需时间一般是几分之一秒到百分之一秒；而通常所用离心力要比重力大几十倍，甚至几百倍，所以实际上可以认为，在离心力这一加速过程所需的时间接近于零。可忽略不计。

因此，颗粒在任一回转半径处的径向速度 v_c 可按 $dv_c/dt = 0$ 的条件得出：

$$v_c = \sqrt{\frac{\pi d_V (\delta - \rho)\omega^2 r}{6\varphi \rho}} \tag{1-50}$$

由于离心力 F 是旋转半径的函数，所以颗粒径向速度 v_c 与重力场中的沉降末速不同，它不是常数，而是旋转半径的函数。也会遇到阻力系数是未知数 v_c 的函数这个困难。此处只能应用在重力场中求解沉降末速通式的办法，利用刘农提出的中间参数，然后从里亚申柯提供的资料中获得解决。

利用特殊条件下的个别阻力公式，按照上述原理亦可求出适用于一定雷诺数范围内，求径向速度的个别公式，唯一应注意的是将重力加速度 g 用离心加速度 a（即 $\omega^2 r$）取代即可。

重力选煤基本原理　微课　　　　重力选煤基本原理　动画

任务习题

1. 名词解释

（1）离心力场；（2）离心加速度。

2. 填空题

（1）颗粒开始受到离心加速度的作用后，颗粒的径向加速过程是随离心加速度的增加而_____。

（2）颗粒在任一回转半径处的径向速度是_____的函数。

3. 判断题

（1）在离心力场中，颗粒的运动一点都不受颗粒的线速度影响。（　　）

（2）在重力场中，颗粒在整个运动期间，在介质中所受的重力及离心加速度都是常数。（　　）

4. 选择题

（1）在离心力场中，颗粒的分层主要受哪个因素影响？（　　）

A. 等沉比　　　　　　　　　　B. 密度

C. 粒度　　　　　　　　　　　D. 离心加速度

（2）对于颗粒在离心场中的运动和分离，说法错误的是（　　）。

A. 颗粒所受离心加速度要大于重力场中的重力加速度

B. 颗粒会更快达到最大运动速度

C. 颗粒的分离速度会变慢

D. 等沉作用仍然会发生

5. 简答题

（1）颗粒在离心力场中的运动与在重力场中的运动有什么区别？

（2）简述离心力场中个别运动公式的求法。

任务三　斜面流分选理论

任务目标

知识目标：了解并掌握斜面流分选理论的应用场景的颗粒受力分析。

能力目标：具备应用斜面流分选理论分析实际问题的能力。

素质目标：培养学生用理论指导实践的学术精神。

任务描述

应用斜面水流进行选矿也是由来已久的，早年多以厚水层在长槽内处理粗、中粒矿石，称粗粒溜槽。水流呈较强的紊流流态，人工操作，目前在选别砂金中仍有应用。但现在大量的斜面流选矿则是以薄层水流处理细粒和微细粒矿石，称流膜选矿。处理细粒级的流膜具有弱紊流流态特征，如摇床、圆锥选矿机、螺旋选矿机等属于这一类。斜面流依流速在沿程是否有变化可分为等速流或非等速流，而就沿程某一点的流速是否随时间而变化，又分为稳定流和非稳定流。目前重力选煤中应用较多的是等速流选矿，少数应用非等速流，如扇形溜槽。非稳定的流动伴随有加速度力产生，只在个别设备，如振摆皮带溜槽中应用。

任务知识

一、层流斜面流的流动特性

在层流矿浆流膜内不存在旋涡扰动的扩散作用，那么矿物粒群又是怎样松散的呢？1954 年，R. A. 巴格诺尔德（Bagnold）在研究中发现悬浮体中固体颗粒连续受到剪切运动的作用时，在垂直于剪切方向上将产生一种斥力（或称分散压），使粒群具有向两侧膨胀的倾向。这种层间斥力随剪切速度梯度的增大而增加，当它的大小足以克服颗粒在介质中所受的重力时，粒群即呈悬浮松散状态，如图 1-7 所示。

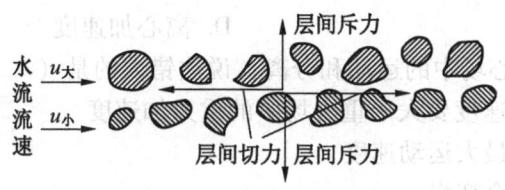

图 1-7　巴格诺尔德发现的层间剪切和层间斥力示意图

研究得出，随着颗粒在剪切运动中的接触方式不同，切应力的性质亦不同。

在速度梯度较高时，上下层颗粒直接发生碰撞，颗粒的惯性力对切应力的形成起主导作用，此时属于惯性切应力。

当剪切速度较小或固体浓度较低时，颗粒相遇后通过水膜发生摩擦，流体的黏性对切应力的形成起主导作用，此时属黏性切应力。

在层流条件下，欲使床层粒群松散悬浮，须借增大速度梯度以使层间斥力超过颗粒群在介质中的重力。

颗粒的密度越大，浓度越高。为了使床层松散所需的层间斥力亦越大，将分选槽面做剪切摇动，提高速度梯度是增大层间斥力的良好办法。

床层在剪切斥力作用下松散后，颗粒便依所受到的层间斥力、自身的重力和床层机械阻力的相对大小而发生分层转移。这种分层基本不受流体动力影响，故仍属静力分层。它不仅发生在极薄的层流流膜内，而且也出现在弱紊流流膜的底层，通常称为"析离分层"。在摇床床条沟内的分层是最为明显的例子。重颗粒具有较大的斥力和重力压强，因而在摇动中首先转移到底层，轻颗粒被排挤到上层。在同一密度层内，较粗颗粒尽管对细颗粒有较大层间压力，但细颗粒在向下运动中所遇到的机械阻力却更小，因而分布到了同一密度的粗颗粒层的下面。分层结果如图 1-8 所示。在粒度上的这种分布与动力分层恰好相反。但在给料粒度差不大或颗粒微细时，粒度的分布差异往往不明显，而只表现为按密度差分层。

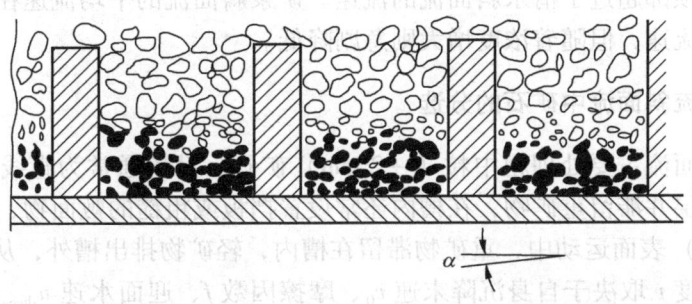

图1-8　摇床上的"析离分层"结果

二、紊流斜面流的流动特性和紊动扩散作用

紊流的特点是流场内存在大小无数的旋涡，流场内指定点的速度和方向均时刻在变化着，故只能用时间的平均值表示该点的速度，称为"时均点速"。由于流体质点在层间交换的结果，使得流速沿深度的分布变得比较均匀。层流和紊流的流速分布对比如图1-9所示。

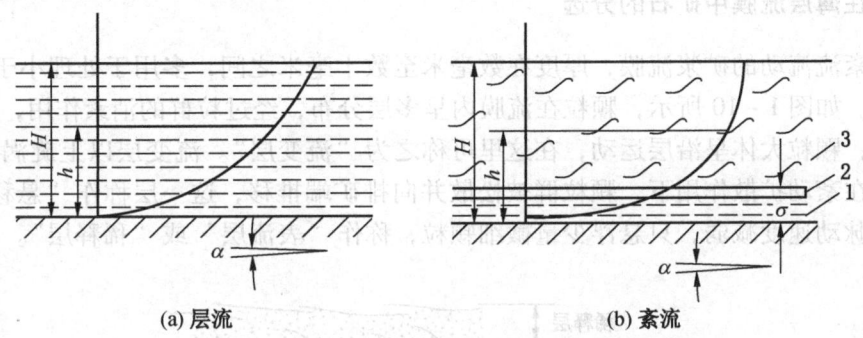

1—层流边层；2—过渡层；3—紊流层

图1-9　层流和紊流的流速分布对比

在紊流的最底部受固定壁的限制，仍有一薄层做层流流动，称作"层流边层"。在强紊流中，它的厚度常以几分之一毫米至几十分之一毫米来度量，故一般可忽略不计。但在薄层弱紊流中，边层厚度则有不容忽视的比例。在它上面是一过渡层，接着便是紊流层。这样便形成了弱紊流的三层结构。不过不管怎样，紊流层一经形成，总是要占据大部分厚度。过渡层的厚度很薄，一般也计入在层流边层内。

紊流中水流质点的扰动运动是松散床层的主要作用因素，称作"紊动扩散作用"。将槽内某点的瞬时速度分解为沿槽纵向、法向和横向3个分量，每个方向上的瞬时速度偏离时均速度（在法向和横向为零）的值称为瞬时脉动速度。对松散床层来说主要是依靠法向的瞬时脉动速度。

法向脉动速度沿水深分布并不一致，在下部初始旋涡形成区，脉动速度较强，向上逐渐减弱。颗粒群在紊流斜面流中借法向脉动速度维持松散悬浮，反过来颗粒群又对脉动速度起着抑制作用，因而矿浆流膜的紊动度总是要比清水流膜弱。这种现象称为粒群的"消紊作用"。在紊流矿浆流的底部，固体颗粒浓度较大，流速显著降低；向上流速则急剧增大，甚至到顶部超过了清水斜面流的流速。矿浆斜面流的平均流速在浓度较低时仍接近清水斜面流的流速，但随着浓度增大则急剧降低。

三、厚层紊流斜面流中矿石的分选

厚层紊流斜面流主要处理粗中粒（+2 mm）矿石。设备通常为直线的倾斜长槽。为了有效地松散床层并滞留重矿物，在槽内还常设置挡板或粗糙的敷面物，轻、重矿物在沿槽底（或沉积物）表面运动中，重矿物滞留在槽内，轻矿物排出槽外，从而达到分离。

颗粒运动速度 v 取决于自身沉降末速 v_0、摩擦因数 f、迎面水速 u_{dmea} 及法向脉动速度 u_{im}。重颗粒或因 v_0 较大或在粒度较小时，受到的 u_{dmea} 不大，而有较小的运动速度；轻颗粒则相反，或因 v_0 较小或因 u_{dmea} 较大而具有较大移动速度，这样便可使两者分离开来。那些粒度细小的轻颗粒和微细的重颗粒则在跳跃中或连续悬浮中被排出槽外，法向脉动速度限定了重颗粒的粒度回收下限。刚能使颗粒启动的水流速度称为"冲走速度"u_0。

在紊流斜面流中按颗粒的运动速度差分选是很不精确的，故粗粒溜槽只可作粗选使用，而且回收率也不很高。

四、在薄层流膜中矿石的分选

呈弱紊流流动的矿浆流膜，厚度在数毫米至数十毫米之间，多用于处理小于 2 mm 细粒级矿石。如图 1-10 所示，颗粒在流膜内呈多层分布，经过粒群的消紊作用，底部层流边层增厚，颗粒大体呈沿层运动，在这里可称之为"流变层"。流变层以上旋涡迅即形成和发展。在紊动扩散作用下，颗粒群被松散并向排矿端推移，这一层称作"悬移层"。悬移层以上脉动速度减弱，只悬浮少量微细颗粒，称作"表流层"或"稀释层"。

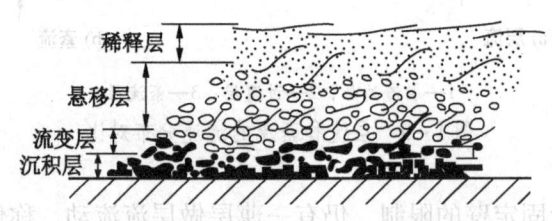

图 1-10　弱紊流矿浆流膜结构示意图

稀释层中悬浮的微细颗粒不再能够进入底层，故该层的脉动速度即决定了分选粒度下限，为 30~40 μm。进入悬移层的颗粒，在旋涡扰动下不断上下运动，重颗粒被底部流变层容纳，剩下的轻颗粒则悬浮在该层中。如同在上升水流中一样，颗粒是呈"上细下粗、上稀下浓"分布。底部流变层内颗粒处于紧密接触状态，借助剪切运动维持松散。颗粒依自身压强不同分层转移，故这一层是最有效的静力分选区。保持该层具有一定的厚度和剪切速度，对提高重矿物的回收率和品位有重要意义。

弱紊流流膜中的重矿物层仍有沿槽运动，故经常可实现连续分选作业。只有当重矿物层受到过大压力时才出现沉积层（如在离心选矿机内），这时便形成了四层结构。

层流矿浆流膜已基本不存在紊动扩散作用，故适于处理细粒级（-0.1 mm）。流膜很薄，一般只有1~2 mm，离心流膜的流动层甚至低于1 mm。但仍可将它分成三层结构，即上部稀释层，中间流变层和底部沉积层，如图1-11所示。但前两者的界线是很不清楚的。

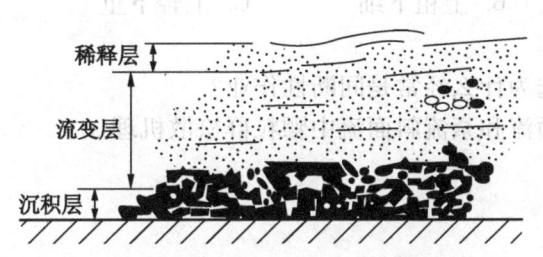

图1-11　层流流层结构示意图

流变层的作用与上述弱紊流中的相同。不过因这里浓度较低，它的最有效分选区还是在靠近下部较高浓度区，有时特殊地称之为"推移层"。推移层的下面即是沉积层，微细颗粒与槽面间往往具有较大黏结力，故沉积层常是不流动的，这就造成了矿浆流膜分选经常是间断作业。

流膜选矿的操作条件：给矿体积、给矿浓度、槽底倾角、槽面振动强度或移动速度（如皮带溜槽）等即是通过流膜的流动参数，包括紊动性、矿浆黏度、速度梯度、流变层厚度而影响分选指标的。增大给矿体积或减小浓度，将增加矿浆流动的紊动性并提高速度梯度和减小流变层厚度，结果导致精矿品位提高而回收率下降。反之，减小给矿体积或增大浓度，又将因流速降低和矿浆黏度增大，而减小了速度梯度和脉动速度，并使流变层增厚，结果会造成回收率提高而精矿品位下降。槽面的振动强度和移动速度大小亦受这些因素制约。处理细粒级的弱紊流流膜，自身已具有足够的流动速度，故在固定的槽面上也可获得相当好的分选结果。而对于矿泥溜槽，因流膜的自然流动速度太低，剪切速度梯度不足，而常常得不到好的分选指标，采用机械方法强制床面做剪切振动，现已证明是提高分选效果的良好手段。

任务习题

1. 名词解释

（1）层流边层；（2）紊动扩散作用。

2. 填空题

（1）通常采用机械方法强制床面做_____，以增加剪切速度梯度。

（2）在层流条件下，欲使床层粒群松散悬浮，须借_____速度梯度以使层间斥力超过颗粒群在介质中的重力。

3. 判断题

（1）剪切振幅越大，越有利于颗粒分层。　　　　　　　　　　　　　　　（　　）

(2) 弱紊流流膜中的重矿物层仍有沿槽运动，故经常可实现连续分选作业。（ ）

4. 选择题

(1) 运用流膜选矿方法的选矿设备是（ ）。

A. 浅槽分选机 B. 摇床分选机 C. 螺旋分选机 D. 浮选机

(2) 在流膜选矿中，颗粒的分布呈现出（ ）。

A. 上细下粗 B. 上粗下细 C. 上轻下重 D. 上重下轻

5. 简答题

(1) 矿浆流膜分选为什么经常是间断性作业？

(2) 简述层流斜面流和紊流斜面流中颗粒群松散机理。

项目二 原煤准备作业

原煤准备作业就是对入厂原煤进行筛分、破碎等，使入选原煤在粒度和其他性质上符合后续分选环节的要求。在选煤工作中，不同的选煤方法对入料粒度有不同的粒度范围要求，见表2-1。若超出规定的粒度范围，将严重影响分选效果，甚至无法分选。原煤准备作业主要包括筛分作业和破碎作业。

表2-1 各种选煤方法的入选粒度范围　　　　　　　　　　　　　　mm

选煤方法	粒级		选煤方法	粒级	
	粒度上限	粒度下限		粒度上限	粒度下限
跳汰选	100	0.5	摇床选	13	0.2
块煤重介质选	300	6	块煤槽选	100	6
末煤重介质选	25	0.5	浮选	0.5	0

任务一　认识筛分过程

知识目标：了解筛分的概念和筛分设备的分类，掌握各种类型的筛分设备特点及工作原理。

能力目标：能分辨筛分作业的任务，能比较全面地描述筛分设备及用途，能完成筛分试验并填工作表。

素质目标：培养学生精益求精、一丝不苟的工作态度和职业精神。

课程思政

赵跃民："炭"究筛选技术，守护"煤"好生态

8年前，国家能源集团包头矿业有限责任公司（简称"包头公司"）万利矿原煤细颗粒多、水分高、易泥化、产品质量差、销售困难，陷入长期亏损。如今，这里的商品煤质量好、市场竞争力强，公司扭亏为盈。包头公司万利矿实现"大翻身"，靠的是煤炭深度筛分与高效分选技术。低品质黏湿细粒煤炭经过深度筛分－高效分选系统加工后，就成了灰分、硫分含量很低的精煤，以及矸石和泥灰。如今，煤炭深度筛分与高效分选技术不仅促进我国煤炭清洁利用,还"走进"美国、俄罗斯等世界产煤大国。该技术源自全国矿物加工专家、中国矿业大学教授赵跃民团队。他攻克了干法选煤、高效筛分等技术难题。2023 年"五一"前夕,人力资源和社会保障部、中国煤炭工业协会授予赵跃民带领的中国矿业大学煤炭清洁高效分选加工团队"全国煤炭工业先进集体"称号。"富煤、贫油、少气"的能源特点,造成我国长期以煤炭为主的能源消费结构。要守护好祖国的"绿水青山",就需推动煤炭资源的清洁高效利用。

任务描述

碎散物料的筛分过程由两个阶段组成:一是小于筛孔尺寸的细颗粒通过粗颗粒所组成的物料层到达筛面,简称穿层或分层;二是细颗粒透过筛孔成为筛下物,简称透筛,同时粗颗粒也排出筛面成为筛上物。为达到目的,物料和筛面之间必须存在相对运动,使粗粒层经常处于松散状态,便于细颗粒穿过粗颗粒之间的空隙,促使细颗粒透筛。同时对筛面上的物料层必须有一定的输送能力。

任务知识

一、筛分概述

（一）筛分的基本概念

筛分是指碎散物料通过一层或数层筛面被分成不同粒级的过程。在实验室或试验场为完成粒度分析而进行的筛分称为试验筛分,在工厂或矿场为完成生产任务而进行的筛分称为工业筛分。

筛分过程是连续的,筛分原料给到筛分机械上以后,小于筛孔尺寸的物料透过筛孔,称为筛下产物;大于筛孔尺寸的物料从筛面上不断排出,称为筛上产物。在单位时间内给到筛面上的原料的质量称为处理量或处理能力,单位是 t/h。

筛分概述　微课　　　　　　　筛分过程影响因素　微课

（二）筛分机械的类型及主要特点

筛分机械是指利用旋转、振动、往复、摇动等动作将各种原料和各种初级产品经过筛网分别按物料粒度大小分成若干个等级,或是将其中的水分、杂质等去除,再进行下一步的加工和提高产品品质时所用的机械设备。

筛分机械自应用至今已有固定筛、滚筒筛、摇动筛等几十种,但目前仍以振动筛应用最为普遍。筛分机械通常按筛面的结构形式和运动形式分为以下几种。

1. 固定筛

固定筛是最简单,也是最古老的筛分机械,筛面由许多平行排列的筛条构成,排列的方向与筛上料流的方向相同或垂直。筛面呈水平安装(脱水时)或倾斜安装,工作时固定不动,物料靠自重沿筛面下滑而筛分。固定筛构造简单,寿命长,尤其不消耗动力,没有运动部件,设备成本和使用成本低。因此,虽然生产能力和筛分效率较低,但仍广泛应用于料浆的初步脱水、脱泥或脱介。

2. 滚筒筛

滚筒筛的筛面为圆柱面或圆锥面筛筒,沿筛筒的对称轴线装有转轴,当传动装置带动转轴转动时,筛筒也随之回转。滚筒筛运转平稳可靠,但生产能力低、筛孔易堵塞、筛分效率低,可用于粗、中粒物料的筛分和脱水。

3. 振动筛

振动筛由带有筛面的矩形筛箱、激振装置、传动装置、支承或吊挂装置组成。支承或吊挂筛箱采用的是弹簧组件,筛箱的振动依靠激振器。振动筛运动特点是频率高、振幅小,物料在筛面上做跳跃运动,因而生产率和筛分效率都较高。振动筛适用于选煤厂的各种筛分作业。

4. 其他筛分机

其他筛分机如旋转概率筛、立式(卧式)振动(无振动)离心筛、弛张筛、强化筛和变幅筛等。与上述筛分机比较,这些筛分机的结构形式、运动形式和工作原理都是特殊的、新颖的,是对细、湿、黏的物料进行干法筛分的新设备。

二、筛分作业在选煤厂中的应用

(一)筛分作业的任务与分类

筛分作业广泛用于选煤厂,同时也广泛用于建筑、化工、轻工业部门,按照应用目的和使用场合的不同,以及筛分作业在生产工艺中担负的任务不同,筛分作业可分为以下几种:

1. 独立筛分

当筛分产品作为最终产品供给用户使用时,称为独立筛分,如煤、铁矿石和建筑石料的筛分。对于煤炭工业,独立筛分主要是指筛选厂生产不同粒级商品煤的筛分。商品煤的分级要根据煤质、煤的粒度组成和用户要求,按国家有关煤炭粒度分级的规定来确定,见表2-2。

表2-2 煤炭粒度分级

粒级名称	粒级符号	粒级/mm
特大块	T	>100
大块	D	50~100
中块	Z	25~50
小块	X	13~25
粒煤	L	6~13
粉煤	F	<6

注:小于13 mm的煤如不再分级,称末煤,用符号M表示。

筛分过程分析　微课　　　大筛分试验　动画　　　小筛分试验　动画

2. 准备筛分

当筛分是为分选作业提供不同粒级的入选矿物时，称为准备筛分，如重选及磁选前的矿物筛分。对于煤炭工业，各种选煤设备都应供给适宜粒级的原煤。过粗的大块不能分选，过细的微粒难以回收。另外，原煤粒度对分选效果也有很大影响。

3. 预先筛分与检查筛分

当筛分作业和破碎作业配合进行时称为辅助筛分。若用在破碎前把合格粒级预先筛出叫预先筛分；若用在破碎后以控制破碎产品的粒度则叫检查筛分。预先筛分有时也称为准备筛分。预先筛分是为了避免物料的过度破碎，从而提高破碎设备的生产能力和减少动力消耗。检查筛分的目的是从破碎设备的产物中，将粒度不合格的大块筛出，以保证产品不超过要求的粒度上限。许多情况下，一个筛分作业能同时起预先筛分和检查筛分的作用，如图2-1所示。

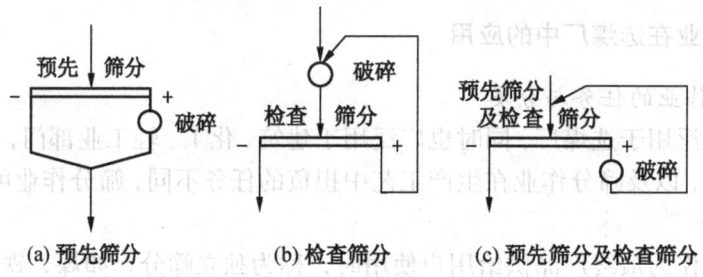

图2-1　筛子与破碎机的配合

4. 脱水筛分

脱水筛分是指将伴有大量水的碎散物料（如渣浆、泥浆、矿浆等）作为筛分原料，以脱除其中液相为目的的筛分。

5. 脱泥筛分与脱介筛分

为达到一定的工艺目的，将碎散物料或伴水的碎散物料作为筛分原料，脱除其中细粒的筛分，称为脱泥筛分或脱介筛分。例如，在重介质选煤时，为了回收细粒状的重介质（-200网目）所进行的脱介筛分。在很多情况下，脱水、脱泥和脱介筛分的工艺作用是兼而有之的，而筛分作业却只有一个。为了使筛分更加充分，应经常向筛面上施加喷淋水冲洗。用于脱水、脱泥、脱介的筛分机，在工艺上常称为脱水筛、脱泥筛、脱介筛。

6. 选择性筛分

在某些情况下，筛分可将散料按质量分离，这种筛分称为选择性筛分。例如，用滚筒碎选机边破碎边筛分，就能使低灰分的筛下物和高灰分的筛上物分离。

(二) 选煤厂用筛分设备
1. 固定筛

由平行排列的钢条或钢棒组成的,钢条和钢棒称为格条,格条借横杆连接在一起,格条间的缝隙大小即为筛孔尺寸,钢棒可采用圆钢、方钢、钢轨或梯形断面的型钢,如图 2-2 所示。

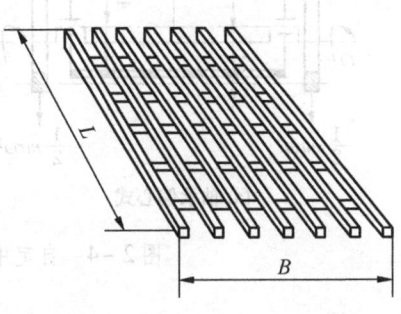

图 2-2 固定筛

固定筛分为格筛和条筛两种。格筛在原矿仓顶部,一般为水平安装。条筛一般只在选煤厂受煤坑上使用,以分出 250~300 mm 以上的过大块,有时也用于大粒度煤 (50~100 mm 以上) 选前的准备筛分;一般为倾斜安装,倾角的大小应能使物料沿筛面自动地滑下,粉煤多或煤的水分高时倾角可适当加大。对于大块矿石,倾角可小些,对于黏性矿石,倾角应稍大些;优点是构造简单,无运动部件,坚固可靠;缺点是单位面积处理能力低,易堵塞,生产率低。

筛分机械 微课

2. 圆振动筛

圆振动筛为单轴振动筛,筛箱运动轨迹为圆,筛面要有较大的倾角,煤用圆振动筛的筛面倾角一般为 15°~20°,如图 2-3 所示。圆振动筛适用于粗粒级筛分。在选煤厂中,多用于手选前的块煤准备筛分,也用于准备筛分和最终筛分。圆振动筛可分为简单惯性式、自定中心式和偏心式 3 种类型。目前我国选煤厂使用自定中心式圆振动筛最多,简单惯性式圆振动筛使用较少,偏心式圆振动筛已完全淘汰。

图 2-3 圆振动筛

自定中心式圆振动筛如图 2-4 所示。图 2-4a 为轴承偏心式自定中心式圆振动筛,主轴是一根偏心轴,其偏心部分通过轴承与筛箱连接,轴上装有一对不平衡轮。当筛子工作时,筛箱和不平衡轮各自产生离心力,这两个离心力的方向相反。如果适当地确定激振器不平衡重的质量,使两个离心力得到平衡,就能使筛子工作时激振器的回转轴线固定不动,使筛箱在垂直面上做圆形运动。

图 2-4b 是皮带轮偏心式自定中心式圆振动筛,主轴的中心线与不平衡轮的中心线不在一根轴线上。两轮转动时要绕各自的中心线回转,筛面和不平衡重所产生的离心力方向

相反，适当确定两者的质量，也能达到激振器回转轴线固定不动的目的。

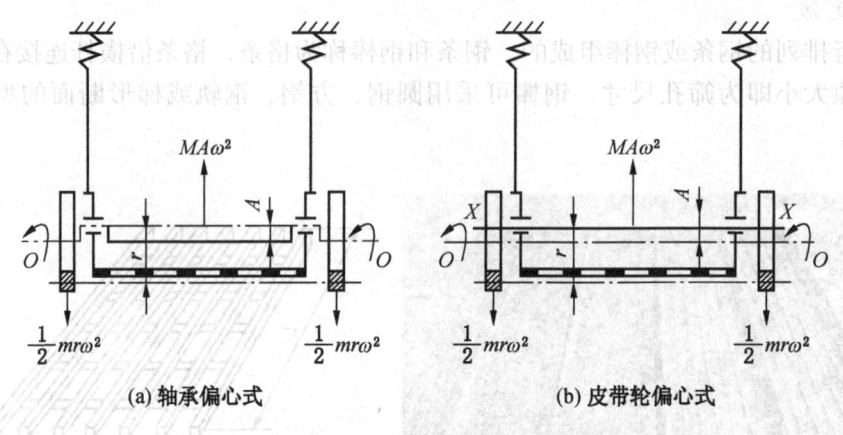

(a) 轴承偏心式　　　　　　　(b) 皮带轮偏心式

图2-4　自定中心式圆振动筛工作原理

3. 直线振动筛

直线振动筛（图2-5）是我国选煤厂目前使用最多的一种振动筛，主要由筛箱、箱形振动器、吊拉减振装置、驱动装置等组成。这种筛子的两根轴是反向旋转的，主轴和从动轴上安有相同偏心距的重块。当激振器工作时，两个轴上的偏心重块相位一致，产生的离心惯性力的 x 方向分力促使筛子沿着 x 方向振动，y 方向的离心惯性力则大小相等，方向相反，相互抵消。因此，筛子只在 x 方向振动，称为直线振动筛。振动方向角通常选择45°，筛上物的排出主要靠振动方向角的作用，所以筛子通常水平安装或呈5°~10°角安装。直线振动筛及双轴振动器的工作原理如图2-6所示。

直线振动筛的结构及
工作原理　动画

振动筛的使用与维护　微课

图2-5　直线振动筛

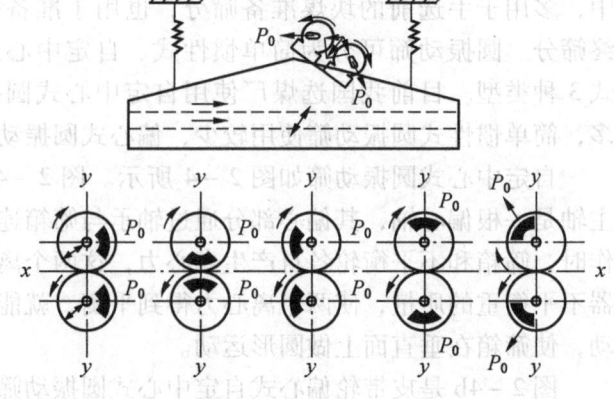
图2-6　直线振动筛及双轴振动器的工作原理

4. 等厚筛

等厚筛（图2-7）是一种利用单机实现等厚筛分的筛子。物料在筛面上的筛分过程一般分为两个阶段：①物料按粒度大小分层，小颗粒到下层，大颗粒到上层；②下层与筛面接触、小于筛孔的颗粒透过筛孔落到筛下。因此，各种筛分方法都是为了实现分层和透筛，最后完成物料的筛分。等厚筛的透筛量及分布如图2-8所示。

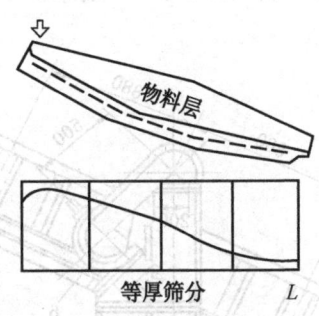

图2-7 等厚筛　　　　图2-8 等厚筛的透筛量及分布

5. 振动概率筛

振动概率筛（图2-9）简称概率筛，也叫概率分级筛。概率筛由1个箱形框架和5层（一般为3~6层）坡度自上而下递增、筛孔尺寸自上而下递减的筛面组成。筛箱上带偏心块的激振器使悬挂在弹簧上的筛箱做高频直线振动，振动方向与水平面呈45°角，物料从筛箱上部入筛后，迅速松散，并按不同粒度均匀地分布在各层筛面上，然后各个粒级的物料分别从各层筛面下端及下方排出，如图2-10所示。

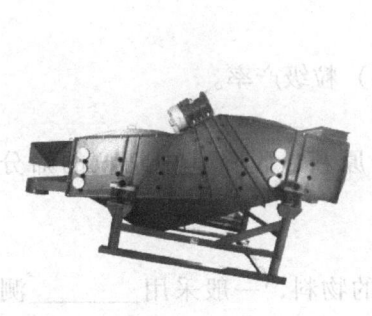
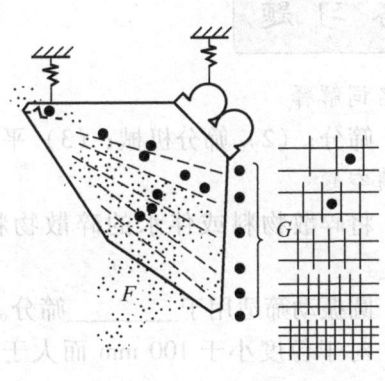

图2-9 振动概率筛　　　　图2-10 振动概率筛工作原理示意图

概率筛的突出优点是单位筛面面积的生产能力可达一般振动筛的5倍以上；物料透筛能力强，不易堵塞筛孔；结构简单，使用维护方便，筛面使用寿命长，生产费用低。

6. 高频振动筛

高频振动筛（图2-11）是近几年研制成功的一种高效脱水设备。高频振动筛以高

图 2-11 高频振动筛

频率和高振动强度为特征，可用于入料粒度 0~1 mm、入料浓度小于 35% 的末煤及煤泥的脱水和脱介。我国开发的 GPS 系列高频细筛为高频圆振动筛，其结构如图 2-12 所示，有利于物料迅速散开，排料端椭圆长轴方向相反，有助于减缓物料速度，延长物料在筛面上的停留时间，增强分级、脱水效果。

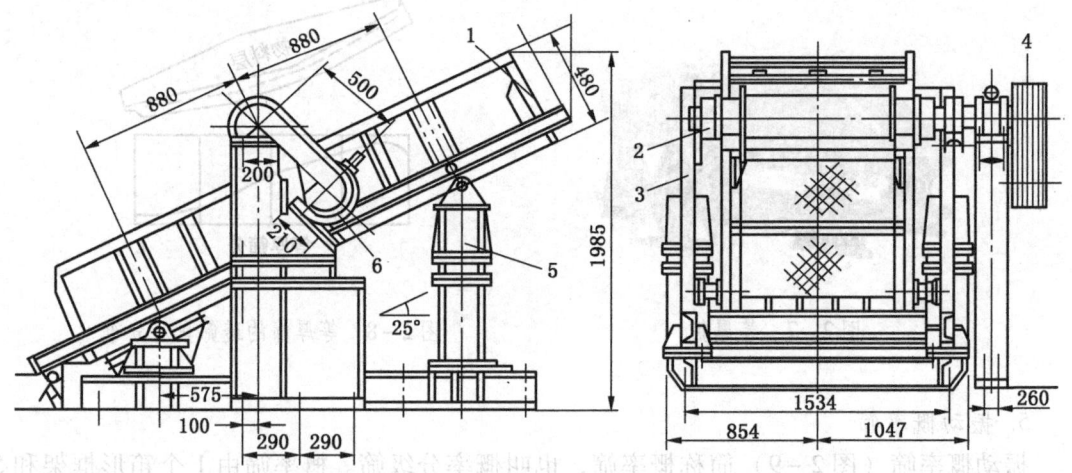

1—筛箱；2—激振器；3—支撑装置；4—传动装置；5—角调节装置；6—电动机和机架

图 2-12 GPS 系列高频圆振动筛结构

任务习题

1. 名词解释

(1) 筛分；(2) 筛分机械；(3) 平均粒度；(4) 粒级产率。

2. 填空题

(1) 将碎散物料或伴水的碎散物料作为筛分原料，脱除其中细粒的筛分，称为_____。

(2) 圆振动筛适用于_____筛分。

(3) 对于粒度小于 100 mm 而大于 0.043 mm 的物料，一般采用_____测定粒度组成。

(4) 筛分试验包括_____、_____、_____、_____等环节。

3. 判断题

(1) 准备筛分是为了从矿物中筛出合格粒级的筛上物。（   ）

(2) 对同一物料群采用不同的计算方法所得到的平均粒度值是不同的。（   ）

4. 选择题

(1) 下列不能描述碎散物料的粒度特性的是（   ）。

A. 粒度组成　　　B. 平均粒度　　　C. 粒级　　　D. 标准差
（2）对筛分效果有影响的物料性质主要包括物料的（　　）。
A. 粒度组成　　　B. 湿度　　　　　C. 含泥量　　D. 形状

5. 简答题
（1）在实际生产中，筛分作业有哪些？各有什么作用？
（2）简述选煤厂用筛分设备的特点。

任务二　认识破碎过程

任务目标

知识目标：了解破碎的概念及作用，理解破碎方式。了解破碎设备的分类，掌握几种常用破碎机的特点。

能力目标：会分析破碎产物的粒度特性，掌握破碎方法的选择。

素质目标：培养学生吃苦耐劳、爱岗敬业的劳动精神。

课程思政

云南丽江的华坪县，曾是全国重点产煤县之一，8个乡镇都有煤田，大小煤矿不计其数。受煤矸石污染最严重的石龙坝镇，通过就地转化、洗选消化和覆土绿化3种方式，在控制煤矸石总量的同时，就近就地消化存量。石龙坝镇从事煤炭挖掘、运输的3000余名产业工人，变身芒果产业种植户。全镇芒果种植面积达16万多亩，占全县种植总面积的40%。随着芒果种植面积扩大，华坪县的生态环境也得到显著改善。最近，华坪成功入选生态环境部公布的第四批"绿水青山就是金山银山"实践创新基地名单。从"煤城"到"芒城"，走出了一条由"黑"转"绿"、由"绿"转"金"的生态富民路。

2023年8月，江西德普矿山设备有限公司生产的首台ME106颚式破碎机正式交付给贵溪冶炼厂选矿车间使用。这台设备是目前国内最先进的同类型颚式破碎机，以轻量化、分体式设计和弹性基础连接方式使整机重量是原设备重量的一半，破碎效率却是原设备的1.5倍以上，电控部分也改成了软起动，操作维护便捷，效率较原设备提升了约3倍，并且非常便于对各类老旧设备的拆装和换型升级改造，而且对环境的要求大幅降低，可在狭小的空间快速安装，电机功率也由132 kW降到了110 kW，进料和出料系统也做了相配套的设计和优化，经过各项性能模拟测试，各项指标均超出要求。

通过持续加大研发力度，积极推广应用新材料、新设备、新工艺的实践应用，实现装备轻量化、低功率、高效节能、稳定性好，为客户提供更加优质的产品和服务，让"中国制造"更具影响力、更有传播力。

任务描述

破碎是在制样过程中用机械或人工方法减小煤样粒度的过程，其目的是减小试样粒度,增加试样颗粒数,以减小缩分误差。破碎是国民经济中许多基础行业的重要工序。随着世界经济技术的发展,破碎技术和装备得到较快发展。总的趋势是:研制和应用大型破碎设备,研制高效节能的新型破磨设备,将新技术和新材料引入破碎设备,研究破碎过程的机理及提高工艺过程效率的途径,以及研究新的破碎方法等。

任务知识

一、破碎概述

1. 破碎的基本概念

破碎是将原矿石在外力作用下破碎成所要求的粒度(一般是 1~100 mm)的作业技术。施加外力的方法可以是机械力、爆破或其他方式,相应的设备为破碎机。破碎的主要任务是为下一步磨矿提供合适的粒度。具体选择破碎段数要依据原矿的性质、块度、产品粒度以及设备类型而定。物料每进一次破碎机,称为一次破碎段。对于每一个破碎作业,破碎比是指破碎前后(给料与产物)的粒度之比,它表示破碎后原料减少的程度。各段破碎作业的破碎比的乘积为该段破碎流程的总破碎比。破碎一般为干式作业,通常分为二段或三段作业。

破碎概述 微课

破碎方式 动画

2. 破碎作业的分类

破碎作业按其在选煤工艺中的作用可分为准备破碎(分选前)和最终破碎(分选后),按破碎产物的粒度不同分为粗碎、中碎、细碎和粉碎,按其所消耗的能量形式不同分为机械能破碎(即用机械力破碎物料)和非机械能破碎(即用电能、热能等进行破碎)。选煤厂主要采用机械能破碎。根据矿石在设备外力作用下破碎的方式分类,机械破碎的基本方式有以下几种。

(1) 挤压破碎(图2-13a):利用两个破碎工作面对夹于其间的物料施加压力,物料因压应力达到其抗压强度极限时而破碎。特点:所需压力较大,消耗能量也较多。

(2) 劈裂破碎(图2-13b):用两个带尖棱的工作面挤压物料,尖棱楔入物料产生的拉应力超过物料的抗拉强度极限时,物料裂开而被破碎。特点:需要压力较小,能耗也较小。

(3) 折断破碎(图2-13c):夹在工作面之间的物料,如受集中力作用的简支梁或多支梁,物料主要受弯曲应力而折断,但在物料与工作面接触处受到劈力作用。特点:需要压力较小,能耗也较小。

(4) 研磨破碎(图2-13d):物料块处于两个相对移动的破碎板之间,物料因表面经受研磨作用而产生剪切变形,当剪切应力达到抗剪强度极限时,物料被破碎。特点:效率低、能耗大。

（5）冲击破碎（图2-13e）：物料受到足够大的瞬时冲击力而破碎。特点：以动载荷的形式作用于物料，破碎作用较静载荷大、生产率高、能量消耗小。

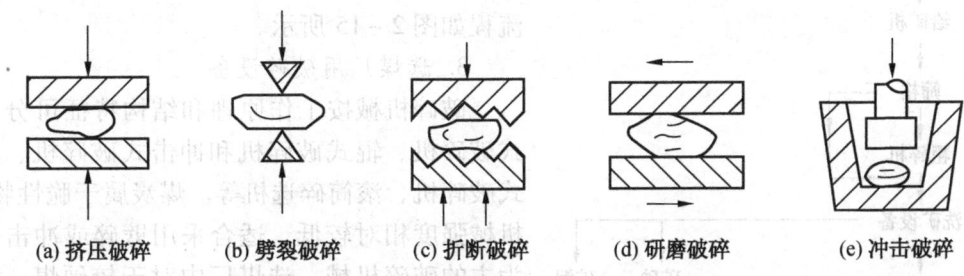

(a) 挤压破碎　　(b) 劈裂破碎　　(c) 折断破碎　　(d) 研磨破碎　　(e) 冲击破碎

图 2-13　机械破碎的基本方式

破碎机械是利用一定的机构实现一种或几种破碎方法，完成对矿石或其他物料破碎的机械装置。因此，必须根据矿石或物料的性质、矿石或物料的粒度特性，以及所需要的产品粒度等要求来选择合适的破碎机械。

二、破碎作业在选煤厂中的应用

1. 破碎作业的作用

（1）满足选煤机械和选矿机械对入选物料最大入选粒度的要求。例如，我国入选原煤粒度一般在50 mm以下，而从煤矿运来的原煤最大粒度可达300 mm，所以应对大块原煤进行破碎；井下和露天开采的矿石的粒度分别可达600 mm与1500 mm，更是需要破碎。

（2）满足夹矸煤中的煤与矸石的解离、有用矿物与脉石的解离要求。对于煤与矸石夹杂共生的夹矸煤，必须先使夹矸煤解离，才能入选而达到分选的目的。

（3）满足用户对选后产品粒度的要求。例如，对炼焦用煤需破碎到3 mm以下。

2. 选煤厂常用的破碎工艺流程

破碎流程的选择应根据破碎机的类型和工艺要求确定。如果对破碎产物的粒度没有严格要求，或者破碎机本身可以保证不产生过大块，可采用开路破碎流程（图2-14a）。如

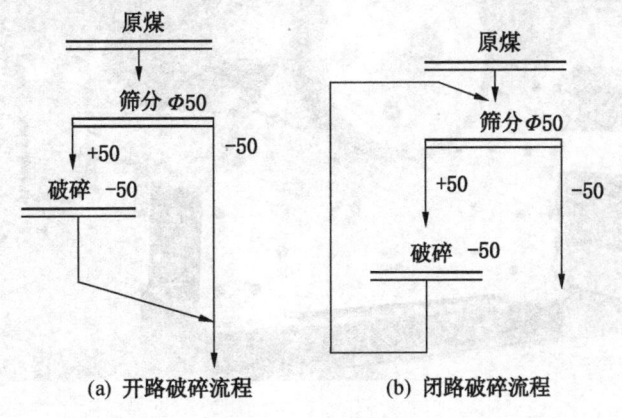

(a) 开路破碎流程　　(b) 闭路破碎流程

图 2-14　破碎流程

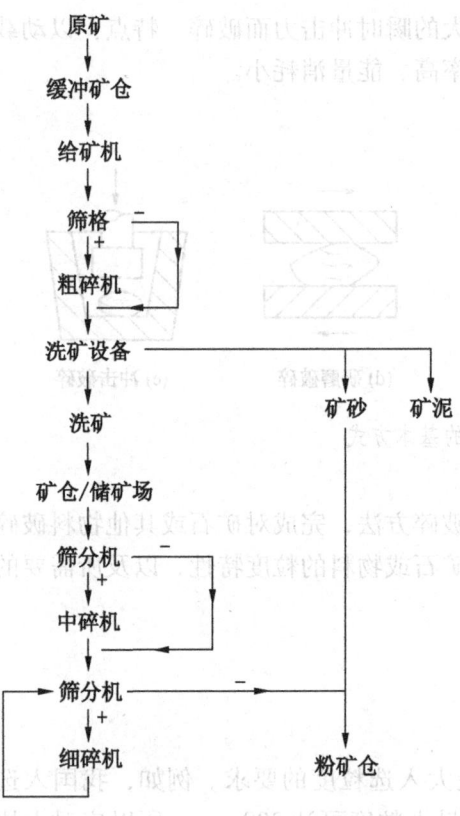

图 2-15 破碎车间的基本流程

果破碎产物必须严格地小于规定粒度,而破碎机本身又无法保证达到这个要求,就必须采用闭路破碎流程(图 2-14b)。破碎车间的基本流程如图 2-15 所示。

3. 选煤厂用破碎设备

破碎机械按工作原理和结构特征可分为颚式破碎机、辊式破碎机和冲击式破碎机、反击式破碎机、滚筒碎选机等。煤炭属于脆性物料,机械强度相对较低,适合采用劈碎或冲击作用为主的破碎机械。选煤厂中对于较硬煤,特别是含矸石和黄铁矿较多的原煤,可采用以挤压为主的颚式破碎机;对于大块原煤的破碎,多采用齿辊式破碎机;对于中煤破碎,多采用锤式破碎机和反击式破碎机,因为冲击作用易产生较细的粒度,有助于净煤和矸石的解离;当原煤中煤和矸石的可碎性差异较大时,也可选用滚筒碎选机。

1) 颚式破碎机

颚式破碎机因具有构造简单、工作可靠、制造容易、维修方便等优点,所以至今仍在矿山、冶金、水泥、建材、电力、化工、道路交通和材料等部门广泛应用。颚式破碎机俗称老虎口,如图 2-16 所示,由动颚和定颚两块颚板组成破碎腔,模拟动物的两颚运动而完成物料破碎。在金属矿山中,主要应用于对坚硬或中硬矿石进行粗碎和中碎。颚式破碎机的工作部分是两块颚板,一块是固定颚板(定),垂直(或上端略外倾)固定在机体前壁上,

图 2-16 颚式破碎机

另一块是活动颚板（动），位置倾斜，与固定板形成上大下小的破碎腔（工作腔）。活动颚板对着固定额板做周期性的往复运动，时而分开，时而靠近。分开时，物料进入破碎腔，成品从下部卸出；靠近时，使装在两块颚板之间的物料受到挤压、弯折和劈裂作用而破碎。

颚式破碎机的类型很多，根据可动颚板的运动特性不同，颚式破碎机可分为简单摆动颚式破碎机和复杂摆动颚式破碎机两种基本形式。选煤厂多采用复杂摆动颚式破碎机，如图2-17所示。

破碎设备　动画

颚式破碎机　微课

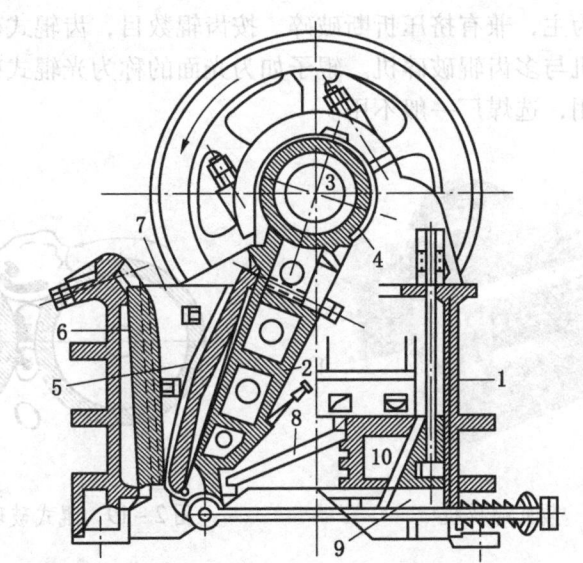

1—机架；2—动颚板；3—偏心轴；4—滚珠轴承；5、6—衬板；
7—侧壁衬板；8—肘板；9、10—楔块
图2-17　复杂摆动颚式破碎机

复杂摆动颚式破碎机主要用于矿石的中碎。但在中、小型选矿厂中，也可作为第一段碎矿设备，其给矿口宽度可达900 mm，排矿口宽度为10~150 mm，生产率为1~450 t/h。这种破碎机的动颚悬挂轴也是偏心轴，因此连杆与动颚合并。从图2-17可以看出，动颚板2通过滚珠轴承4直接悬挂在偏心轴3上，偏心轴支承在机架1上的两个滚珠轴承中，排矿口的大小用楔块9和10来调节，其肘板8也只有1块，衬板5和6分别装在动颚和定颚上，表面都是弧形的。其他零件与简单摆动颚式破碎机相似。当偏心轴转动时，动颚上端运动轨迹为圆形，而下端则为椭圆形轨迹，故称为复杂摆动。它对矿石除有压碎作用外还有磨剥作用。因此生产率较高,能量消耗也较少。但矿石过粉碎现象比较严重,衬板的磨损也较快。

复杂摆动颚式破碎机的特点如下。

(1) 当颚板压住物料时,活动颚板部分与物料一起做向下运动,加快了出料速度,提高了生产能力。实践证明,同规格复摆式破碎机比简摆式生产能力高 20%~30%。

(2) 活动上部的水平摆动量大于下部,所以大块物料容易在上部得到破碎,整个颚板工作面受力较均匀,符合破碎原理,有利于生产能力的提高。

(3) 动颚下端有很大的向下垂直动力,能促使排料,且能将物料反复地翻转,并以立方体形状块粒卸出。

(4) 动颚受到的巨大挤压力部分作用到偏心轴和轴承上,对破碎机结构和操作产生不良的影响。

2) 辊式破碎机

辊式破碎机如图 2-18 所示,其基本结构如图 2-19 所示。辊式破碎机的工作部分是两个相对回转的辊子。辊子表面可以带齿牙,称为齿辊式破碎机。选煤厂常采用齿辊式破碎机,它以劈裂破碎为主,兼有挤压折断破碎。按齿辊数目,齿辊式破碎机可分为单齿辊破碎机、双齿辊破碎机与多齿辊破碎机。辊子如为光面的称为光辊式破碎机,它以挤压破碎为主,兼有研磨作用,选煤厂一般不用。

图 2-18 辊式破碎机

图 2-19 辊式破碎机基本结构

齿辊式破碎机　微课

齿辊式破碎机的工作原理如图 2-20 所示。双齿辊破碎机由两个相对回转的齿辊组成;单齿辊破碎机由一个旋转的齿辊和一个弧形的破碎板组成。齿辊转动时辊面上的齿牙可将煤块咬住并加以劈碎。给料由上部给入,破碎后的产物随着齿辊的转动从下部排出。

在一定条件下,破碎机辊子越长,生产能力越大。但是,将辊子做得过长是不合理的,因为辊子沿轴线方向磨损不均匀。一般来说,齿辊式破碎机长度 L 与其直径 D 的关系为 $L = (1 \sim 1.3)D$。

齿辊式破碎机的特点是能耗小,产品多呈立方形,过粉碎程度低,在选煤厂多用于大块原煤破碎,也可用于中煤的破碎,但不适合破碎含坚硬矸石较多的原煤。单齿辊破碎机的辊齿比双齿辊破碎机的辊齿长。规格相同的单齿辊破碎机的给料粒度大,适用于粗碎;双齿辊破碎机生产能力较高,常用于中碎。

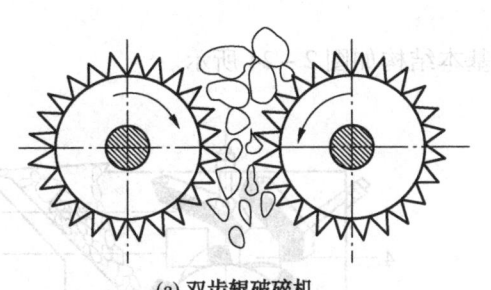

(a) 双齿辊破碎机　　　　　　　(b) 单齿辊破碎机

图 2-20　齿辊式破碎机的工作原理

3）冲击式破碎机

锤式破碎机（图 2-21）是冲击式破碎机中常用的一种，是利用高速回转锤子的打击作用而进行破碎的。工作时，铰接的锤头高速回转，对给入的大块物料进行打击，并使其抛向机体内壁的承击板上，在承击板上，物料进一步冲击破碎后，落到下面的箅条上，粒度合格的产物从箅条缝隙中排出，箅条上的物料继续被锤头打击、挤压或研磨，直至全部透过箅条为止。锤式破碎机适用于破碎脆性物料，可将煤破碎到 3～13 mm 以下，而且保证产物中不混入过大粒度的颗粒，故在选煤厂中多用于中煤的中碎和细碎作业。

锤式破碎机又可分为单转子锤式破碎机和双转子锤式破碎机两类。选煤厂多使用单转子锤式破碎机。锤式破碎机具有结构简单、机器紧凑、处理能力大、破碎比大以及功率消耗小等优点，其主要缺点是物料含水分过高时易堵塞箅条缝、锤头磨损较快。图 2-22 所示的是我国生产的 1600×1600 单转子不可逆锤式破碎机结构，该机器由传动装置、转子、格筛和机架等部分组成。

图 2-21　锤式破碎机

冲击式破碎机　微课

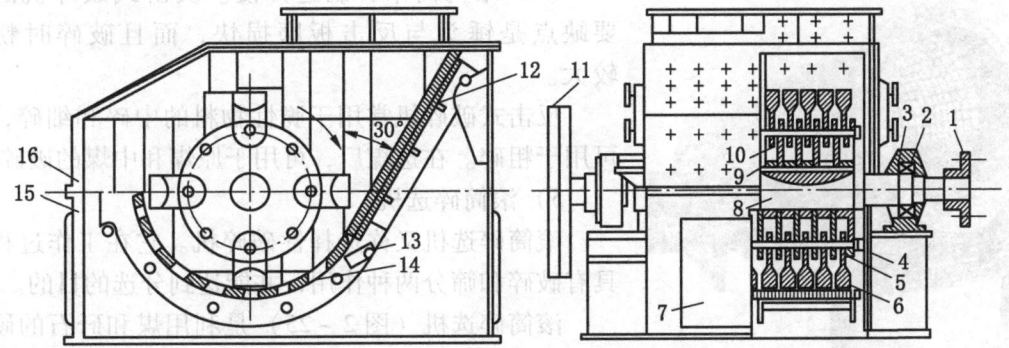

1—弹性联轴节；2—球面调心滚柱轴承；3—轴承座；4—销轴；5—销轴套；6—锤头；7—检查门；8—主轴；
9—间隔套；10—圆盘；11—飞轮；12—破碎板；13—横轴；14—格筛；15—下机架；16—上机架

图 2-22　锤式破碎机结构图

4）反击式破碎机

反击式破碎机如图2-23所示，其基本结构如图2-24所示。

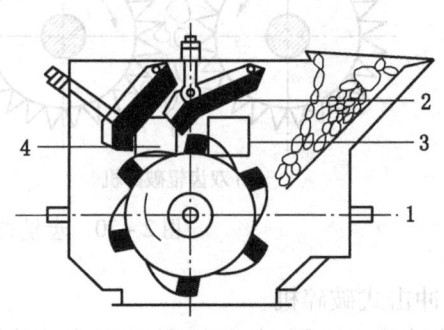

1—转子；2—反击板；3—第一破碎腔；4—第二破碎腔

图2-23 反击式破碎机　　图2-24 反击式破碎机结构示意图

反击式破碎机也是利用冲击作用进行破碎的。工作时，转子高速旋转，物料由给料口经过筛板与细粒分离后，大块通过链幕后进入破碎腔，受到锤头的冲击，遭到第一次破碎，并以很快的速度抛向反击板再次破碎，然后又从反击板弹回到锤头打击区，继续重复上述过程。物料在锤头和反击板间的往返途中，也相互碰撞。物料经多次冲击，就会沿节理面破碎成小块。当物料粒度小于锤头与反击板间的间隙时，则可进入下一个破碎腔，再经过反复破碎，直至达到合格粒度时，便从机内下部排出。

反击式破碎机具有以下优点。

（1）利用冲击进行破碎，使物料沿脆弱面破开，破碎效率高，能耗小，处理能力大，产品粒度均匀。

（2）破碎比大。锤式破碎机的破碎比一般为10~15，最高可达40左右，而反击式破碎机的破碎比则可高达150以上。

（3）具有选择性破碎的特点。密度大的物料，破碎后粒度小；密度小的物料，破碎后粒度大。

（4）结构简单，制造方便。反击式破碎机的主要缺点是锤头与反击板磨损快，而且破碎时粉尘较大。

反击式破碎机常用于脆性物料的中碎和细碎，也可用于粗碎。在选煤厂，可用于原煤和中煤的破碎。

5）滚筒碎选机

滚筒碎选机又称选择性破碎机。它在工作过程中具有破碎和筛分两种作用，并能达到分选的目的。

滚筒碎选机（图2-25）是利用煤和矸石的硬度不同，也就是利用在同样的冲击破碎条件下煤和矸石可破碎性的差异来进行破碎和分选的。如图2-26所示，靠圆柱形筛筒内侧的提升板将煤提升到一定高度

图2-25 滚筒碎选机

后，使其自行落下受冲击而破碎，或将煤与矸石解离，并经筛分过程，使粒度小于筛孔的煤块透过筛面而与大块矸石、金属杂物及木块等分离，最后大块矸石或金属杂物从圆柱形筛筒的另一端排出。

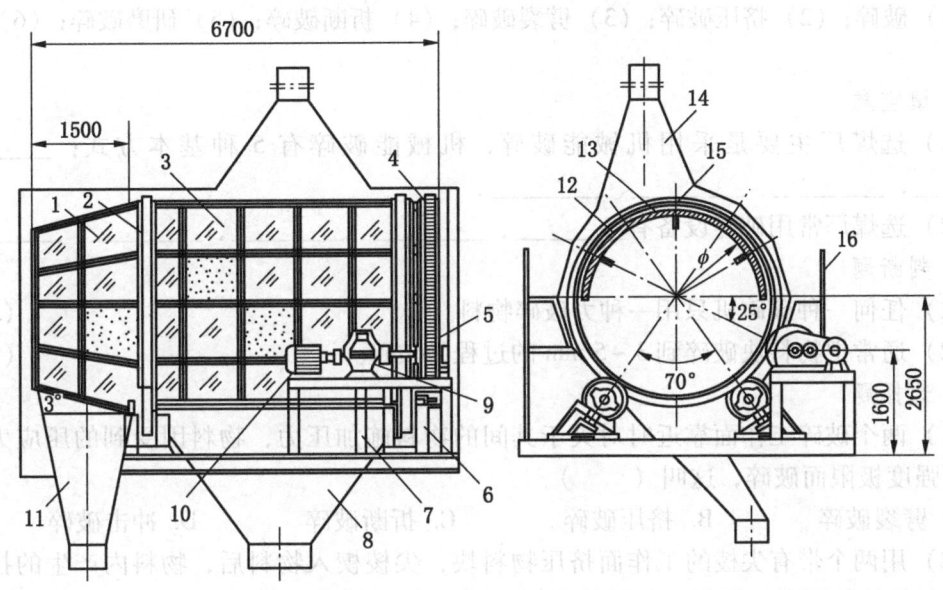

1—预筛段；2—滚圈；3—破碎段；4—大齿轮；5—小齿轮；6—托辊；7—机架；8—碎选段漏斗；9—减速器；10—电动机；11—预筛段漏斗；12—筛板；13—提升板；14—外罩；15—组合梁；16—工作台

图 2-26　滚筒碎选机结构

国内外使用的所有滚筒碎选机的结构基本类似，都是由滚筒、支撑装置、传动装置和机架四部分组成。

滚筒碎选机在选煤工艺过程中，常用于原煤准备作业，将筛分、破碎和选矸三者结合在一起，在破碎筛分过程中同时选出大块矸石。滚筒碎选机的结构简单，制造成本较低，运行比较平稳可靠。但滚筒碎选机由于占用空间较大，能耗较高，所以在国内已很少使用。

使用滚筒碎选机时，大于 300 mm 的特大块矸石须预先分出，以免进入滚筒破碎机后砸坏筛板。如果在选煤工艺流程中，块煤采用重介选，或大于 50 mm 的矸石含量占该粒级总量不足 30%，则不宜使用滚筒碎选机。有预筛段的滚筒碎选机工作时，预筛段对原煤进行准备筛分；对不带预筛段的碎选机，可在给料槽上装一段固定筛，将末煤筛出。

总之，破碎设备品种多，广泛应用于各工业领域。破碎机选用要综合考虑被破碎物料的性质、用户对产品粒度的要求和生产安装条件等诸多因素。科技工作人员针对破碎设备在生产实践中遇到的各种问题，经常是根据用户需要来改进，不断地通过对破碎理论、破碎设备和破碎工艺的研究来实现低能耗高效率的破碎。目前，有科研人员在研究新的非机械力的高能或多力场联合作用的破碎设备。

任务习题

1. 名词解释

(1) 破碎；(2) 挤压破碎；(3) 劈裂破碎；(4) 折断破碎；(5) 研磨破碎；(6) 冲击破碎。

2. 填空题

(1) 选煤厂主要是采用机械能破碎，机械能破碎有 5 种基本方式：_____、_____、_____、_____、_____。

(2) 选煤厂常用破碎设备有_____、_____、_____、_____。

3. 判断题

(1) 任何一种破碎机只用一种力破碎物料。（　　）

(2) 通常把物料块破碎到 3～5 mm 的过程为破碎。（　　）

4. 选择题

(1) 两个破碎工作面靠近时对夹于其间的物料施加压力，物料因受到的压应力达到其抗压强度极限而破碎，这叫（　　）。

A. 劈裂破碎　　　B. 挤压破碎　　　C. 折断破碎　　　D. 冲击破碎

(2) 用两个带有尖棱的工作面挤压物料块，尖棱楔入物料后，物料内产生的拉应力超过物料的抗拉强度极限时，物料块裂开而被破碎，这叫（　　）。

A. 劈裂破碎　　　B. 挤压破碎　　　C. 折断破碎　　　D. 冲击破碎

(3) 夹在工作面之间的物料，如受集中力作用的简支梁或多支梁，物料主要受弯曲应力而折断，但在物料与工作面接触处受到劈力作用，这叫（　　）。

A. 劈裂破碎　　　B. 挤压破碎　　　C. 折断破碎　　　D. 冲击破碎

(4) 物料块处于两个相对移动的破碎板之间，物料因表面经受研磨作用而产生剪切变形，当剪切应力达到抗剪强度极限时，物料被破碎，这叫（　　）。

A. 劈裂破碎　　　B. 挤压破碎　　　C. 折断破碎　　　D. 研磨破碎

(5) 物料受到足够大的瞬时冲击力而破碎，这叫（　　）。

A. 劈裂破碎　　　B. 挤压破碎　　　C. 折断破碎　　　D. 冲击破碎

5. 简答题

(1) 破碎设备都有哪几类？工作原理是什么？

(2) 反击式破碎机的优点是什么？

项目三 跳 汰 选 煤

跳汰选煤是指物料主要在垂直升降的变速水流中，按密度进行分选的过程。物料在粒度和形状上的差异，对选煤结果有一定的影响。跳汰时所用的介质可以是水，也可以是空气。以水作为分选介质时，称为水力跳汰；以空气作为分选介质时，称为风力跳汰。目前，生产中以水力跳汰应用最多，故本项目内容仅涉及水力跳汰。

到目前为止，跳汰选煤已有100多年的历史。最初用于选煤的是一种手动的动筛式跳汰机，其实就是把人工淘选矿砂的方法应用于选煤。19世纪中叶以后，由于冶金、机械工业的兴起，跳汰选煤有了迅速发展。1840年开始，在煤矿中应用了偏心传动的具有固定筛板的活塞式跳汰机。1892年出现了第一台几乎具有现代形式的用压缩空气驱动的无活塞跳汰机——鲍姆跳汰机。

随着选煤技术的发展，在跳汰机的研制方面也逐步得到改进和完善。从筛侧空气室（侧鼓式或鲍姆式）跳汰机到筛下空气室跳汰机，对提高单机处理量有了较大突破，使每台跳汰机小时处理量由原来的几吨、几十吨发展到如今的几百吨。在一定的跳汰理论指导下，改进了无活塞跳汰机风阀的结构，由原来的滑动风阀（立式风阀）改为旋转风阀（卧式风阀），再到现在广泛使用的数控气动电磁风阀，使跳汰机内脉动水流的运动更趋于合理。在跳汰机结构设计方面，也开始采用最现代化的技术手段，新型跳汰机的自动化水平也有所提高，水流运动特性较合理，沿跳汰机筛板宽度的水流分布均匀，产品排放准确畅通，吨煤洗水量下降，分选效果提高。

任务一 学习跳汰选煤基本原理

任务目标

知识目标：明确跳汰选煤分选过程，掌握跳汰选煤的相关基本概念，了解跳汰分层机理。

能力目标：能够分析跳汰过程中垂直交变水流的运动特性，能识读典型的跳汰周期特性曲线。

素质目标：培养学生安全高效的生产理念和爱岗敬业的工匠精神。

课程思政

"千淘万漉虽辛苦，吹尽狂沙始到金"是唐代文学家刘禹锡的组诗作品《浪淘沙九首》中最广为流传的诗句之一，大意为要经过千遍万遍的过滤，历尽千辛万苦，最终才能淘尽泥沙得到闪闪发光的黄金。古诗借助淘金淘沙的民间风情和自然现象过渡到人文情怀，表现了诗人的世事发展变化，金子和人才不会被永远埋没的积极思想。1954年夏天，毛主席于秦皇岛北戴河开会时创作《浪淘沙·北戴河》，不仅描绘了北戴河海滨夏秋之交的壮丽景色，更展示了无产阶级革命家前无古人的雄伟气魄和汪洋浩瀚的博大胸怀。成语"大浪淘沙"其义也与诗词具有相通之处，意为大浪中洗净沙石，除去杂质，比喻在激烈的斗争中经受考验、筛选。

"浪淘沙"这一过程与选煤中的跳汰分选极为相近。跳汰选煤是指利用强烈振动造成的垂直交变介质（通常是水或空气）流，使颗粒按相对密度分层并通过适当方法分别收取轻重矿物，以达到分选目的的重力选矿过程，是处理密度差较大的粗粒矿石最有效的重选方法之一。物料在垂直脉动介质中反复升落实现分层，最终实现轻重颗粒的分离。

煤炭洗选使用跳汰机已有100多年历史，从1830年出现的手动跳汰机，到现在的筛下空气室跳汰机，均凝聚着国内外研究者的心血。在我国煤炭分选中，从20世纪60年代起，跳汰选煤就占很大比重，曾占全部入选原煤量的70%。跳汰选煤适合处理的粒度级别较宽，在150～0.5 mm；既可不分级入选，也可分级入选。跳汰选煤的适应性较强，除非难选与极难选煤，均可优先考虑采用跳汰的方法处理。

任务描述

跳汰选煤过程是指物料主要在垂直升降的变速水流中，按密度进行分选的过程。物料在跳汰过程中之所以能分层，起主要作用的内因是煤粒自身的性质，但能让分层得以实现的客观条件，则是垂直升降的交变水流。在跳汰机入料端给入物料的同时，伴随物料也给入了一定量的水平水流。水平水流虽然对分选也起一定的影响，但它主要是起润湿和运输的作用。润湿是为了防止干物料进入水中后结团；运输是负责将分层之后，居于上层的低密度物料冲带而走，使它从跳汰机的溢流堰排出机外。

任务知识

一、跳汰选煤的分选过程

跳汰选煤过程依靠跳汰机来实现。被选物料给到跳汰机筛板上，形成一个密集的物料层，称为床层。在给料的同时，从跳汰机下部透过筛板周期地给入一个上下交变水流，物料在水流的作用下进行分选，如图3-1所示。首先，在上升水流的作用下，床层升起并逐渐松散（图3-1b）。这时不同性质的煤粒运动的速度和加速度不同，低密度的细小煤粒较密度大的粗粒向上升起得更快而且早；当上升水流速度相对很小、休止期间（停止给入压缩空气）以及下降水流期间，床层中的颗粒按照其本身的特性（密度、粒度和形状）在干扰状态下沉降，彼此做相对运动进行分层（图3-1c）。密度和粒度大的粗粒先下沉，接着是密度和粒度中间状态的颗粒，最后是密度和粒度小的颗粒。待全部煤粒都沉降到筛面上以后，床层又恢复了紧密状态，这时大部分煤粒彼此间已失去了相对运动的可能性，分层作用几乎全部停止。只有那些极细的颗粒，尚可以穿过床层的缝隙继续向下运动（这种细粒的运动称作钻隙运动），并继续分层。下降水流结束后，分层暂告终止，至此完成一个跳汰周期的分层过程，开始下一个跳汰周期。

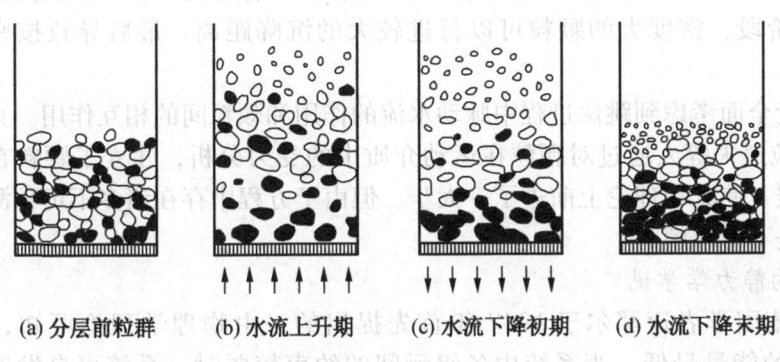

(a) 分层前粒群　(b) 水流上升期　(c) 水流下降初期　(d) 水流下降末期

图3-1　跳汰分选过程

跳汰分层过程　动画

由于等沉比和分选时间等因素的影响，一个跳汰周期不能彻底完成物料的精确分层，物料在每个周期中，都只能受到一定的分选作用，经过多次重复后，分层逐渐完善。最后，小粒度、低密度颗粒集中在上层；大粒度、高密度颗粒集中在下层；位于中间的是大粒度、低密度颗粒及小粒度、高密度颗粒的混杂层。

跳汰分选　微课

二、跳汰分层机理

关于跳汰分层机理，至今尚未建立起完整周密的理论体系。有代表性的基本观点有两种：一种是从个别颗粒的运动差异（速度、加速度）中探讨分层原因，称为动力学体系学说；另一种是从床层整体的内在不平衡因素（位能差、悬浮液密度差等）中寻找分层依据，称为静力学体系学说。

1. 跳汰分层过程的动力学学说

1867年，奥地利学者雷廷智首先提出床层按自由沉降末速分层假说。按雷廷智假说，对有一定粒度范围的粒群，只有当最小的高密度颗粒的自由沉降末速大于或等于最大的低密度颗粒的沉降末速时，轻、重颗粒才能实现完全分离。为此，要求原矿入选前必须按自由沉降等沉比进行预先分级。但实践证明，跳汰机完全可以对宽粒级乃至不分级物料进行有效的分选。

针对雷廷智假说的缺陷，美国学者门罗于1888年提出了干扰沉降末速分层假说。干扰沉降假说由于考虑到颗粒间的相互作用，其等沉比要比自由沉降等沉比大6～8倍。因此，比自由沉降假说更向实际靠近了一步。

1908—1909年，里查兹提出了吸啜作用分层假说。该假说继承了干扰沉降的观点，指出了跳汰周期中下降水流的作用。该假说认为在跳汰过程中，颗粒除在上升水流中按干扰沉降分层外，床层回到筛面后，下降水流的吸啜作用使原先混入上部低密度层中的细而重的颗粒穿透床层的空隙回到床层的底部，从而改善分选效果。

1939年，高登等人提出初加速度分层假说，指出了跳汰初期对按密度分层的作用。该假说认为，在每次跳汰分层初期，由于颗粒相对介质的运动速度很小，颗粒的运动主要受颗粒在介质中所受重力的支配，高密度颗粒的初期加速度大于低密度颗粒，在沉降达到末速之前的加速运动阶段，密度大的颗粒可以行进较大的沉降距离，最后导致按密度分层。

以上各假说均未能全面考虑到跳汰过程中脉动水流的作用和颗粒间的相互作用。直至20世纪中期，维诺格拉道夫等人通过对颗粒在运动介质中的受力分析，建立了颗粒在跳汰过程中的动力学方程，使其在理论上前进了一大步。但由于方程中存在诸多不可预测参数，这一方程实际上是不可求解的。

2. 跳汰分层过程的静力学学说

跳汰能量理论是德国学者迈耶尔于1947年首先提出的，由物理学理论可知，对一个系统来说稳定态的能量最低。当系统中各组元间的约束较弱时，系统可自发地从非稳定态向稳定态转移；当系统中各组元间的约束较强时，系统只有在外界力的作用下，才可能实现从非稳定态向稳定态的转移。对跳汰床层系统，在未按密度分层时，床层系统重力势能较高。在脉动水流作用下，床层的重力势能将减小，直至最低；最终床层将按密度分层：重产物在下层、轻产物在上层，这就是跳汰能量理论的基本观点。

利用能量理论研究分层时，床层位能降低的速度就是床层分层的速度。位能的大小取决于床层重心的位置，分层后的位能越接近最小位能，分选效果越好。实现最佳分选时分层前后重心位置降低情况如图3-2所示。

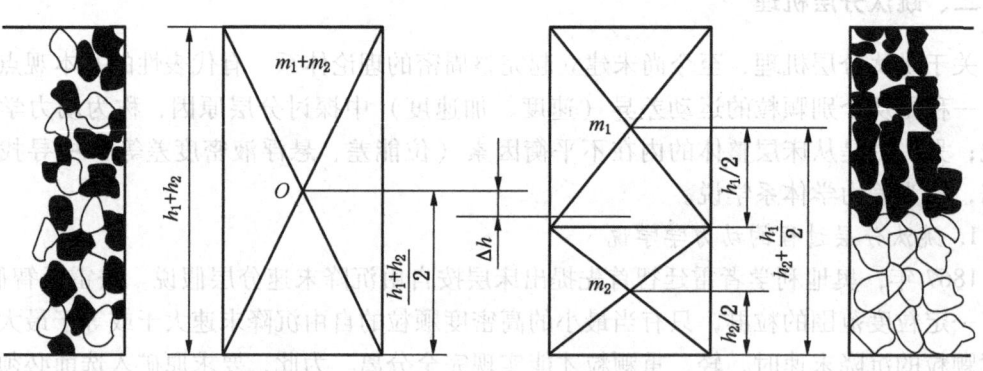

m_1、m_2—床层内轻、重物料的质量；h_1、h_2—床层内轻、重物料的堆积高度

图3-2 物料分层前后床层位能的变化

若取床层的底面为基准面，基准面的面积为A，经推算得到理想分选前后的位能差ΔE为

$$\Delta E = \frac{h_1 h_2}{2} Ag(\lambda_2 \delta_2 - \lambda_1 \delta_1)$$

式中 λ_1、λ_2——轻、重物料的容积浓度;
δ_1、δ_2——轻、重物料的密度。

应当指出,能量模型不能解释整个跳汰周期中的全部现象,它研究的仅仅是经过一定的时间之后的跳汰床层状态。

三、跳汰过程中垂直交变水流的运动特性

垂直交变流是跳汰分选的基本条件,产生交变水流有动筛、活塞和压缩空气3种方式,如图3-3所示。

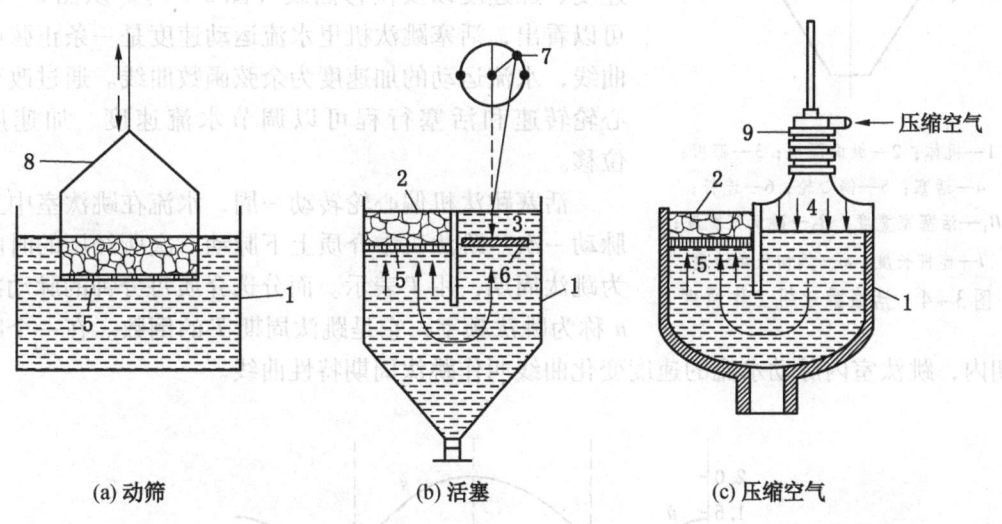

(a) 动筛　　　　　(b) 活塞　　　　　(c) 压缩空气

1—机壳;2—跳汰室;3—活塞室;4—空气室;5—筛板;6—活塞;7—轮;8—箱体;9—风阀

图3-3　交变介质流产生方式

动筛式跳汰机的筛板在水中上下运动。当跳汰箱向下运动时,水从筛孔进入箱内,形成上升水流;当箱体向上运动时,水从筛孔外流,形成下降水流,如图3-3a所示。

活塞式跳汰机内由纵向隔板分为跳汰室和活塞室,跳汰室固定筛板,活塞室装置活塞。当活塞向下运动时,迫使跳汰室水流上升;当活塞向上提起时,跳汰室水流下降,如图3-3b所示。

交变介质流产生方式　动画

筛侧空气室跳汰机内由纵向隔板分为跳汰室和空气室,跳汰室内固定筛板,空气室上安装风阀。脉动水流是借风阀周期性给入和排出压缩空气来建立。当压缩空气进入空气室时,迫使跳汰室水流上升;当压缩空气从空气室排出时,跳汰室形成下降水流,如图3-3c所示。

在跳汰机中,水流运动包括垂直升降的变速脉动水流和水平流两部分。前者对颗粒按密度分层起主要作用,后者对颗粒分层也有影响,但主要作用是运输物料,所以首先研究脉动水流运动特性。

为便于分析,现以简单的活塞跳汰机为例讨论其水流的运动特性。活塞跳汰机工作原

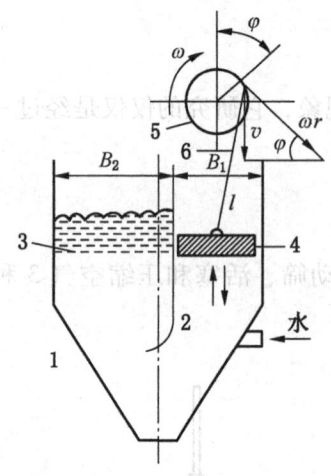

1—机体；2—纵向隔板；3—筛板；
4—活塞；5—偏心轮；6—连杆；
B_1—活塞室宽度；B_2—跳汰室宽度；
l—连杆长度；ω—偏向轮角速度

图 3-4　活塞跳汰机工作原理

理如图 3-4 所示。纵向隔板 2 将机体 1 分成两个相互连通的部分——活塞室（宽度 B_1）和跳汰室（宽度 B_2），曲柄装置是由偏心轮 5 和连杆 6 组成，以此驱动活塞做上下往复运动。跳汰机工作时，机箱中充满水，当活塞向下运动时，水由活塞室被压向跳汰室，产生上升水流；当曲柄装置转过最低点，活塞开始向上运动，水返回活塞室，在跳汰室产生下降水流。

在直角坐标系中绘制活塞跳汰机内脉动水流的运动速度、加速度以及位移曲线（图 3-5）。从图 3-5 中可以看出，活塞跳汰机里水流运动速度是一条正弦函数曲线，水流运动的加速度为余弦函数曲线。通过改变偏心轮转速和活塞行程可以调节水流速度、加速度和位移。

活塞跳汰机偏心轮转动一周，水流在跳汰室中上下脉动一次。跳汰机中介质上下脉动一次所经历的时间称为跳汰周期，用 T 表示。而分选介质每分钟的脉动次数 n 称为跳汰频率，它是跳汰周期 T 的倒数。在一个跳汰周期内，跳汰室内脉动水流的速度变化曲线叫作跳汰周期特性曲线。

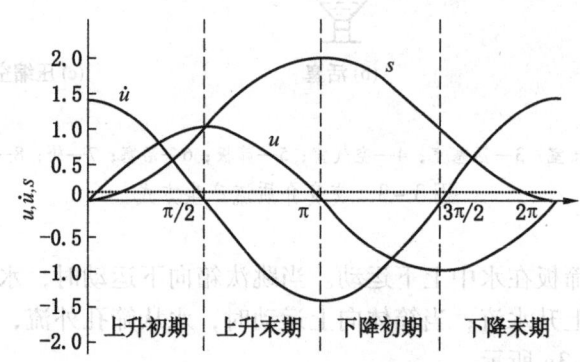

图 3-5　水流的速度、加速度及位移曲线

四、跳汰床层的松散与分层过程

由于床层的分层主要是在垂直交变水流的作用下完成的，而分层的产生又是以床层获得松散为前提的。因此，研究跳汰周期的性质，即水流运动特性及其对床层松散与分层的作用，具有十分重要的意义。

1. 水流运动对床层松散和分层的作用

为了便于分析问题，现以正弦跳汰周期为例，并将该跳汰周期分为 t_1、t_2、t_3、t_4 4 个阶段（图 3-6），分别讨论跳汰周期的各阶段中水流和床层运动及变化的特点，来考察松散及分层过程。

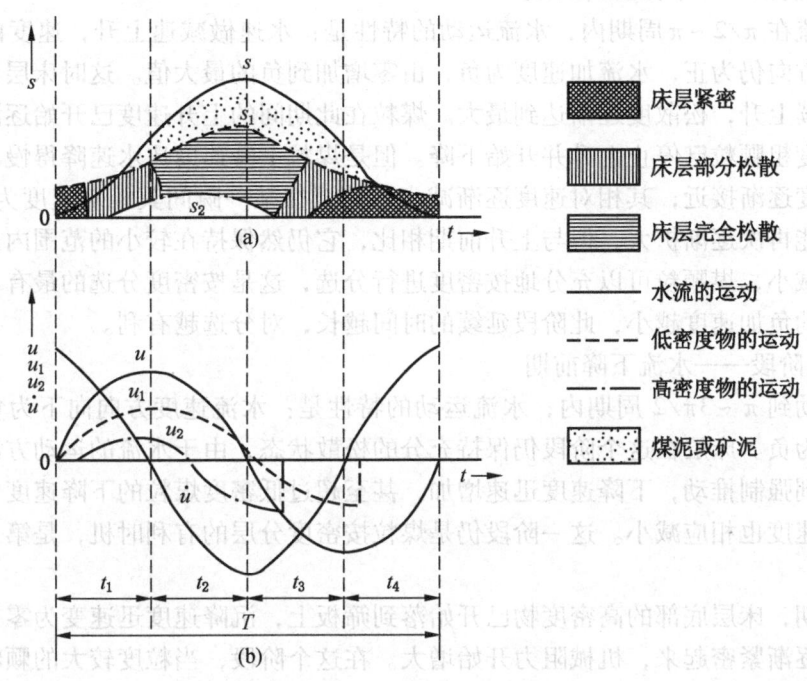

s、s_1、s_2—水、低密度物和高密度物的形成；u、u_1、u_2—水、低密度物及高密度物运动速度；
$\dot{u}$—水流运动的加速度

图 3-6 正弦跳汰周期 4 个阶段床层松散与分层过程

在一个跳汰周期 T 内，介质、床层及颗粒的运动状态如图 3-6 所示。其中图 3-6a 反映在一个跳汰周期内，水流和床层的行程与时间的关系以及床层的松散过程；图 3-6b 则表示了水流运动的速度、加速度及颗粒运动行程随时间变化状况。现按水流运动特性，对一个周期内 4 个阶段的作用分析如下。

1) 第一阶段——水流上升前期

上升水流在前 $\pi/2$ 周期内，水流运动的特性是：上升水流的速度和加速度均为正值，速度由零增加到最大值，加速度则由最大值减小到零。在此阶段初期，床层呈紧密状态，随着水流上升，最上层的细小颗粒开始浮动，由于上升水速不断增加，当速度阻力和加速度附加推力之和超过颗粒在介质中的重力时，床层脱离筛面而升起，进而床层逐渐松散。煤粒的运动，特别是它开始上升的时间迟于水，但床层一经松散，颗粒便有了相对转移的可能性。在上述 3 种力的综合作用下，低密度的粗煤粒和高密度的细小颗粒较早地升起，而大部分高密度物料则滞后上升。这种情况对于按密度分层是有利的。但总的来看，上升初期床层仍比较紧密，限制了煤粒的运动和分层。同时这个阶段煤粒的上升速度的增加也小于水速的增加，使煤粒与介质相对速度增大，煤粒的粒度和形状对按密度分层影响较大，而且这一期间延续得越长，对按密度分层的影响也越显著。由此可见，在水流上升前期，水流运动的主要任务是将床层较快地举起，使其占据一定的空间高度，为床层下一步按密度分层创造条件。

2）第二阶段——水流上升后期

上升水流在π/2～π周期内，水流运动的特性是：水速做减速上升，速度由最大值降到零，速度方向仍为正，水流加速度为负，由零增加到负的最大值。这时床层在速度阻力推动下，继续上升，松散度逐渐达到最大。煤粒在此期间的上升速度已开始逐渐减小，甚至部分高密度粗颗粒已停止上升并开始下降。但是煤粒上升速度比水速降得慢，煤粒和水流的运动速度逐渐接近，其相对速度逐渐减小，甚至在某一瞬间其相对速度为零。此后，相对速度可能再次逐渐扩大，但与上升前期相比，它仍然保持在较小的范围内。此时由于速度阻力的减小，煤颗粒可以充分地按密度进行分选，这是按密度分选的最有利时机，而且上升水流的负加速度越小，此阶段延续的时间越长，对分选越有利。

3）第三阶段——水流下降前期

水流运动到π～3π/2周期内，水流运动的特性是：水流速度方向向下为负，加速度方向亦向下为负。床层在这个阶段仍保持充分的松散状态，由于水流的运动方向转而向下以及水速受到强制推动，下降速度迅速增加，甚至超过低密度煤粒的下降速度，与高密度物间的相对速度也相应减小。这一阶段仍是煤粒按密度分层的有利时机，是第二阶段上升后期的继续。

下降前期，床层底部的高密度物已开始落到筛板上，沉降速度迅速变为零，整个床层也在下降中逐渐紧密起来，机械阻力开始增大。在这个阶段，当粒度较大的颗粒失去了活动性后，粒度较小的颗粒可以在床层间隙中继续下降分层。下降前期，介质的下降速度也不宜增加过快，否则将使相对速度增大，不利于床层按密度分层。所以，下降前期水流的负加速度也不宜过大。

4）第四阶段——水流下降后期

水流运动进入3π/2～2π周期内，水流运动的特性是：水流速度为负值，由负的最大值减到零，加速度为正值，由零增加到最大值。这个时期的特点是床层比较紧密，分层作用几乎停止，大颗粒和中等颗粒已基本停止运动，只有细颗粒在下降水流的作用下，仍然可通过周围床层的间隙向下移动，使在前期被冲到床层上部的高密度细小颗粒重新进入床层底部，甚至可穿过筛孔进入跳汰机底部，成为重产物排出，从而改善分选效果。这是本阶段特有的分选形式，对分选宽级别物料是有利的。但是如果这时的下降水流吸啜作用过强，作用时间过长，也可能把部分低密度的细颗粒吸入床层底层，甚至透筛排出，增加了轻物料的损失，降低了分选效果。过强的吸啜作用，还会使下一周期的松散分层变得困难，并缩短了一个周期内的有效分层时间，因而影响跳汰机的处理量。因此，吸啜作用必须控制适当。

总之，水流在整个下降期间，它所肩负的任务是使床层的松散时间尽可能延长，让分层过程得以充分进行；但当分层完毕后，下降水流也应尽快停止，既可防止低密度物混入高密度物中，又可避免使床层过度紧密。故整个下降水流，初期应适度长而缓，末期应尽量短而速。原有跳汰周期一旦完结，应立即开始一个新的跳汰周期。

从上述跳汰周期特性对床层松散与分层的作用可以看出，活塞跳汰机水流运动特性并非理想的跳汰周期。因为判断一个跳汰周期的水流特性是否合理，一般要从3个方面看，一是对床层的尽快松散是否有利；二是对按密度分层作用的效果；三是针对原料性质的特点，对吸啜作用的影响。

2. 几种典型跳汰周期的分析

跳汰周期的特征，以跳汰周期特性曲线来描述。为了合理地选择跳汰周期，对工业上使用的几个典型跳汰周期进行简要的分析。

1) 活塞跳汰机的对称跳汰周期特性曲线

对这种水流特性曲线已进行过分析，其水流速度和时间之间具有正弦曲线的关系（图 3-6）。在该跳汰周期中，上升水流和下降水流的强度及作用时间完全相同。为了在上升初期能将床层举到必要的高度，则要求有较强的上升流速，但同时也造成了同样强烈的下降水流，致使床层过早紧密，缩短了有效分选的时间，不但降低跳汰机处理能力，而且因强烈的吸啜作用，导致许多低密度颗粒混入高密度产物中；由于上升水流作用时间比较长，粒度和形状对分层的不利影响也加大。现早已不采用这种跳汰周期。

2) 上升水速大、作用时间长的跳汰周期特性曲线

在活塞跳汰机或隔膜跳汰机中，连续给入筛下补充水时，可以产生如图 3-7a 所示的跳汰周期特性曲线。该跳汰周期的不对称程度取决于给入的筛下水量。在此跳汰周期中，因获得较强的上升水流，对床层的松散有利，使跳汰机处理能力得以提高。但因上升水流作用时间较长，故不适合分选宽粒级和不分级的物料。该跳汰周期也可用来分选经过初步分级的煤炭（0.5~13 mm 粒级）。

3) 上升水速大于下降水速但作用时间相等的跳汰周期

在活塞跳汰机或隔膜跳汰机的正弦跳汰周期水流下降阶段，间断地给入筛下补加水，可得出如图 3-7b 所示的水流运动特性曲线。这种跳汰周期的上升水流相比图 3-7a 所示的上升水流，作用力减弱；其下降水流在降低流速的同时，相对图 3-7a 延长了作用时间，吸啜作用略有增强。因此，在处理宽粒级的细粒物料时，比上述两种跳汰周期要好。

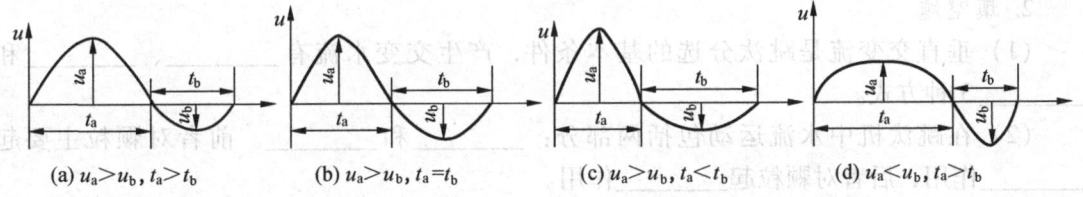

(a) $u_a > u_b$, $t_a > t_b$　　(b) $u_a > u_b$, $t_a = t_b$　　(c) $u_a > u_b$, $t_a < t_b$　　(d) $u_a < u_b$, $t_a > t_b$

图 3-7　工业上使用的几种典型跳汰周期特性曲线

4) 上升水速大但作用时间短的不对称跳汰周期

间断导入的压缩空气驱动分选介质，产生脉冲运动的空气脉动跳汰机，凭借一定结构的风阀控制进气与排气，造成如图 3-7c 所示的不对称跳汰周期。在进气期间，水流被压缩空气推动，急速上升。接着供气中断，有一短暂休止期，此时水流因惯性只做较弱的运动。当压缩空气排出时，水流借自重下降，于是获得一个速度缓而作用时间长的下降水流。过去国内外用它处理脱泥后的宽粒级或不分级煤炭。

应当指出，这种上升水流短而速、下降水流长而缓的跳汰周期，处理宽粒级或不分级物料，无论是从松散、分层、还是吸啜作用，都是不适宜的。

5) 上升水速较缓但作用时间较长的不对称跳汰周期

这种水流的运动特点是由于上升水速缓慢，致使床层松散进程较慢，然而床层一旦松散，随着上升水流逐渐减弱，收缩过程也缓慢，这不但使分层作用时间延长，而且在此期间，颗粒与水流之间的相对运动速度也较小，颗粒粒度和形状对按密度分层的影响很弱，故对分层有利。但由于松散进程慢，床层不宜过厚，跳汰机处理能力偏低（每平方米处理6~10 t），其下降水流速度快、作用时间短。从下降初期来看，尽管不利于按密度分层，但因上升末期流速慢、时间长，不少粗粒重物料已落回筛板，故在此阶段参与分层活动更多的是中、细粒级颗粒，而下降初期又是吸啜作用的主要阶段，故从整体来看对分选宽粒级或不分级物料有利；水流下降末期短而速，正是分选的有利条件。因此，这种跳汰周期特性（图3-7d）适合处理不分级煤。至20世纪50年代中期，国内外大都采用滑动风阀的空气脉动跳汰机分选不分级煤炭。但滑动风阀的缺点是，它的工作制度不能变更，原煤质量变化时，适应性不强。随着旋转风阀的问世，使得空气脉动跳汰机可根据需要随意变更水流运动特性，这不但改善了分选的工艺指标，而且使跳汰机单位面积的处理能力提高了1~2倍。

实践证明：跳汰周期曲线形式是获得良好分选效果的重要因素之一。合理的跳汰周期曲线应与被选物料性质相适应，使床层呈适宜的松散状态，颗粒主要借重力加速度差相对运动，这是选择跳汰周期曲线的基本原则。

任务习题

1. 名词解释

（1）跳汰选煤；（2）跳汰周期；（3）冲程；（4）冲次；（5）脉动水流；（6）跳汰周期特性曲线。

2. 填空题

（1）垂直交变流是跳汰分选的基本条件，产生交变水流有_____、_____和_____3种方式。

（2）在跳汰机中水流运动包括两部分：_____和_____。前者对颗粒主要起_____作用，后者对颗粒起_____作用。

3. 判断题

（1）原料煤中细粒多，矸石含量大时，为使细矸在吸啜过程能透筛排出，从而保证精煤质量，一般床层薄些为宜。（　　）

（2）跳汰选煤的介质只能是水，因为只有在水中煤颗粒才能够足够润湿，以便达到和矸石分离的效果。（　　）

4. 选择题

（1）跳汰周期中上升水流的运动特性最理想的是（　　）。
A. 开始短而速，而后长而缓　　　　B. 开始长而缓，而后短而速
C. 开始长而速，而后短而缓　　　　D. 开始短而缓，而后长而速

（2）跳汰选煤的特点包括（　　）。
A. 跳汰选煤处理的粒度级别较宽　　B. 跳汰选煤的适应性较强
C. 跳汰分选工艺流程简单　　　　　D. 跳汰分选适用于处理难选煤

5. 简答题

(1) 简述跳汰过程中物料分层经过。

(2) 阐述位能分层的基本观点。

(3) 简述具有垂直升降交变水流的跳汰机的两股水流及其作用。

(4) 在跳汰过程中，跳汰周期特性的基本形式及其有利于分选的形式是什么？理想的水流特性是什么？

任务二　认识跳汰机

任务目标

知识目标：掌握跳汰机的不同分类，明确各类跳汰机（筛侧空气室跳汰机、筛下空气室跳汰机、动筛跳汰机）的具体设备结构和工作原理。

能力目标：能够对不同类型跳汰机的设备运行优缺点及适用范围进行比较分析。

素质目标：培养学生认真严谨、实事求是的工作态度，树立安全环保、节能降耗的生产理念。

课程思政

在20世纪80年代，我国大部分选煤厂采用的是跳汰选煤，但是因为国产机器的单一性和无法实现自动化，效果和处理上面都很落后。国外跳汰机普遍采用的结构并不适合我国采用的不分级入选工艺，而且价格太过昂贵，因此研发能适应国情的高效跳汰机迫在眉睫。就在此时，唐山研究院承担了跳汰机研制工作，经过科研人员的不懈努力成功研制了SKT-24型跳汰机。

经过20多年的发展和完善，SKT系列跳汰机已成为我国选煤行业的名牌产品，先后荣获5项省部级科技进步奖，获得6项国家授权专利，被国家认定为重点推广产品。SKT系列跳汰机主要用于煤炭排矸降灰提质。采用无背压双盖板风阀、单格室组合机体、新型防卡阻床层检测浮标及深仓稳静排料技术，具有处理能力大、分选精度高、入选粒级范围宽、自动化程度高、操作简单、运行可靠、能耗低、故障少等特点。SKT系列跳汰机有单段、两段、三段等多种结构，可分选块煤、末煤和不分级原煤，适用于各种规模选煤厂。

任务描述

跳汰机是指实现跳汰过程的设备，选煤生产中，水力分选的跳汰机使用最多。目前国内外采用各种类型的选煤跳汰机，根据设备结构和水流运动方式不同，大致可以分为活塞跳汰机、空气脉动跳汰机、动筛跳汰机。活塞跳汰机是以活塞往复运动，产生一个垂直上升的脉动水流。它是跳汰机的最早形式，现在基本上已被空气脉动跳汰机所取代。空气脉动跳汰机（亦称无活塞跳汰机）中的水流垂直交变运动是借助压缩空气进行的。按跳汰机空气室的位置不同,分为筛侧空气室(侧鼓式)跳汰机和筛下空气室跳汰机。动筛跳汰机是一种槽体中水流不脉动,直接靠动筛机构用液压或机械驱动筛板在水介质中做上、下往复运动,使筛板上的物料产生周期性地松散。

任务知识

一、跳汰机类型

1. 跳汰机分类

实现跳汰分选过程的设备称为跳汰机,跳汰机按照不同的划分方法有不同的形式。

(1) 按分选介质的种类来分。跳汰机可分为水力跳汰机、风力跳汰机和重介质跳汰机。以水为介质的水力跳汰机应用最为普遍。以空气作为介质的风力跳汰机由于分选效率较低,一般只用于干旱缺水地区或不能被水浸湿的物料。

(2) 按入选物料的粒度来分。跳汰机可分为块煤跳汰机(入选物料粒度为 10 mm 或 13 mm 以上的)、末煤跳汰机(入选物料粒度为 10 mm 或 13 mm 以下的)、不分级煤跳汰机(入选物料粒度为 50 mm 或 100 mm 以下的)和煤泥跳汰机等。

(3) 按所选出的产品种类来分。跳汰机可分为单段跳汰机(仅选出两种最终产品)、两段跳汰机(能选出 3 种最终产品)和三段跳汰机(能选出 4 种最终产品)。

(4) 按其在流程中的位置来分。跳汰机可分为主选跳汰机(入选原煤)和再选跳汰机(处理主选中煤)。

(5) 按重产物的水平移动方向来分。跳汰机可分为正排矸式跳汰机(矸石层水平移动方向与煤流方向一致的排料方式)和倒排矸式跳汰机(矸石层水平移动方向与煤流方向相反的排料方式)。

(6) 按跳汰机脉动水流的形成方法来分。跳汰机可分为动筛跳汰机、活塞式跳汰机、隔膜跳汰机和空气脉动跳汰机。其中动筛跳汰机的筛板是活动的,而活塞式跳汰机、隔膜跳汰机和空气脉动跳汰机的筛板是固定不动的,又称为定筛跳汰机。

2. 常用的跳汰机

常用的跳汰机如图 3-8 所示。

(1) 活塞跳汰机。如图 3-8a 所示,活塞跳汰机是较早出现的机型,其活塞上下往复运动,使跳汰机产生一个垂直升降的脉动水流。

(2) 隔膜跳汰机。如图 3-8b 所示,隔膜跳汰机是以隔膜鼓动水流,其传动装置与活塞跳汰机类似,多采用偏心连杆机构,也有应用凸轮杠杆或液压传动装置的。隔膜跳汰机主要用于金属矿石的分选,个别用于选煤厂脱硫。

(3) 筛侧空气室跳汰机。如图 3-8c 所示,筛侧空气室跳汰机由活塞跳汰机发展而来,空气室位于跳汰机机体的一侧,又称为鲍姆跳汰机、侧鼓风式跳汰机或者侧鼓跳汰机,其历史较长,技术上较为成熟。但由于空气室在跳汰室一侧,会造成沿跳汰室宽度各点水流受力不均、波高不等,影响分选效果。

(4) 筛下空气室跳汰机。如图 3-8d 所示,筛下空气室跳汰机是指空气室位于跳汰筛板下的跳汰设备。采用这种筛下空气室的跳汰机,不但使跳汰室床层上液面各点的波高

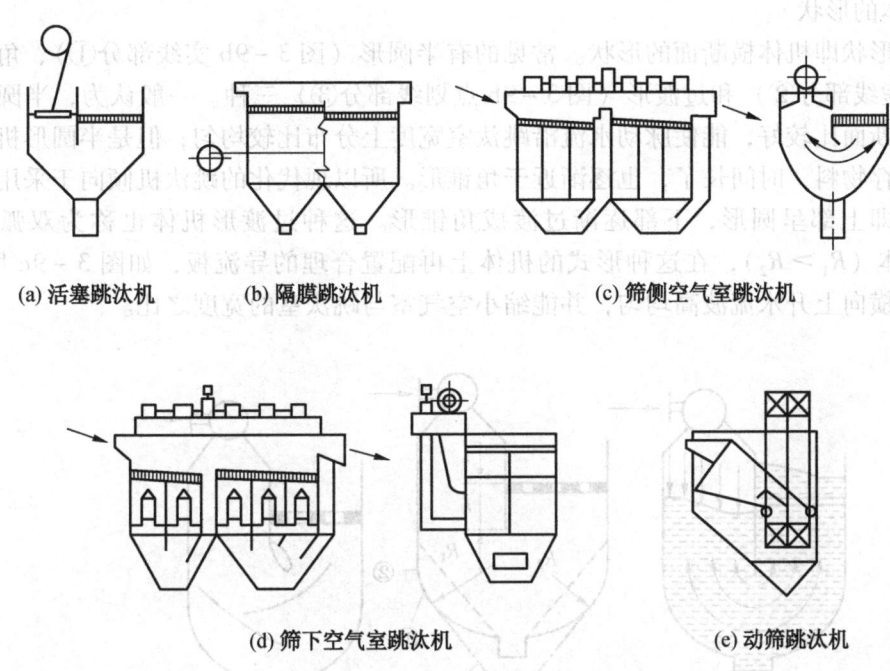

图 3-8 常用的跳汰机示意图

一致，提高了分选效果，而且在占有相同空间的情况下，与筛侧空气室跳汰机相比，增大了跳汰面积，使处理能力得到提高。

（5）动筛跳汰机。如图3-8e所示，动筛跳汰机是筛板相对槽体运动的分选设备，有机械驱动动筛跳汰机和液压驱动动筛跳汰机两种。动筛跳汰机在选煤厂可用于块煤排矸代替手选，在中小型动力煤选煤厂和简易选煤厂也可作为主选设备，或者用于块煤的分选。

二、筛侧空气室跳汰机

筛侧空气室跳汰机是目前我国选煤厂中使用最多的跳汰机，按其结构与用途的不同，可分为不分级煤用跳汰机、块煤跳汰机和末煤跳汰机3种。筛侧空气室跳汰机的基本组成部件是机体、筛板、风阀、排料装置和相应的控制系统等。

1. 机体

跳汰机的机体承受跳汰机全部重量和脉动水流产生的动负荷。

1）机体的段数和隔室

跳汰机机体沿长度方向分单段、两段和多段。每段又分成2个或3个隔室，每个隔室都有单独的风阀和筛下顶水管。一般在顺煤流方向的每段末端设有排料道。每段的长度根据入选原料性质和产品的质量要求进行选取。

现代最新的跳汰机机体多是分成隔室制造的。跳汰机分几段，每段分几个隔室则根据设计要求进行组装。这样就实现了部件标准化、各室风水制度的独立性，并便于设备运输和安装。

2）机体的形状

机体的形状即机体横断面的形状。常见的有半圆形（图3-9b实线部分①）、角锥形（图3-9b虚线部分②）和过渡形（图3-9b点划线部分③）三种。一般认为，半圆形和过渡形的横断面比较好，能使脉动水流沿跳汰室宽度上分布比较均匀；但是半圆形机体的底部容易积存物料，时间长了，也逐渐近于角锥形。所以现代化的跳汰机倾向于采用过渡形横断面，即上部呈圆形，下部逐渐过渡成角锥形。这种过渡形机体也称为双弧形的"V"形机体（$R_1 > R_2$），在这种形式的机体上再配置合理的导流板，如图3-9c所示，可使跳汰室横向上升水流波高均匀，并能缩小空气室与跳汰室的宽度之比。

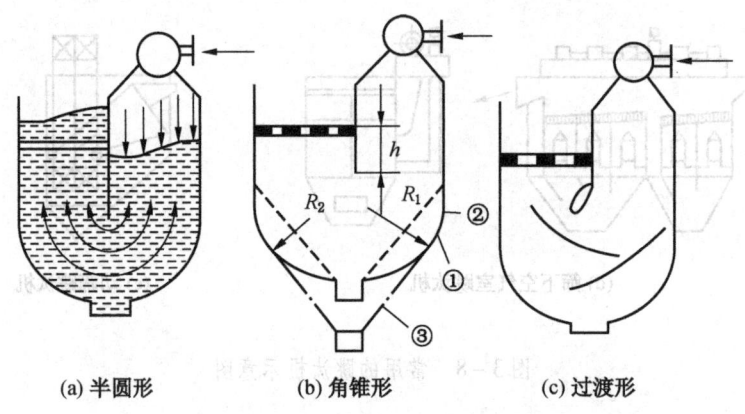

(a) 半圆形　　(b) 角锥形　　(c) 过渡形

图3-9　机体形状及其对水流波动的影响

3）空气室与跳汰室宽度的比例

跳汰机的空气室与跳汰室宽度的比例是跳汰机的一个重要参数。筛侧式跳汰机存在一个严重缺点是：脉动水流沿跳汰室宽度的分布不均匀（图3-9a），造成跳汰室两侧分选效果不一致，靠风阀一侧的流线短、脉动强；靠操作台一侧的流线长、脉动弱。跳汰室的宽度越宽，其差别越明显。因此，筛侧式跳汰机的宽度受到了限制。目前跳汰室最宽只能达到2.5~3.0 m。空气室的宽度B_1与跳汰室的宽度B_2之比值B_1/B_2（即冲程系数）：块煤跳汰机为0.7~1.0，末煤跳汰机和混合入选跳汰机为0.45~0.8。

2. 筛板

跳汰机筛板的作用是承托床层，与机体一起形成床层分层的空间，控制透筛排料速度和重产物床层的水平移动速度。因此，筛板要有足够的机械性能和工艺性能。机械性能包括筛板的刚性、耐磨性，使之坚固耐用；工艺性能包括筛板的穿透性、合理的倾角和孔形。适当的开孔率可减小对水流运动的阻力；合理的倾角和孔形可使物料便于运输、筛孔不易堵塞和便于清理。

1）筛板的形式

筛板的形式如图3-10所示。冲孔筛板的孔形有圆形、正方形和长方形，筛板的开孔率一般为25%~35%。圆形筛孔用得最广泛；锥形筛孔有利于物料透筛和减少堵塞现象，便于清理；长方形筛孔不易堵塞，但安装时应使筛孔长边与物料的运动方向一致。

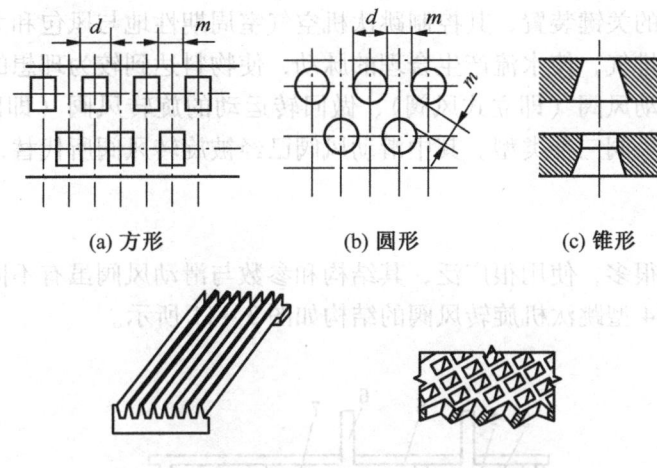

图 3-10 跳汰机筛板的形式

棒条筛筛面坚固、刚性好、开孔率大，能达 50%，为冲孔筛板的 1.5 倍。此外，还可以选择适当的形状，使之产生倾斜方向的上升水流，促进重产物床层在筛面上移动，提高跳汰机的处理能力。生产实践表明，棒条筛的筛面堵塞现象严重，又不易清理。近年来，国外有些跳汰机采用有斜向水流作用的方孔筛板（图 3-10e），能减轻堵塞现象。

2）筛板的倾角

筛板的倾角与原料中重产物的含量有关。重产物含量大时，筛板倾角就大些，反之则小些。倾角的作用是保持床层中重产物的运动速度、床层的厚度及其透筛量，但透筛量应在适当的范围内。通常第一段筛板倾角要大于第二段。筛板孔径和倾角的选择可参考表 3-1。在处理含黄铁矿和矸石量特别高的原煤或矸石易泥化的原煤时，筛板倾角甚至可采用负角度，采用倒排矸。

表 3-1 筛板的孔径和倾角

项 目	块煤和不分级煤用跳汰机		末煤跳汰机	
	矸石段	中煤段	人工床层	自然床层
筛孔孔径/mm	10~20	10~15	$d_{max} + (2~5)$	$\dfrac{d_{max}}{2} + (2~5)$
筛板倾角/(°)	2~5	1~2.5	0	0~2.5

3）筛孔尺寸

各种型号跳汰机的筛孔尺寸与所处理的原料性质及排料方式有关，具体筛孔尺寸也可参考表 3-1。增大筛孔能减少水流阻力、加强下降水流的吸啜作用和透筛排料。但筛孔过大会使轻产物透筛损失增加。

3. 风阀

风阀是跳汰机的关键装置,其控制跳汰机空气室周期性地与风包和大气相通,从而造成周期性的进气和排气,使水流产生合理的脉动,使物料达到较为理想的松散分层。风阀有做往复运动的滑动风阀(即立式风阀)、做回转运动的旋转风阀(即卧式风阀)、活门型和滑动型的电磁风阀三种类型。其中滑动风阀已经被旋转风阀所代替,本书只介绍后两种类型的风阀。

1) 旋转风阀

旋转风阀形式很多,使用很广泛,其结构和参数与滑动风阀虽有不同,但其工作原理基本相同。LTX – 14 型跳汰机旋转风阀的结构如图 3 – 11 所示。

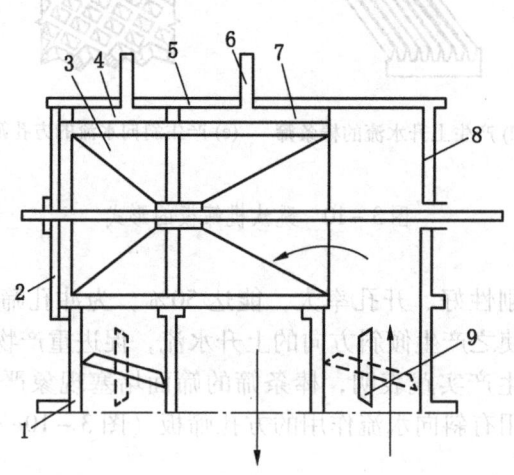

1—阀座;2—排气端盖;3—转子;4—排气调整套;5—阀盖;6—手把;
7—进气调整套;8—进气端盖;9—蝶阀

图 3 – 11　LTX – 14 型跳汰机旋转风阀的结构

旋转风阀的结构是在铸铁的外壳中装有进气、排气调整套,调整套里面是转子。外壳下部阀座有两个开口,一个开口与风箱接通,另一个开口用管子穿过风箱与跳汰机空气室相连。转子开有进、排气左右两格,这两格互不相通,每格上都有开口,但开口角位置不同。转子旋转时,当转子的进气口与调整套的进气孔相遇时,排气孔则关闭,压缩空气由风箱经蝶阀、转子进入跳汰机空气室,跳汰机中产生上升水流,这时为进气期。当转子的进气口离开调整套的进气孔,而排气口仍未与调整套的排气孔相遇时,为膨胀期。直到转子的排气口与调整套的排气孔相遇,才开始排气,这个阶段称为排气期。多数旋转风阀没有压缩期,也就是说,当转子的排气口一离开调整套的排气孔,则其进气口与调整套的进气孔就马上相遇。LTX – 14 型跳汰机旋转风阀的工作特性曲线如图 3 – 12 所示。

2) 电磁风阀

活门型电磁风阀是 20 世纪 70 年代设计的一种新型风阀结构。这种风阀调整灵活,可以任意调整跳汰周期,进气、排气的变换速度极快。因此,可以精确地控制脉动周期和吸啜过程的时间,从而获得良好的床层松散度和精度较高的分选效果,为跳汰机大型化和跳汰制度自动化创造了方便的条件。

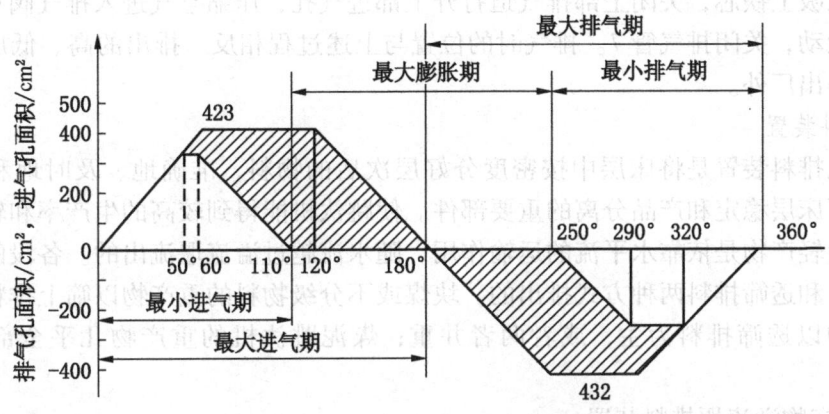

图 3-12 LTX-14 型跳汰机旋转风阀的工作特性曲线

活门型电磁风阀工作系统如图 3-13 所示。整个工作系统由三部分组成：①气路系统，包括高压风管至气缸的气动管路；②数控装置，通过控制电磁阀的通、断电时间，实现大范围内无级调节频率与跳汰周期特性；③进、排气阀，由气缸和阀盖组成。

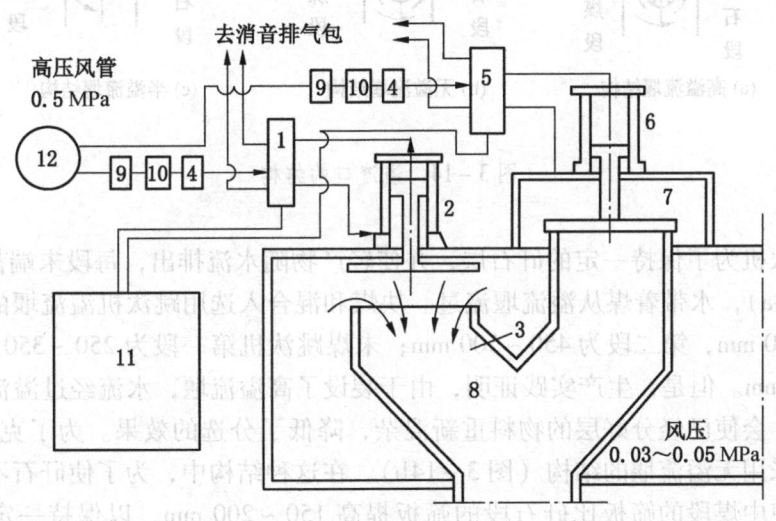

1—进气电磁风阀；2—进气阀；3—分配箱；4—油雾器；5—排气电磁风阀；6—排气阀；7—排气管；
8—进气管；9—滤气器；10—调压阀；11—电子数控系统；12—高压风管

图 3-13 活门型电磁风阀工作系统示意图

电磁风阀进气时的情况如图 3-13 所示，即进气阀 2 打开进气，排气阀 6 关闭。这时，两个电磁风阀的动作过程是：进气电磁风阀 1 的电磁线圈断电，铁芯被弹簧推下，关闭上部进气道，同时打开上部的排气道，放出阀体上部的气体，压缩空气沿着图中箭头指示的方向进入进气阀 2 内，推动进气阀的活塞向上运动，并打开进气阀使分配箱 3 内的压缩空气经进气管 8 进入空气室。这时，排气电磁风阀 5 的动作与进气电磁风阀相反，即电

61

磁线圈通电吸上铁芯，关闭上部排气道打开上部进气孔，压缩空气进入排气阀6内，推动活塞向下运动，关闭排气管7。排气时的位置与上述过程相反。排出的高、低压气体经消音排气包排出厂外。

4. 排料装置

跳汰机排料装置是将床层中按密度分好层次后的物料，准确地、及时地和连续地排出，以保证床层稳定和产品分离的重要部件。使跳汰机能得到较高的生产率和较好的分选效率。各段轻产物是依靠水平流的运输作用，随水流越过溢流堰流出的。各段的重产物是由筛上排料和透筛排料两种方式排出的。块煤或不分级物料的重产物以筛上排料为主；末煤的重产物以透筛排料为主，或者两者并重；煤泥跳汰机的重产物几乎全部采用透筛排料。

1）轻产物溢流堰排料装置

许多跳汰机在每段的末端设有溢流堰，它的作用是配合重产物排放装置，保持床层有一定的厚度，并使轻产物随溢流排出。跳汰机的溢流口有3种结构，如图3-14所示。

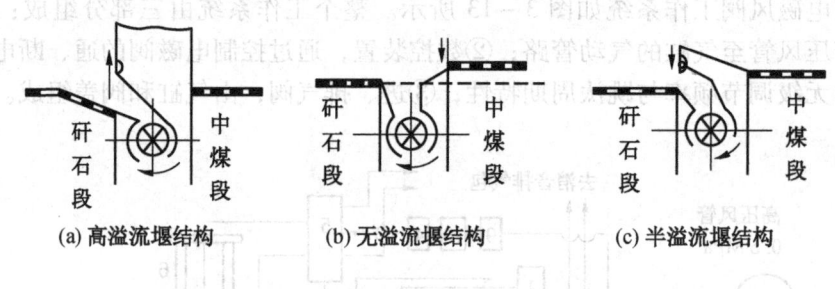

图3-14 溢流口的结构

老式跳汰机为了保持一定的矸石层，并使轻产物随水流排出，每段末端都设有高溢流堰（图3-14a），水带着煤从溢流堰流过。块煤和混合入选用跳汰机溢流堰的高度，第一段为400~450 mm，第二段为450~500 mm；末煤跳汰机第一段为250~350 mm，第二段为300~400 mm。但是，生产实践证明，由于装设了高溢流堰，水流经过溢流堰前要发生激烈的扰动，会使已经分好层的物料重新混杂，降低了分选的效果。为了克服这种现象，新型跳汰机采用无溢流堰的结构（图3-14b）。在这种结构中，为了使矸石不至于进入中煤段，往往使中煤段的筛板比矸石段的筛板提高150~200 mm，以保持一定厚度的矸石层，以此来限制矸石向前运动。此外，两段之间设有可以提高的闸板，以调节矸石段的床层厚度。这种无溢流堰结构只限制了矸石的移动，对水流运动状态没有大的影响。实践表明，无溢流堰结构改善了水流运动状态，但容易造成跑煤现象。目前还有介于两者之间的结构——半溢流堰结构（图3-14c）。在这种结构中，保留着溢流堰，但将其高度降低。因此，对水流影响不大。由于溢流堰很低，所以在堰前面设有可以提高的闸板来调节床层的厚度。

上述的几种结构同样可以用在跳汰机中煤段溢流口上。

2）重产物筛上排料装置

生产实践中，各种排料装置的区别主要表现在结构、传动方式和调节系统等方面。因此，对现有的各种重产物排料装置，可以按其某些特征分别介绍如下。

（1）排料装置。排料装置在跳汰机中的位置是由入选物料中高密度级物料的含量及其排料条件决定的。跳汰机中常见的排料装置的位置如图 3-15 所示。

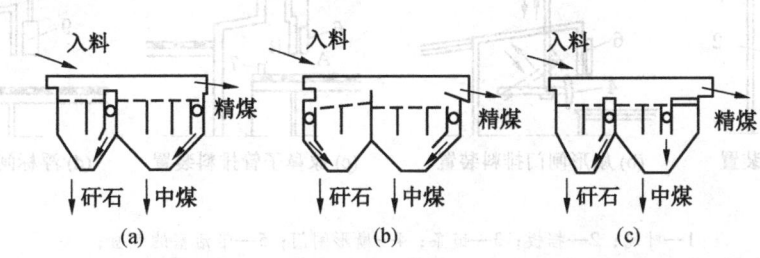

图 3-15 跳汰机中常见的排料装置的位置

图 3-15a 为正排矸的跳汰机，排矸装置安排在中煤段和矸石段的尾部，可用于分选块煤和末煤，是最常见的一种排料方式；图 3-15b 是倒排矸的跳汰机，第一段排矸装置设在入料端，该跳汰机适合分选含黄铁矿多及矸石量大的块煤，但对混合入选的原料，容易使矸石中精煤损失；图 3-15c 是排料装置位于某一段跳汰机的中部，多用于综合排料，当物料进入第二段之后，块中煤经过分选从排矸道排出，之后物料进入有一段人工床层的筛面，末中煤进一步进行透筛排料，这种装置便于控制精煤的质量。

（2）排料机构形式。目前所采用的排料装置形式繁多。下面介绍 4 种比较常用的排料机构。

① 叶轮式排料装置。图 3-16a 是叶轮式排料装置，其排料是连续自动的。叶轮设在排料口跳汰机筛板的下面，其前方有一块挡板，挡板的上端装在固定的轴上，另一端用链条悬挂在一定的位置，并可做一定的摆动，以防大块重产物卡住叶轮，挡板沿跳汰机宽度可分成数块。叶轮由电动机带动，其转速为 0~3.5 r/min。根据矸石层的厚度，通过自动控制装置可以调整叶轮的转速，控制重产物的排料速度，从而达到自动控制排料的目的。在排料口上还装有垂直闸门，以调节排料口的大小，控制重产物的排放速度。

叶轮式排料装置的优点是，排料连续而且较均匀，床层稳定，是目前使用较多的一种。其缺点首先是排料箱的宽度较大。这不仅减小了跳汰机的有效工作面积，而且因为排料箱上（溢流堰顶部）没有脉动水流作用，物料容易堆积，影响下一段的分选。粗粒物料排料箱宽度为 350~450 mm，末煤排料箱宽度可以减小到 250 mm。其次是叶轮容易卡矸石，影响排料或造成局部床层排空。还有叶轮两端的轴承不易密封，容易漏水，需要经常检修更换盘根。

② 扇形闸门排料装置。图 3-16b 是扇形闸门排料装置，其排料是间断性的。扇形闸门设在排料口跳汰机筛板上面，当气缸内的活塞和杠杆系统运动时，水平轴转动一定角度，将扇形闸门提起或落下，闸门提起时进行排料，落下时暂停排料。

扇形闸门排料装置的优点是，结构简单，维护方便，所需排料箱的宽度较小，气缸内活塞的运动是根据床层的厚度由自动控制装置进行调整的。其缺点是，由于排料箱内的脉动水流严重窜扰排料口，而影响床层的分层，增加产品的损失和污染；同时扇形闸门易被

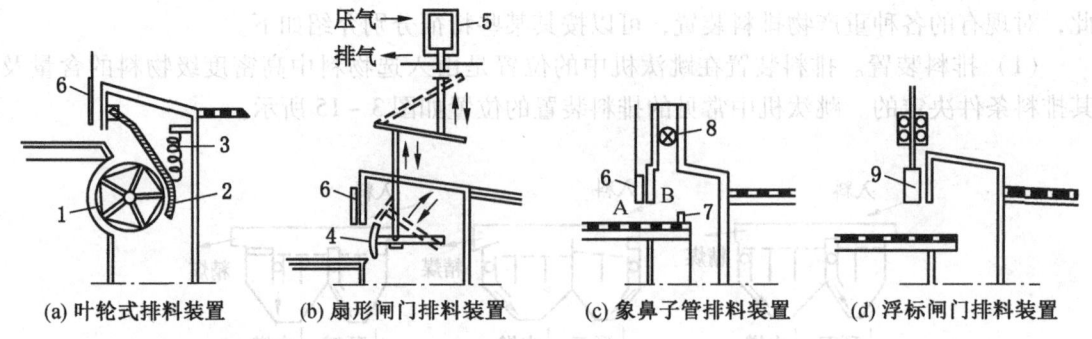

(a) 叶轮式排料装置　(b) 扇形闸门排料装置　(c) 象鼻子管排料装置　(d) 浮标闸门排料装置

1—叶轮；2—挡板；3—链条；4—扇形闸门；5—带活塞的气缸；
6—垂直闸门；7—坎板；8—阀门；9—浮标闸门

图 3-16　跳汰机筛上排料机构形式

大块矸石卡住，使排料不均匀，造成床层不稳定。

③ 象鼻子管排料装置。图 3-16c 是象鼻子管排料装置，其只有垂直闸门（有时不用）而没有排料闸门。产物的排放速度用阀门调节。当阀门完全关闭时，在 B 区没有脉动水流，重产物停止排放；当阀门打开后，B 区有脉动水流，重产物能越过坎板排到排料箱里，阀门开得越大，脉动水流越强，排放速度越快。在其他条件不变时，重产物的排放速度主要取决于阀门开启度和坎板的高度。这种排料装置还有一个值得注意的优点，就是在一定条件下能自动平衡排料量。如当矸石床层变厚时，脉动水流在 A 区的阻力增加，筛下水流压力上升，如果此时垂直闸门的高度、阀门的开启度和坎板的高度都不变，则 B 区床层的厚度变化不大，床层阻力变化也不大。因此，B 区的脉动水流自动增强，重产物的排放速度增加，直到 A 区恢复到原来的矸石层厚度以及恢复原来的筛下水压力为止。实践中可以看出，当跳汰机中途停料时，排料装置虽未经调整，但排料量能自动减少甚至停止。所以象鼻子管排料装置调好以后，排料能连续均匀地进行，而且适应能力较强。该排料机构的排料速度还受物料粒度组成的影响。粒度变粗，排料速度减慢，床层增厚；粒度变细，排料速度增快，床层减薄。所以为保持床层稳定，应尽量减少入选原煤粒度组成的变化。

④ 浮标闸门排料装置。图 3-16d 是浮标闸门排料装置，是一种简易的自动排料装置。空心的矩形（或梯形）铁箱横置于排料口处（有的选煤厂在铁箱下缘再焊接上一条扁铁，作为闸板效果更好些），它既是闸门又是浮子。铁箱上焊有拉杆，可在导向滑轮中滑动，借以限定铁箱的运动方向。悬挂在拉杆横梁上的重锤的重量可以增减，以调节所控制的矸石层厚度。床层厚度变化时，铁箱随之升落，从而达到调节排放产物的目的。实践上，空心铁箱容易磨漏，为了克服这个缺点，有些厂改成用包有胶皮的木块来代替空心铁箱。浮标闸门排料装置的另一个缺点是，在跳汰机第一段使用时，有时因被矸石挤压住而失灵。该装置用于中煤段时，效果较好。

3) 透筛排料

透筛排料是使从床层中分离出来的细粒重产物，透过粗粒的矸石层和筛板排入跳汰机的机箱内。如要使全部重矿粒都能透过筛板排料，筛孔尺寸必须大于给料中最大矿粒的粒度，但这又易使过多的矿粒由筛面上漏下去影响床层的稳定分层。为了控制透筛速度，既要使全部需透的高密度矿粒能透筛排出，又要防止低密度矿粒混入其中，一般在筛面上人为地铺设一层密度较高、粒度较粗的物料层，称之为人工床层。在跳汰过程中，人工床层可起排料闸门的作用，用于控制重产物的透排速度和质量。在上升水流作用下，人工床层也受到松散作用，但松散度较小；在下降水流作用下，人工床层在跳汰过程中不做水平移动，并保持厚度均一，在筛面上设有格框，使人工床层位于格框内运动。

透筛排料时，高密度矿粒的透筛速度除与矿粒本身及水流运动的特点有关外，主要还取决于人工床层的粒度、密度、形状及厚度。透筛作用主要发生在人工床层已经紧密的下降水流作用时期。因此，为了使应透筛的重密度矿粒能全部透过人工床层排出，人工床层颗粒间的间隙应大于给料中的最大粒度。通常取人工床层的粒度为给料最大粒度的 3~4 倍，人工床粒的密度一般略高于需透筛排料的矿粒的最大密度。床粒密度过高，人工床层不易松散，使重矿粒不易透筛排出；但若床粒密度低于透筛排料的重产物，则在分层过程中人工床层容易被重产物所取代，不能保持稳定的分选条件，降低分选效果。人工床层的厚度直接影响重产物透排的速度，厚度增加，透排速度降低，重产物质量提高，反之重产物质量将降低。但厚度一经选定，在生产过程中是不变的。在生产操作中是通过控制下降水流吸啜力的强弱来调节重产物质量的。

我国选煤厂在使用石英或长石作人工床粒时，人工床粒的密度为 2.5~2.7 g/cm^3，通常采用（长×宽×高）400 mm×400 mm×100 mm 或 250 mm×250 mm×100 mm 的格框。矸石段人工床层厚度为 60~70 mm，中煤段为 50~60 mm。

5. 床层检测及控制系统

为了及时而连续地排出重产物，使产品分离和保持稳定、合适的床层厚度，现代化的跳汰机都采用自动排料装置。跳汰机的自动排料装置由检测元件、控制装置和执行机构三部分组成。检测元件用于探测床层的情况，根据重产物的床层厚度来决定排料的速度；控制装置是将测得的重产物床层厚度的数值（压力、电流、电压或位移等）放大，并向执行机构发出排料指令。目前跳汰机主要采用浮标传感器检测床层厚度以实现排料量和给煤量的自动控制。采用 γ 射线来检测的极少。

浮标是中空而密封的容器，它一般安装在排料口前 200 mm 左右的床层中。根据要求，浮标应具有一定的密度，能处于与其相同密度的床层中，可视它为床层中粒度较大的矿粒。因此它在床层中所处的位置高低主要取决于它的密度，但多少也受脉动水流特性的影响。然而，脉动水流特性不是经常变化的因素，所以认为浮标在床层中位置的高低基本上反映了重产物床层厚度的变化。生产实践证明，浮标装置结构简单、检测准确、调节方便，因此应用最为普遍。当跳汰室较宽时，可以采用两个并列的浮标，来测量同一段床层的厚度。为使浮标能正确及时地反映出重产物床层厚度的变化，应尽量使它的上下运动不受其他机械的约束，所以检测浮标位移的机构最好用无触点装置，如电感线圈、差动变压器或射流等装置，即采用所谓自由浮标。

浮标的形状较多，如图 3-17 所示，其断面为流线形。在跳汰机第一段，多采用高度较大、底面积较小的浮标，这类浮标对跳汰机负荷和用水量都不太敏感，受机构力作用大，精度稍差，如圆筒形浮标。在跳汰机第二段，可采用高度较小、底面积较大的浮标，它对跳汰机负荷较为敏感，如椭圆形、纺锤形浮标。

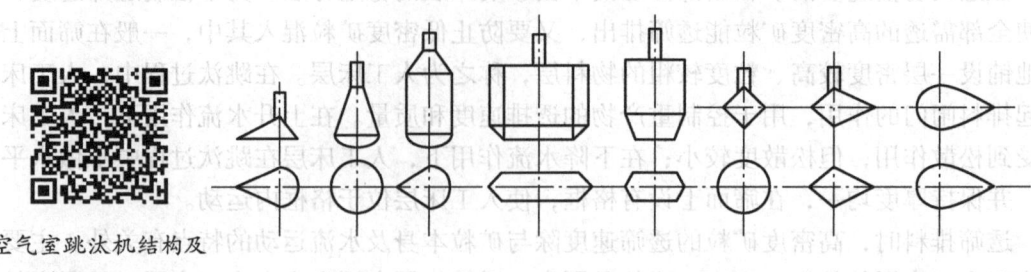

空气室跳汰机结构及
工作原理 动画

图 3-17 浮标的形状

6. 典型筛侧空气室跳汰机

1) LTC 系列筛侧空气室跳汰机

图 3-18 所示为 LTG-15 型筛侧空气室跳汰机（左式），用来处理 50~0 mm 不分级原煤。机体为带导向板的半圆形，轻产物排放采用溢流堰结构，重产物排放采用垂直开口排料轮结构，用垂直闸板控制重产物床层的厚度。分矸石和中煤两段，通过可控硅直流调速装置调节驱动排料轮的直流电机转速从而调节排料量。

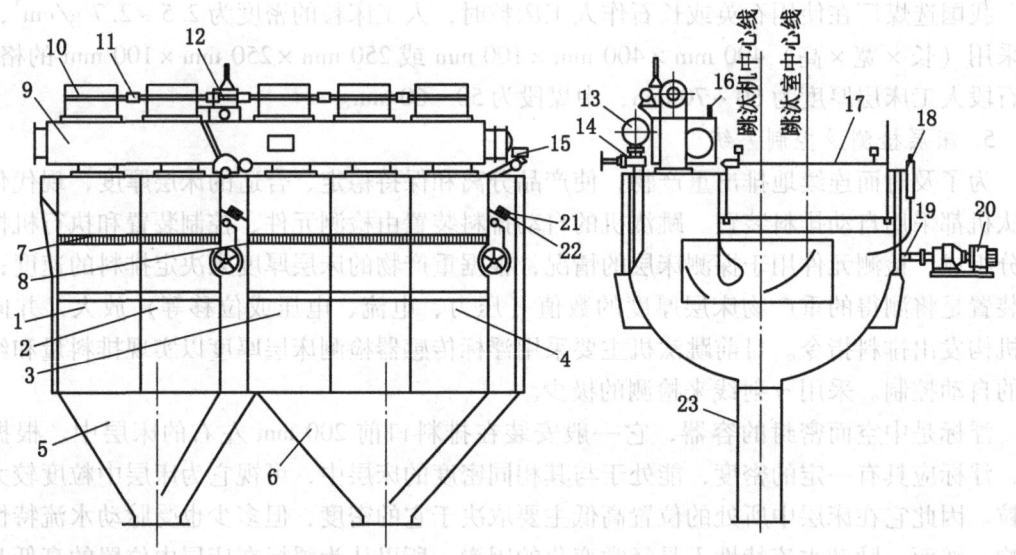

1—机体第一段；2—机体第二段；3—机体第三段；4—机体第四段；5—矸石段漏斗；6—中煤段漏斗；
7—矸石段筛板；8—中煤段筛板；9—空气箱；10—风阀；11—链式联轴节；12—风阀传动装置；
13—总水管；14—暗插楔式闸门；15—电动蝶阀；16—压力表；17—排料闸门；18—测压管；
19—排料装置；20—排料轮传动装置；21—压铁；22—入孔盖；23—检查孔

图 3-18 LTG-15 型筛侧空气室跳汰机（左式）结构示意图

2) BM 系列筛侧空气室跳汰机

BM 系列筛侧空气室跳汰机结构如图 3-19 所示。BM 系列筛侧空气室跳汰机由机体、风阀和排料装置等部分组成。机体大致呈"V"形，较矮小以减少煤泥堆积和减轻机体质量。空气室与跳汰室的比值较小，约为1:2.2。纵向隔板下有导流板，使跳汰室中的水流脉动均匀。跳汰机采用无溢流堰，排料道为直立式，控制排料采用扇形闸门并设在靠近水平排料口的筛板下方，以防止水流对排料口的窜动影响。

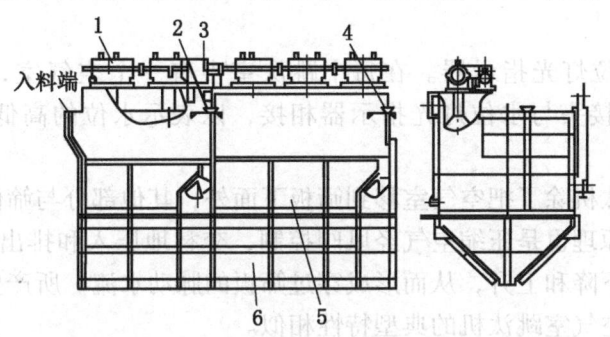

1—风阀；2—排料闸门；3—无级变速器；4—排料闸门；5—上机体；6—下机体
图3-19 BM系列筛侧空气室跳汰机结构示意图

三、筛下空气室跳汰机

筛下空气室跳汰机的空气室在跳汰机筛板下面，因而具有一些筛侧空气室跳汰机所不具备的特点。目前筛下空气室跳汰机已在许多国家制造和使用。筛下空气室跳汰机结构如图3-20所示。

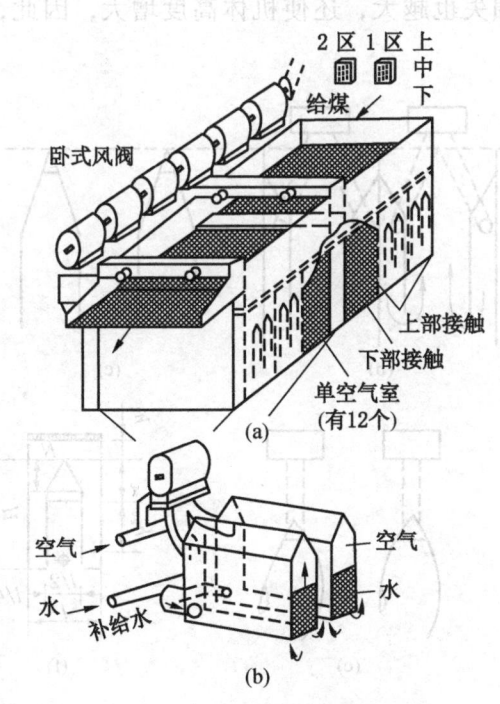

图3-20 筛下空气室跳汰机结构示意图

每个跳汰室装一个卧式风阀，为其中两个空气室提供压缩空气。压缩空气从空气室的一端给入，空气室的端部有上、下两个孔，上面的孔与风阀的进气口相接，用于进入压缩空气；下面的孔用于送入顶水。在机体的一侧设有风水包，水包侧面与总水管相接，下面则接有5个分水管，分别与空气室的进水孔相通。分水管上装有阀门，以调节各空气室的补充水量。

跳汰机设有水位灯光指示器。在每个跳汰室中有一个空气室，空气室中设有上、中、下3个水位，接头与水位灯光指示器相接，以表示水位的高低和跳汰机的运转情况。

筛下空气室跳汰机除了把空气室移到筛板下面外，其他部分与筛侧空气室跳汰机结构基本相同。其工作原理也是压缩空气经风阀控制，交替地压入和排出筛板下面的空气室，使其中水位交替地下降和上升，从而形成穿过筛板的脉动水流。所产生的脉动水流特性实测结果与一般筛侧空气室跳汰机的典型特性相似。

各种筛下空气室的形式如图3-21所示。在图3-21中，空气室顶端多采用三角形，图3-21a至图3-21e分别为高桑跳汰机、巴达克跳汰机、波兰跳汰机、荷兰跳汰机、苏联跳汰机等所采用的空气室形状。空气室的面积约为筛板面积的一半。根据经验，如要求筛板上产生100~150 mm高脉动水流，相应地在空气室内水的振幅h_1就应保持在200~300 mm。因此，空气室的高度H要确保进气时筛板上不翻花，排气时风阀不喷水。如果空气室水的振幅为h_1，在空气室三角形顶端的高度应保持一定的波动范围，以保证跳汰机工作稳定，并可选定空气室的全高H。一般一个风阀可带1~2个空气室。空气室顶端至筛板的距离为h_2，h_2越大，筛板上沿纵向的波高越均匀，但h_2越大，压缩空气的静压力损失也越大，还使机体高度增大，因此，h_2的大小要适当，如图3-21f所示。

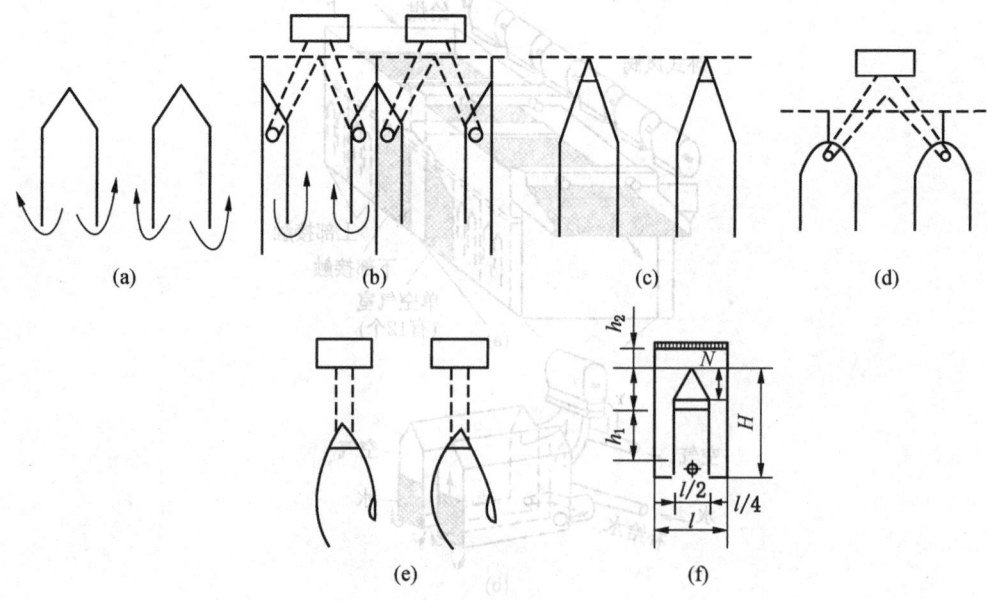

图3-21　各种筛下空气室的形式

筛下空气室跳汰机与筛侧空气室跳汰机相比较,具有以下几个特点:①筛下空气室跳汰机的空气室在跳汰室筛下,结构紧凑、重量轻、占地面积小;②筛下空气室跳汰机的空气室沿跳汰室的宽度布置,能使跳汰室内沿宽度各点的波高相同,有利于物料均匀分选,适于跳汰机大型化。这是筛下空气室跳汰机的主要优点。筛下空气室跳汰机的空气室的面积为跳汰室面积的二分之一,即空气室内水面脉动高度为 200 mm 时,跳汰室水面脉动高度为 100 mm;筛下空气室跳汰机的脉动水流没有横向冲动力;由于筛下空气室跳汰机的空气室水位比筛面水位低,而且空气室内有 0.021 MPa 的空气余压,压缩空气推动液面运动,比筛侧空气室跳汰机要多克服一段静压头和空气余压,所以压缩空气的风压比一般筛侧空气室跳汰机所要求的高,为 0.025~0.035 MPa。

1. LTX 系列筛下空气室跳汰机

LTX 系列跳汰机是我国自行设计制造的筛下空气室跳汰机,这个系列共有 7 种规格。目前生产使用的主要有 LTX-8 型、LTX-14 型、LTX-35 型和 SKT 系列等几种。

LTX-14 型筛下空气室跳汰机结构如图 3-22 所示。该跳汰机的矸石段有两个跳汰室,中煤段有 3 个跳汰室。每个跳汰室有两段空气室,每段空气室的间距彼此相等。各室之间焊有格板支柱,以便加强机体的强度和刚度。

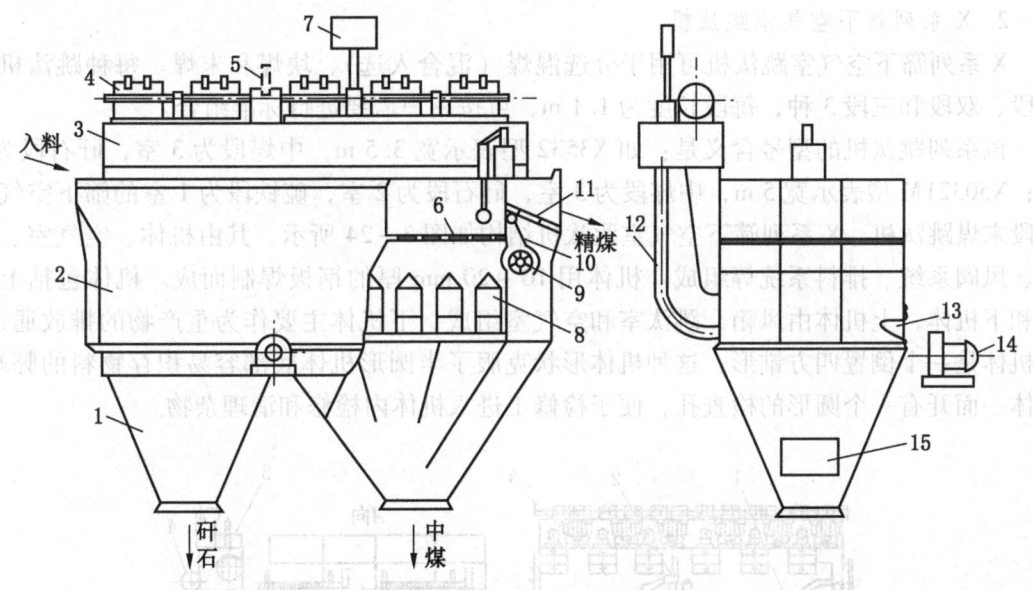

1—下机体;2—上机体;3—风水包;4—风阀;5—风阀传动装置;6—筛板;7—水位灯光指示器;8—空气室;
9—排料装置;10—中煤段护板;11—溢流堰盖板;12—水管;13—水位接点;14—排料装置电动机;15—检查孔

图 3-22 LTX-14 型筛下空气室跳汰机结构示意图

LTX-35 型筛下空气室跳汰机为两段三产品结构。其结构如图 3-23 所示。矸石段和中煤段各有 2 个和 3 个隔室。每个隔室下设两个空气室,用单独的电控气动风阀供风。该阀由电磁换向阀、气缸和风阀盖板组成。电子数控系统控制电磁换向阀使高压空气(小于 6×10^5 Pa)按给定程序向气缸和活塞的上下部分交替进、排气。由活塞带动风阀盖板开启和关闭,实现低压空气(0.3×10^5 Pa 左右)周期性地进、出筛下空气室鼓动洗水完成跳汰过程。

69

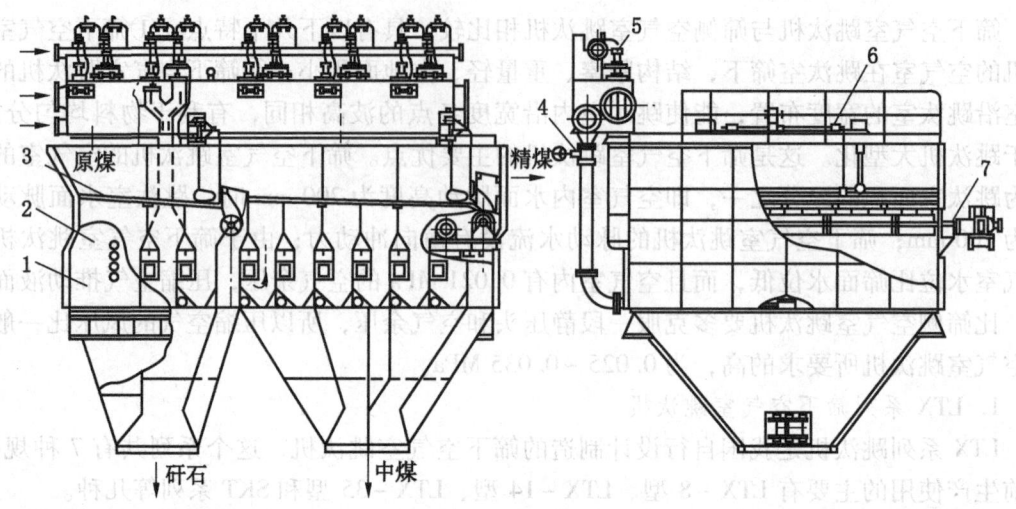

1—机体；2—水位灯光指示器；3—筛板；4—补充水管；5—数控气动风阀；6—闸板提升机构；7—自动排料装置

图3-23 LTX-35型筛下空气室跳汰机结构示意图

2. X系列筛下空气室跳汰机

X系列筛下空气室跳汰机可用于分选混煤（混合入选）、块煤和末煤。每种跳汰机分单段、双段和三段3种，每段长度为1.1 m，可按用户需要进行标准组合。

该系列跳汰机的型号含义是：如X3532型表示宽3.5 m，中煤段为3室，矸石段为2室；X50321M型表示宽5 m，中煤段为3室，矸石段为2室，硫铁段为1室的筛下空气室三段末煤跳汰机。X系列筛下空气室跳汰机结构如图3-24所示。其由机体、空气室、筛板、风阀系统、排料系统等组成。机体用10～20 mm厚的钢板焊制而成。机体包括上机体和下机体，上机体由风箱、跳汰室和空气室组成，下机体主要作为重产物的排放通道。下机体是一个倒置四方锥形，这种机体形状克服了半圆形机体底部容易积存物料的弊端。机体一面开有一个圆形的检查孔，便于检修工进入机体内检修和清理杂物。

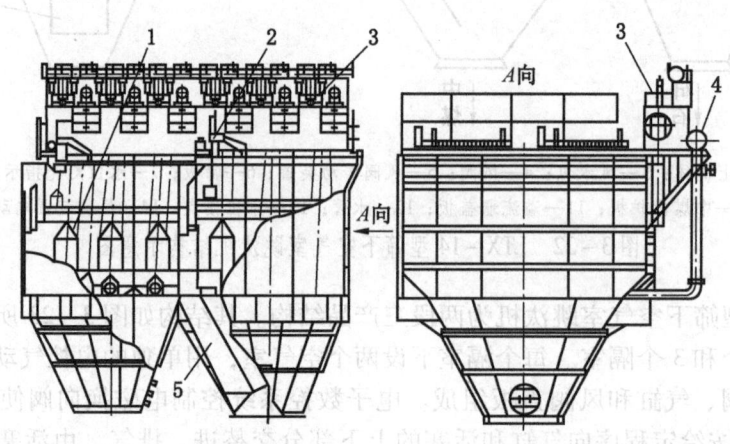

1—空气室；2—排料装置；3—风阀；4—水管；5—排料道

图3-24 X系列筛下空气室跳汰机结构示意图

机体沿长度方向分单段、两段和多段,每段又可分成2个或3个隔室,每个隔室都有单独的风阀和水阀,可以单独调节每隔室床层的松散状态。每段在顺煤流方向的末端设有排料道。各隔室之间以及隔室与排料道之间设有隔板。为减小跳汰机工作时水流的相互窜扰,隔板几乎伸到机体底部,只留下物料的通道。每段长度根据入选原煤的性质和产品的质量要求进行选取。

四、动筛跳汰机

动筛跳汰机是近年兴起的新型洗选设备,主要用于大块煤排矸和动力煤分选。它具有工艺简单、操作简便、节能节水以及投资少和运行成本低等多种优点。自20世纪90年代在我国应用以来,已形成液压式和机械式两大类型、多个系列的多种型号产品,既用于动力煤选煤厂,也可用于炼焦煤选煤厂。

1. 动筛跳汰机的工作原理

动筛跳汰机工作时槽体中水流不脉动,直接靠动筛机构用液压或机械驱动筛板,在水介质中做上下往复运动,使筛板上的物料周期性地松散、分层,完成分选作用。

动筛机构上升时,物料相对于筛板,总体上看是没有相对运动,而水介质相对于物料是向下运动的。动筛机构下降时,由于介质阻力的作用,水介质形成相对于动筛机构的上升流,物料则在水介质中做干扰沉降,从而实现按密度分选。

动筛跳汰机区别于空气脉动跳汰机的特点是:①不用风,也不用冲水和顶水;②物料的松散度由动筛机构的运动特性所决定。

2. 液压驱动动筛跳汰机

我国成功研制的TD系列动筛跳汰机,是采用先进的液压驱动和带有自动排矸控制系统的块煤分选和排矸的一种高效而简单的设备。采用液压驱动的TD系列动筛跳汰机,具有分选精度高、单位面积处理能力大的特点。动筛的分选参数和运动特性可在线无级调整,操作十分方便,对物料的分选适应性强。不完善度 I 为 0.074~0.104,分选效率达 95%~98%,处理能力达 40~70 t/(h·m²),电耗仅为 0.2~0.3 kW·h/t,耗水量小于 0.08 m³/t,循环水量仅为 0.3 m³/t。

液压驱动动筛跳汰机由主机、驱动装置和控制装置3部分组成。动筛机构及排矸轮的动力由液压站提供;动筛机构及排矸轮的运动特性由电控柜控制,结构如图3-25所示。

动筛机构在液压油缸的驱动下,绕销轴做上下往复摆动,并在其中部设有溢流堰,在溢流堰的下方前端设有可调闸门,以调整溢流堰与筛板之间的开口大小。溢流堰下方筛板末端设有星轮结构的排料轮,由液压马达驱动。产品由提升轮排出,提升轮的中部有隔板,将提升轮分成两段,前段装矸石,后段装轻产品。为了防止轻、重产品相互污染,在轻、重产品之间和两侧增设了由筛网或冲孔板制成的防污染隔板,隔板下部还装有橡胶板,并与提升轮中间隔板内径相接触,上部装有轴套,可绕动筛帮的轴转动。当动筛上下运动时,由于重力作用,隔板基本呈自由垂直状态,能有效地起到分隔轻、重产品的作用。另外,采用筛网或冲孔板结构的隔板装置,使动筛对水介质的拨动减弱,也可避免横向水流将小块矸石带到筛下,防止提升轮发生故障。为防止砸坏筛网,在筛板的入料端设置了筛板护栏,并与动筛筛帮固定。

TD系列液压动筛跳汰机结构及工作原理 动画

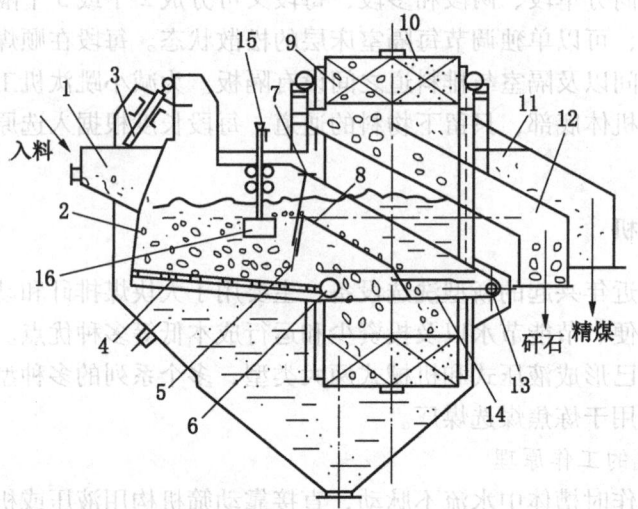

1—槽体；2—动筛机构；3—液压油缸；4—筛板；5—闸板；6—排料轮；7—手轮；8—溢流堰；9—提升轮前段；
10—提升轮后段；11—精煤溜槽；12—矸石溜槽；13—销轴；14—传动链；15—传感器；16—浮标

图3-25 TD系列液压动筛跳汰机结构示意图

为防止筛板横向摆动，专门设置了防横向摆动装置。

3. 机械驱动动筛跳汰机

沈阳煤炭研究所自主研发的机械驱动式GDT系列动筛跳汰机如图3-26所示。该机

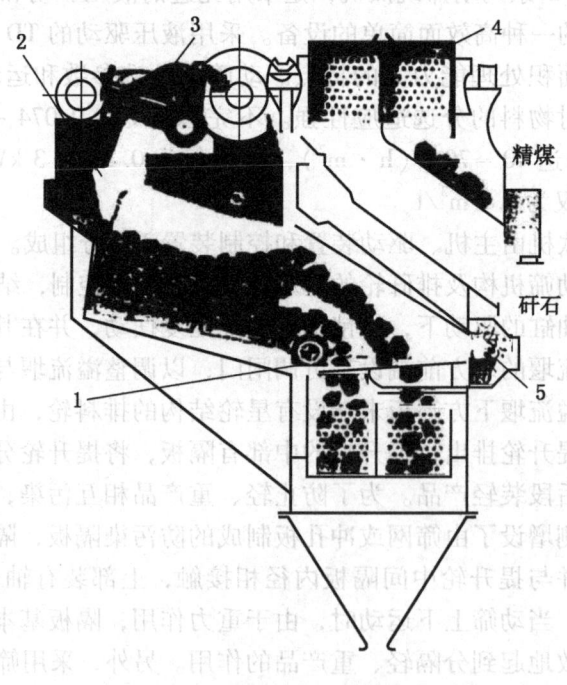

1—排矸轮；2—摇臂；3—传动机构；4—提升轮；5—销轴

图3-26 GDT系列动筛跳汰机结构示意图

由机体、筛箱、机械驱动机构、排矸机构和提升轮5大部分组成。机体是盛洗水的容器，亦是其他各构件的支撑体。带有筛板的筛箱是设备的核心，其上下往复运动，使物料在反复松散并向前移动过程中，实现按密度分层。筛箱的运动参数直接关系到分选效果。机械驱动机构提供动力，决定动筛机构的运动规律。根据选煤工艺的要求，驱动机构能调节跳汰频率，筛箱振幅和上升、下降的速比。排矸机构按矸石床层的厚度变化，自动调节排矸轮转速的大小，从而保持矸石床层的厚度稳定，实现煤层与矸石层的正确分割。提升轮是将已经分选好的精煤和矸石从洗水中提起，脱水并送入溜槽排出。

任务习题

1. 名词解释
(1) 跳汰机；(2) 冲水；(3) 顶水；(4) 冲程系数；(5) 吸啜作用。

2. 填空题
(1) 跳汰机按入选物料的粒度来分，可分为_____、_____、_____和_____。
(2) 跳汰机按其脉动水流的形成方法来分，可分为_____、_____、_____和_____。
(3) 筛侧空气室跳汰机的空气室位于机体的一侧，又称为_____。
(4) 跳汰机由_____、_____、_____、_____和相应的控制系统组成，机体由纵向隔板分为_____和_____两部分。

3. 判断题
(1) 原煤的粒度组成决定跳汰筛板上床层的风力阻力。（　　）
(2) 筛孔的大小对松散床层、生产能力以及透排细矸没有直接影响。（　　）
(3) 筛板倾角的作用在于调整重产物的排放速度和床层按密度分选时间。（　　）

4. 选择题
(1) 机械脉动式跳汰机中浮标的主要作用是（　　）。
A. 加速排料的速度　　　　　　　　B. 检测床层的厚度
C. 检测物料的密度　　　　　　　　D. 调整跳汰周期
(2) 动筛跳汰机入料上限达300～400 mm，是大块煤排矸的理想设备，其入选粒度范围通常在（　　）mm。
A. 13～200　　　　　　　　　　　B. 25～300
C. 6～300　　　　　　　　　　　　D. 13～400

5. 简答题
(1) 跳汰机的分类依据有哪些？
(2) 简述几种主要的筛下和筛侧空气室跳汰机的基本结构及其各部分的作用。
(3) 简述几种跳汰机风阀的特点及工作原理。
(4) 筛下空气室跳汰机和筛侧空气室跳汰机相比较有哪些特点？
(5) 跳汰机中产品的排料方式有哪几种？

任务三　了解跳汰机的操作工艺与制度

任务目标

知识目标：掌握影响跳汰分选效果的因素。
能力目标：能够对跳汰机运行情况进行分析并作出适当调整。
素质目标：培养学生吃苦耐劳、内心专注、精益求精的工匠精神。

课程思政

2023年4月27日，在山东省庆祝"五一"国际劳动节暨省劳动模范和先进工作者表彰大会上，枣矿集团柴里煤矿选煤厂徐青喜获山东省劳动模范荣誉称号，成为近年来枣矿集团唯一获此殊荣的女职工。

时光荏苒，岁月如梭，转眼间，徐青参加工作23个年头了。她从一名普通职工，一步步成长为省五一劳动奖章、枣庄市五一劳动奖章获得者，荣获山东能源集团劳动模范、集团公司巾帼建功标兵称号。

她自2001年参加工作以来，就一直在选煤厂工作，她敢拼敢闯敢干，凭着年轻和不服输的劲头，竞聘成为一名洗煤司机，也是枣矿集团第一批"女洗煤司机"。在当时，洗煤司机岗位是非常艰苦的，跳汰选煤工艺不仅要面对每班次不间断巡查、高分贝噪声的工作环境，更需要在工艺复杂、设备稳定性差、紧急情况频发的工作中，尽快掌握处理方法，只有这样，才能保障选煤质量。

面对岗位压力，徐青没有退缩，而是跟随师傅认真学习系统的各个环节，向技术人员请教，向熟练工请教。功夫不负有心人，短短几年时间，徐青便在选煤生产工艺与设备维护领域独当一面，成为一名全厂认可的技术大拿。

从跳汰选煤、重介质选煤到智能化选煤，徐青经历了选煤厂生产系统的多次升级改造。夏天的选煤主厂房内温度高达30多摄氏度，每次巡查回来，汗水浸湿头发，煤泥水浸透衣服，但她没有丝毫怨言。有时候同事看她浑身上下都湿透了，就劝她坐下来歇一歇，可是她却反过来鼓励同事："姐妹们再加把劲，这免费的桑拿不是谁都有机会享受的，只要生产能正常，咱们的付出都是值得的。"

2022年底的新冠疫情，矿井需要封闭管理，车间女工多数因家庭原因不愿留矿。徐青也面临一双儿女正上高三的关键时期，作为共产党员的她，毅然决定留在矿里。两个多月封闭期间，只能通过视频鼓励一双儿女认真复习，准备迎接高考，而挂断视频，她自己早已泪流满面。正是由于徐青一心扑在工作上，她的周围时刻充满着快乐、团结、和谐的氛围，班组的兄弟姐妹亲如一家人。

这就是徐青，一位感恩企业、忠诚奉献、勇担责任的生产班组长，一位珍惜荣誉、勤奋敬业、奋发进取的劳动模范，她用朴实无华的言行告诉大家什么是责任与担当，在"精挑细选"中绽放人生的别样光彩。

任务描述

跳汰机洗选效果的优劣在很大程度上取决于操作工艺制度。合理的操作工艺制度应依据入选原煤的性质（粒度及密度组成等）以及对产品质量的要求来确定，要保证床层具有合适的松散度，使入选物料主要按密度分选。最大限度地降低物料粒度、形状等因素对分选的不良影响。同时，操作工艺制度的各参数之间又是相互关联的。在制定跳汰机操作工艺制度时，必须根据不同情况进行具体分析，制定后还要及时根据床层的松散状况来作调整。

任务知识

影响跳汰过程的因素很多，主要有物料性质、机械结构、操作因素三大类。对于一定的物料和跳汰机，确定合理的操作制度是获得良好分选效果的保证。

一、原料和给料

入选原料均质化是保证跳汰制度稳定、减少设备过载或负荷不足、提高分选效率等的重要条件。国外对入选原煤均质化非常重视，几乎所有选煤厂都设有大容量储煤场和混煤措施，使入选物料质量均匀。

除原料均质化外，给料速度也应均匀，如果给料时多、时少、时断、时续，导致床层不稳定并经常变化，对分选不利。此外，沿跳汰机入料宽度分布不均匀，也会造成床层局部松散度不一样，降低分选效果。

二、频率和振幅

脉动水流的振幅决定床层在上升期间扬起的高度和松散条件，频率决定一个跳汰周期所经历的时间。床层所需扬起的高度与给料粒度和床层厚度有关，粒度大、床层厚，松散床层所要求的空间大、时间长，这时应采用较大的振幅。但振幅也不宜过大，否则床层太散，易造成矸石污染；下降水流吸啜过强，易造成精煤损失。反之，粒度小、床层薄，应采用较高的频率，因为细粒分层速度慢，采用较高频率时可加速分层过程，提高处理能力。但频率过高会缩短跳汰周期，使床层得不到松散。

跳汰机的频率一般为 30~70 次/min。电磁风阀跳汰机的频率调整灵活，在控制器上直接设定，频率越低，振幅越大，所以在生产中有"低频大振幅"和"高频小振幅"的操作方式，与原煤中的含矸量等性质有关。

振幅主要通过改变风压、风量（调节风门）、风阀进气和排气时间（电磁风阀）以及频率加以控制。

三、风量和水量

风量可改变脉动水流的振幅，从而调节床层的松散度和透筛吸啜力。通常，跳汰机第一段的风量要比第二段大些，同段各分室的风量由入料到排料依次减少。

跳汰选煤用水分顶水和冲水两项。冲水的作用是润湿给料和运输分选物料，冲水用量为总水量的20%~30%。顶水的作用是补充筛下水量，从而增强上升水流，减弱下降水流。增加顶水，能提高床层松散度，减弱吸啜作用和透筛排料。跳汰机分选不分级煤时循环水用量为$2~3\ m^3/t$；选块煤时为$3~3.5\ m^3/t$；选末煤时为$2~2.5\ m^3/t$。

风量和水量的正确配合使用，对分选过程极为重要。虽然在一定范围内增加风量或增加顶水都能提高床层松散度，但加风能提高下降期的吸啜作用，加顶水却能减弱下降期的吸啜作用。因此，应在实际操作中根据具体情况和工作经验灵活运用。

四、风阀周期特性

风阀周期特性决定脉动水流的特性。电控气动风阀调整灵活，可以根据物料的变化创造良好的床层松散、分层条件，获得较好的分选效果。

五、床层状态

床层的运动状态决定矿粒按密度分层的效果。因此，要保持床层处于有利于分选的工作状态且稳定。

床层越厚，床层松散所需的时间越长。若床层太厚，在风压或风量不足的情况下不容易达到要求的松散度。减薄床层，能增强吸啜作用，有利于细粒级分选并得到较纯净的精煤。但如果床层太薄，吸啜作用过强，精煤透筛损失将增加，同时床层不稳定，带来操作困难。

在某一具体条件下所需的床层松散度应该通过试验确定。一般规律是：提高床层松散度可以提高分层速度，但同时又增加矿粒粒度和形状对分层的影响，不利于矿粒按密度分层。所以，分选不分级煤时，床层松散度要小一些；分选分级煤时，床层松散度可适当提高些。床层松散度一般要用探杆凭经验探测，要求在上升水流后期整个床层都能达到适度的松散。如果矸石层松散不好，床层过死或床层上部出现硬盖，都将严重影响产品质量。

六、产物排放

按密度分好层的床层，应及时、连续、合理地排出跳汰机。重产物的排放速度应与床层分层速度、矸石（或中煤）床层的水平移动速度相适应。如果重产物排放不及时产生堆积，将污染精煤，影响精煤质量；如果重产物排放太快，又会出现矸石（或中煤）床层过薄，甚至排空，使整个床层不稳定，从而破坏分层、增加精煤损失。

在保证矸石中精煤损失不超过规定指标的条件下，矸石段排矸量要尽量彻底，使排矸量达到入选矸石量的70%~80%，以改善第二段的分选条件。一般情况下，6 mm以上的矸石排出率容易达到要求，因而要着重提高6 mm以下矸石的排出率。

任务习题

1. 名词解释

（1）床层硬盖子；（2）床层空松；（3）床层缓动。

2. 填空题

(1) 跳汰机司机开车前必须发出不少于_____ s 的开车信号。

(2) 接到停车信号后，就地停车时，先停止_____，待_____和_____停止后，关闭总风门、总水门，停止排料和风阀；待斗子排空后，最后停斗式提升机。

3. 判断题

(1) 风阀进气期、膨胀期和排气期的长短应根据入选物料的性质来选择。（　）

(2) 排气期长短应随粉矸量多少来选择。（　）

(3) "风保质、水保量" 的说法是正确的。（　）

4. 选择题

(1) 当灰分（　）时，先调风水，再调浮标密度，后调给料。

A. 高　　　　　　B. 低　　　　　　C. 适中　　　　　　D. 偏低

(2) 跳汰机年检的内容有（　）。

A. 阀门时间　　　　　　　　　B. 气缸行程

C. 控制风的压力　　　　　　　D. 鼓风机过滤器更换

5. 简答题

(1) 风量和水量如何影响跳汰分选效果？

(2) 导流板的作用是什么？安装位置的依据是什么？

(3) 人工床层床粒的选择依据是什么？

(4) 简述如何选择筛板倾角和筛孔尺寸。

(5) 跳汰机操作前应做哪些工作？

(6) 如何探测筛板是否松动？

(7) 跳汰机数控风阀的常见故障有哪些？如何处理？

项目四　重介质选煤

重介质选煤是重力选煤中分选效率最高的一种选煤方法，是原煤初级加工和洁净利用的重要手段，当前在国内外选煤工业领域中广泛使用。本项目重点阐述重介质选煤的工作原理、重介质选煤用的重介质及重介质悬浮液性质，以及常用的重介质分选机、重介质旋流器设备的分选过程和设备结构，并对重介质选煤悬浮液的净化回收、重介质选煤的自动控制进行讲解。

任务一　学习重介质选煤基本原理

任务目标

知识目标：掌握重介质选煤的基本原理，并能够复述；能描述块煤重介质分选机和重介质旋流器的分选原理的异同点。

能力目标：能阐述重介质选煤分选工艺中煤与矸石的分离过程；学会分析重介质悬浮液平均密度和分选密度差别的原因。

素质目标：培养主动学习煤炭分选专业知识的兴趣和热情；提高探索重介质选煤实践应用的创新精神和团队精神。

课程思政

提及选煤，我们不得不提及著名的矿物加工专家、教育家陈清如院士，他长期致力于选矿理论与技术研究。他当年克服条件艰苦、硬件不足等客观因素，主持建立了中国第一座重介质旋流器末煤选煤厂，指导研究设计了中国第一台筛下空气室跳汰机，解决了中国跳汰选煤机的大型化；建立了"粒群透筛概率"的筛分理论，研制成功煤用概率分级筛系列设备，较好地解决了潮湿细粒煤的筛分；成功地创建了"空气重介质稳定流态化"的选矿理论和技术，并建立了世界上第一座高效空气重介质流化床干法选煤示范厂。

在陈清如院士从事煤炭实业研究的 60 余年里，一直致力于煤炭分选理论和工程实践的研究与开发，是中国矿物加工工程学科领域的奠基者和开拓者之一，在业界被誉为"干法选煤之父"。作为新时代的选煤人，我们更应该扎实学习选煤理论知识，坚持孜孜不倦、久久为功的意志，为煤炭洗选的发展赋能，为时代的进步献礼。

任务描述

重介质选煤是当前应用广泛、工艺先进的一种重力选煤法，它的基本原理是用密度介于精煤与矸石（或中煤）之间的液体作为分选介质，将低密度的煤粒和高密度的矸石分开，这个过程主要包括两种分选工艺，即块煤重介质分选工艺和重介质旋流器分选工艺，两种分选工艺分别是在重力场和离心力场中进行选煤并完成分选过程的。鉴于重介质选煤的分选效率高、便于实现自动化、分选密度调节范围宽等特点，重介质选煤在我国煤炭分选应用中具有较强的优势。

任务知识

一、重介质选煤概述

重介质选煤是用密度介于精煤与矸石（或中煤）之间的液体作为介质进行煤炭分选的方法。密度低于介质的精煤漂浮，而密度高于介质的矸石或中煤则下沉，然后分别收集，成为不同的产品。

在重介质选煤发展历史上曾用过两类重介质。一类是有机重液和无机盐溶液，另一类是重悬浮液。可用的有机重液有三氯乙烷、四氯化碳、五氯乙烷、二溴乙烷、溴仿等，可用的无机盐溶液有氯化铁、氯化锰、氯化钡和氯化钙等水溶液。因有机重液和无机盐溶液价格高、回收再利用困难，生产成本高，目前该方法主要用于实验室分析煤的密度组成以及检验重力分选设备的实际分选效果。

重悬浮液是由较高密度的固体经细粉碎后与水配制成的一定浓度的悬浮液。1922年，第一次出现用磁铁矿悬浮液作重介质选煤（康可林选煤法），但是磁铁矿重介质选煤真正得到广泛应用是在采用磁选机回收再利用磁铁矿之后。磁铁矿来源丰富、价格便宜、化学性质比较稳定，容易回收再利用。当磁铁矿粉粒度较细并有少量煤泥和矸石泥化物存在时，悬浮液可以达到比较合适的稳定性和黏度，分选过程中只要有少量的扰动就可以保持相对稳定。以上特性使得磁铁矿悬浮液适用于各种煤炭的分选。

早期所用的重介质选煤设备是各种形状的分选槽，或叫重力分选机，通常只用于块煤分选。1945年，荷兰开发出分选末煤的重介质旋流器，使重介质选煤方法能延伸到末煤。我国从20世纪50年代中期开始试验重介质选煤方法，20世纪90年代是我国重介质选煤技术和入选量快速发展的年代，尤其是重介质旋流器的研发和广泛应用，为我国重介质选煤技术的发展、选煤工艺流程的简化和选煤厂大型化建设奠定了基础。

二、重介质选煤的基本原理

重介质选煤的基本原理是阿基米德原理，既可以在重力场中完成分选过程，又可以在离心力场中进行选煤。

1. 块煤重介质分选原理

重力重介质选煤是重力场中在重介质悬浮液中进行的。由于重介质悬浮液的流变特性在重力重介质分选机中只能分选粒度较粗的煤，因而习惯上称为块煤重介质分选机。

块煤重介质分选在重力场中进行时，固体在重介质悬浮液中所受的浮力等于同体积重介质悬浮液的重量。入选原煤在这样的介质中选别，完全属于静力作用过程，而介质本身的性质（主要是密度）是影响选别的重要因素。因此，煤粒在液体中所受的合力 G_0 等于煤粒的重量与同体积介质重量之差。即

$$G_0 = V(\delta - \rho)g \qquad (4-1)$$

式中　V——煤粒的体积，m^3；

　　　δ——煤粒的密度，g/cm^3；

　　　ρ——重介质悬浮液的平均密度，g/cm^3；

　　　g——重力加速度，m/s^2。

以典型的槽式分选机为例，分选原理如图 4-1 所示。为了保持重介质悬浮液密度的相对稳定，除了让悬浮液中通常含有一定比例的细煤泥外，合格介质以水平流和上升流的方式给入分选槽，同时将入选原煤以一定的速度由给料口推向排料方向。高密度的沉物可用立轮、斜轮或链板之类的装置由沉物区排出。

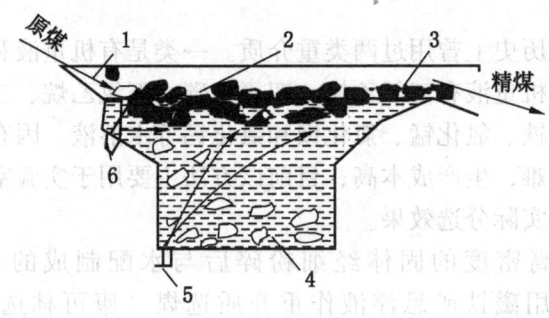

1—给料；2—水平流动区；3—精煤；4—沉物；5—上升流介质入口；6—水平流介质入口

图 4-1　重介质静力分选基本原理

从式（4-1）可以看出，煤粒在悬浮液中所受浮力 G_0 的大小与煤粒的体积、煤粒和介质间的密度差成正比。煤粒在悬浮液中的垂直运动方向取决于 $(\delta - \rho)$ 值。

分选过程中，不同粒度的煤粒的沉降末速不同，并由煤粒粒度以及煤粒的密度与介质悬浮液的密度差两种因素决定，即煤粒粒度及密度差 $(\delta - \rho)$ 越大，沉降速度越快，反之沉降速度越慢。当分选密度较高时，重介质悬浮液固体浓度也相对较高，由于结构化明显，悬浮液静止黏度较高，以致一些较细的颗粒即便是矸石也只是浮在重介质的表面而不下沉。所以细粒级物料在块煤分选机中得不到有效的分选，并将随介质流大部分进入精煤，污染精煤质量。因此在块煤分选系统中，预先有效地脱除细粒级（脱泥）是非常必要的。

一般块煤重介质分选下限为 13 mm，当分选密度较小（如 $\delta < 1.45 \text{ g/cm}^3$）时，悬浮液的黏度较小，块煤重介质分选下限可以降至 8 mm（甚至 6 mm），而粒度上限实际只受到分选设备的尺寸限制，可以达到 1000 mm。

重介质分选机的上升流的作用是促使悬浮液保持其悬浮状态，并对重产物进行二次松散，水平流的作用主要是推动轻产物向溢流口运动。上升介质流过大（如表面出现"翻花"现象）时，则会影响重产物的下沉，过小时分选槽内介质会出现明显分层，两者都

会降低分选效果（图4-2）。水平流过小，则轻产物流动缓慢影响分选机的处理能力，过大则会缩短物料的有效分选时间，降低分选精度（图4-3）。一般水平流约占悬浮液总量的1/3，而上升流约占悬浮液总量的2/3。

图4-2 重介浅槽上升流管布置

图4-3 重介浅槽水平流流管布置

2. 重介质旋流器的分选原理

重介质旋流器是在离心力场中进行的分选设备，一方面由于离心力可达到重力的数十倍以上，使煤粒的沉降速度大大提高；另一方面在旋流器中重介质悬浮液处于高速运动，悬浮液的结构化被破坏，介质黏度较小，可以有效分选细粒煤。

如图4-4所示，重介质和煤以一定压力沿切线方向给入旋流器，在旋流器内形成强力的旋流。从圆筒段到圆锥段沿旋流器的内壁形成一股下降的外螺旋介质流，同时部分介质流向中心，受圆锥下部的挤压，介质在旋流器轴心附近产生一股由下而上的内螺旋介质流。由于内旋流非常激烈，因而在中轴附近产生一个上下贯通溢流口和底流口的空气柱。入料中低密度的精煤移向轴心，进一步随内螺旋上升从溢流口排出；而高密度矸石（或者中煤）移向旋流器壁，随外螺旋向下运动并从底流口排出。

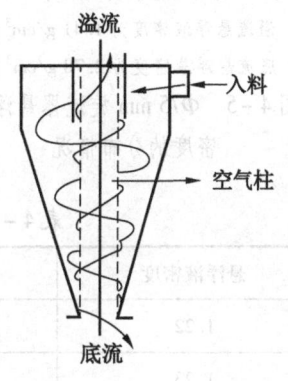
图4-4 重介质旋流器分选原理

重介质旋流器选煤也是利用阿基米德原理，在离心场中质量为 m 的煤粒既受到旋流器内的离心力，也受到悬浮液给的向心力，所受的合力 F 为

$$F = V(\delta - \rho)\frac{v_{\text{t}}^2}{r} \tag{4-2}$$

式中　F——煤粒在悬浮液中受到的离心、向心合力，N；
　　　V——煤粒的体积，m^3；

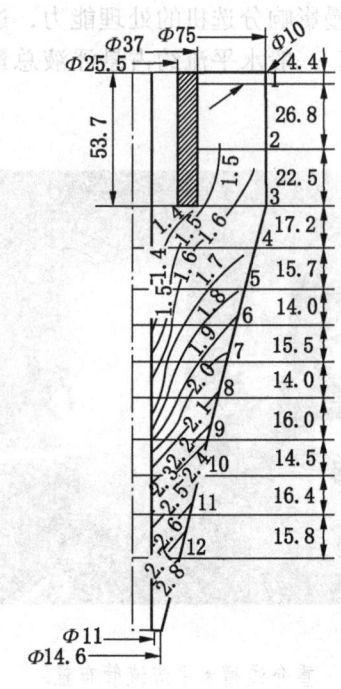

（给入悬浮液密度为 1.50 g/cm³；
溢流悬浮液密度为 1.41 g/cm³；
底流悬浮液密度为 2.78 g/cm³）

图 4-5 Φ75 mm 旋流器悬浮液密度的分布情况

v_t——煤粒和悬浮液在半径为 r 处的切向速度，m/s；

r——煤粒的旋转半径，m；

δ、ρ——煤粒和悬浮液的密度，g/cm³。

由式（4-2）可知，当煤粒的密度大于悬浮液的密度时，F 为正值，说明煤粒做离心运动被甩向外层。反之，当煤粒的密度小于悬浮液的密度时，F 为负值，煤粒将在悬浮液中做向心运动，并集中在内层，使得煤粒在悬浮液中按密度分层。在旋流器底部，旋转半径减小，切线速度加快，离心力进一步加大，也极大地改善了细粒煤和难选煤与极难选煤的分选效果，加速了分层过程，提高了处理量。

图 4-5 为 Φ75 mm 旋流器悬浮液密度的分布情况。从图 4-5 中可以看出悬浮液的密度由旋流器的中心向外，随半径增加而增高。半径相同处，由上到下悬浮液的密度逐渐增高。越接近器壁、越接近底流口，悬浮液密度越大。由于浓缩作用，底流的密度比溢流的密度高得多。煤粒在旋流器中的实际分选密度介于溢流密度和底流密度之间，并且高于入料的密度，分选密度增高的数值（与入料相比）与操作条件（浓缩作用的强弱）有关，一般为 0.2～0.4 g/cm³。重介质旋流器悬浮液密度与分选密度的差别见表 4-1。

表 4-1 重介质旋流器悬浮液密度与分选密度的差别   g/cm³

悬浮液密度	分选密度	悬浮液密度	分选密度
1.22	1.39	1.25	1.51
1.23	1.42	1.27	1.63
1.24	1.48	—	—

三、重介质选煤的优势及应用范围

1. 重介质选煤的分选效率高

与其他选煤方法相比，重介质分选精度最高，在相同产品质量条件下，精煤的产率高。因此，对粉煤含量大又极难选的煤，高分选精度的重介质旋流器可以发挥独特的作用。

同时，重介质分选排矸是另一种高效的分选手段。随着选煤行业安全、高效、大型化的发展需求，人工拣矸逐步退出历史舞台，虽有部分选煤业内技术人员尝试机器拣矸，但仍在尝试过程，重介质分选工艺选矸仍是主流的选择。重介质分选还可实现原煤井下排矸，煤矸石在井下就地充填，不但解决了煤矸石占地、污染环境、自燃等问题，而且大大地降低了运输成本,提高了煤矿企业的经济效益。

重介质选煤用于跳汰选煤厂的技术改造较为普遍。有用于跳汰精煤再选,也有用于跳汰中煤再选。前者重介质入选量大,多对难选煤采用;后者重介质入选量小,多对中等可选性煤采用。对于易选煤的动力煤选煤厂,大部分选煤工艺采用块煤重介质浅槽排矸代替跳汰块煤排矸工艺,末煤使用大直径重介质旋流器选矸。

重介质选煤也是用于高硫煤脱硫最有效的分选方法。对于许多以无机硫为主的煤,含硫量随密度升高而升高,首先把煤破碎到 -13 mm 或 -6 mm,必要时可能更细,然后通过低密度分选选出含硫较低的精煤。

生产超净煤也是重介质旋流器的特长。和高硫煤分选相仿,要生产出灰分小于 2.0%(或 3.0%)的精煤,一定程度的粉碎和低密度分选(例如小于 1.40 g/cm³ 甚至小于 1.30 g/cm³)是必需的。此时,煤变得更难选,分选精度要求更高,分选密度的稳定性要求也很高,这时重介质旋流器的分选优势就更加凸显。

2. 重介质选煤有利于实现自动化

重介质选煤实现自动化比较容易。目前重介质选煤的悬浮液密度、液位、黏度、磁性物含量等都已实现自动控制。并且,随着当前全国智慧矿山建设,智能化选煤厂建设也随之兴起,重介质选煤的智能分选控制技术更加深入和成熟,在未来乃至煤炭分选加工较长的时期内,煤炭的智能分选将扮演重要角色。

3. 重介质选煤分选密度调节的范围宽

对于重介质选煤,分选密度在 1.30~2.20 g/cm³ 范围内都能高效率分选。也就是说,重介质选煤能选出很纯的矸石和灰分很低的精煤。分选密度通过密度自动调控装置,容易调整精确度和稳定性。

重介质选煤的缺点是,在生产系统中增加了一个介质系统,由此增添了一些生产过程的控制变量,以及介质损失和设备磨损的问题。

任务习题

1. 名词解释

(1)重介质选煤;(2)块煤重介质分选机。

2. 填空题

(1)重介质选煤方法的基本原理是_____原理,既可以在_____场中完成分选过程,又可以在_____场中进行选煤。

(2)块煤重介质分选下限可以降至_____ mm,而粒度上限实际只受到分选设备的尺寸限制,可以达到_____ mm。

3. 判断题

(1)重力选煤就是重介质选煤。( )

(2)重介质分选机可以高效分选难选煤。( )

(3)重介质选煤易于实现自动控制。( )

4. 选择题

(1)通过研究和应用,当前广泛用于选煤厂的加重质是( )。

A. 三氯乙烷 B. 溴仿
C. 产出与投入比高 D. 磁铁矿
(2) 下面哪一项不是重介质选煤的优势？（　　）
A. 分选密度调节的范围宽、分选效率高 B. 有利于实现自动化
C. 能耗比较小 D. 产出与投入比高

5. 简答题
(1) 重介质选煤的原理是什么？
(2) 块煤重介质分选和重介质旋流器分选原理的异同点是什么？
(3) 重介质选煤有哪些优势？

任务二　了解重悬浮液的性质

任务目标

知识目标：能够阐述重悬浮液加重质特点及重介悬浮液各项特性；掌握加重质的密度、粒度组成、稳定性及回收特性；能概括分选过程中重介质悬浮液的密度、黏度及稳定性的相互关系和影响因素。

能力目标：掌握重介悬浮液如何制备；学会在重介质选煤过程中调整悬浮液的密度，保持悬浮液良好的稳定性。

素质目标：培养主动探索重介质选煤的思维能力；促进理论与现场实践的相结合，激发更多更强的实践精神。

课程思政

2021年9月13—14日，习近平总书记在陕西考察时强调，煤炭作为我国主体能源，要按照绿色低碳的发展方向，对标实现碳达峰、碳中和目标任务，立足国情、控制总量、兜住底线，有序减量替代，推进煤炭消费转型升级。

因而，作为煤炭领域的一员，我们更应该立志于煤炭能源前沿，更好地利用当前国内优质煤炭资源优势，不断发展重介质选煤等分选技术，通过煤炭初级与深度加工相结合，致力于煤炭的高质化、净化利用，为"双碳"目标的实现贡献更多的力量。

任务描述

重介质悬浮液是由颗粒状的固体（加重质）和水混配而成的，重介质选煤基本采用重介质悬浮液作为分选介质。配制重介质悬浮液的固体称为加重质（也称为重介质），经重介质选煤生产实践经验表明，磁铁矿粉配制的悬浮液密度范围较宽，完全能够满足分选各种煤炭使用，而且便于回收，是公认的最合适的选煤用重介加重质材料。由于重介质悬浮液是一种不均质的两相系统，其静置时会发生沉降分层，并致使分选机内部各处的密度不同，使得实际分选密度可能与悬浮液的平均密度有差异。在悬浮液各项性质中，悬浮液

的黏度和稳定性影响重介选煤的精确性，因而，配置悬浮液既需保证它有足够的稳定性，又要求其黏度不能太高而产生结构化，这也是重介质选煤过程需要重点管控的。

任务知识

一、悬浮液的加重质

重介质选煤几乎都采用重介质悬浮液，重介质悬浮液是由颗粒状的固体（加重质）和水混配而成的。固体的粒度在 1~500 μm，属于粗分散悬浮液，是一个不稳定的体系，静置时会发生沉降分层，并致使分选机内部各处的密度不同，使得实际分选密度可能与重悬浮液的平均密度有差异。

1. 加重质的选择

配制重介质悬浮液的固体称为加重质（也称为重介质）。选择加重质时主要考虑的因素有合适的密度、机械强度（不易粉碎和泥化）、较好的化学稳定性、回收容易、来源广泛及费用相对低廉等。经重介质选煤生产实践经验表明，磁铁矿粉被认为是最合适的选煤用的重介加重质材料，如图 4-6 所示。

图 4-6 选煤厂介质库的磁铁矿粉

2. 加重质的密度

磁铁矿粉密度接近于 5.00 g/cm³，配制的悬浮液的密度可在 1.20~2.00 g/cm³ 的范围内调节。

3. 加重质的粒度组成

加重质的粒度组成主要影响重介质悬浮液的稳定性。分选密度高时，可以用较粗的加重质。由于煤泥含量和煤泥性质影响，重介悬浮液的稳定性需根据选煤工艺及设备选用合适粒度的加重质。因为粒度越细，磁选机回收的能力越差，所以循环过程中微细介质的损失将大于粗粒，因此，介质在循环中会越来越粗，这需要再不断补加新介质，并达到某一平衡的粒度组成，这个粒度组成往往粗于补加的新介质。根据国内外常用的磁铁矿加重质粒度，可分为表 4-2 中的 4 个级别。

4. 磁铁矿粉质量

磁铁矿粉的质量可以对水分、粒度组成、磁性物含量、密度、基本磁性、全铁含量、二价铁含量等几方面性质进行检验,对经常供应的磁铁矿粉一般只进行前4项的检验。

表4-2 选煤用磁铁矿粉的粒度组成

级别		1（特粗）	2（粗）	3（细）	4（特细）
真密度/(g·cm^{-3})		>4.70	>4.30	>4.30	>4.30
磁性物含量/%		>95	>90	>90	>90
粒度组成/%	+150 μm	<15	<10	0	0
	-40 μm	<40	40~70	80~90	90~100
	-5 μm			10	15~20
推荐应用范围		① 分选密度大于1.90 g/cm³ 的 +13 mm 静力重介质分选；② 下降流式块煤分选机	① 分选密度为1.30~1.90 g/cm³ 的 +8 mm 静力重介质分选；② 三产品重介质旋流器	分选密度为1.30~1.70 g/cm³ 的两产品重介质旋流器	分选密度小于1.30 g/cm³ 的 +0.5 mm 或不脱泥的重介质旋流器

一般情况下,用于斜（立）轮、刮板重介质分选机分选块煤时,磁铁矿粉粒度小于0.074 mm 的含量应占 90% 以上；用于重介质旋流器分选时,磁铁矿粉粒度小于0.045 mm 的含量应占 85% 以上。

二、悬浮液的特性

1. 悬浮液的密度

悬浮液是一种不均质的两相系统,悬浮液的密度等于加重质的密度和液体（水）密度的加权平均值,称为平均密度,简称为密度,即

$$\rho_{zj} = \lambda \delta_j + (1-\lambda)\rho_s$$
$$\rho_{zj} = \lambda(\delta_j - 1) + 1 \tag{4-3}$$

式中　ρ_{zj}——重介悬浮液的密度,g/cm³；

λ——悬浮液的固体容积浓度,%；

δ_j——加重质的密度,g/cm³；

ρ_s——水的密度,g/cm³（水的密度为 1 g/cm³）。

悬浮液的密度 ρ_{zj} 与均质介质的密度不完全相同,将悬浮液中的固、液两相作为一个统一的整体看待时,才具有密度的概念。因悬浮液是由两种密度完全不同的质点（即固、液两相质点）所构成的两相混合物,故悬浮液密度 ρ_{zj} 在数值上不能表征其中每个质点的密度,通常称该密度为悬浮液的假密度或物理密度。只有当在重介质悬浮液中分选的矿粒粒度比加重质的粒度大得多时,这个固液两相的分散体系才可以被看作是一个统一体,这样才具有密度的概念。

需注意，在加重质颗粒很细，当悬浮液固体容积浓度大到一定程度时，加重质颗粒由于种种原因，直接接触而相互连接起来形成空间网状结构物，使悬浮液发生了结构化，此时实际的分选密度常常高于悬浮液的物理密度，其对于粒度细小且形状又不规则的煤粒，分选效率将受到较明显影响。结构化悬浮液中煤粒的浮沉运动如图4-7所示。

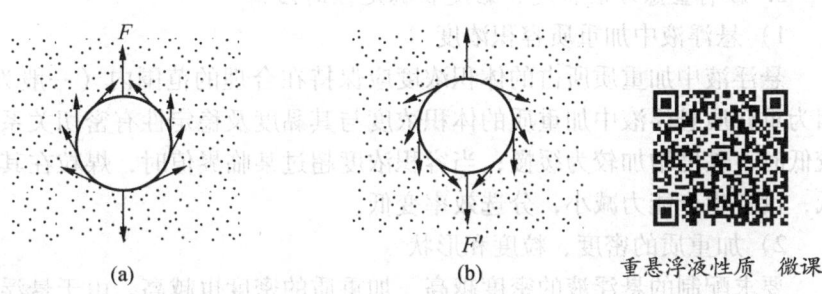

图4-7 结构化悬浮液中煤粒的浮沉运动

按规定的重介质悬浮液密度配制一定体积的悬浮液，所需加重质的质量可用公式计算。根据质量平衡关系，得

$$m_j + \left(V_{zj} - \frac{m_j}{\delta_j}\right)\rho_s = V_{zj}\rho_{zj}$$
$$m_j = \frac{V_{zj}\delta_j(\rho_{zj} - \rho_s)}{\delta_j - \rho_s}$$
(4-4)

例如，若要用水配制 1 m³ 平均密度为 1.50 g/cm³ 的重介质悬浮液，假如磁铁矿粉的密度为 5.00 g/cm³，所需添加的磁铁矿粉的质量为

$$m_j = \frac{1 \times 5.00 \times (1.50 - 1)}{5.00 - 1} = 0.625(\text{t})$$

2. 重悬浮液的黏度和稳定性

在悬浮液各项性质中，悬浮液的黏度和稳定性影响重介质选煤的精确性。悬浮液应有一定的黏度，但不能太大，否则容易发生结构化。悬浮液的稳定性（抵抗浮降的能力）是悬浮液维持自身密度不变的重要性质。所以，在生产中，为配制某一密度的重介质悬浮液，既要求它有足够的稳定性，又要求其黏度不至于太高而影响分选过程。

为使悬浮液保持良好稳定性，上下层的密度尽可能地一致，可在分选机内采用机械搅拌、机械振动或使悬浮液流动等办法予以改善。另外加入胶溶性药剂，它们能够吸附在加重质颗粒表面上，使之具有亲水性，从而避免或减少悬浮液的结构化，增加颗粒的分散性，既降低悬浮液黏度又增加稳定性。

提高重介质悬浮液稳定性的方法有两类，即提高静态稳定性和提高动态稳定性。

提高静态稳定性的方法主要有：①使用粒度较细的磁铁矿粉；②允许介质系统中存留较多的煤泥；③必要时添加少量黏土；④使用化学添加剂。

提高动态稳定性的方法有：①利用分选槽内的机械搅拌（如提升轮或刮板等）；②利用水平或上冲介质流。

对于重力分选机，重介质悬浮液的稳定性要求在分选区内上下层的密度差不大于 0.02 g/cm³，这可以用上升流适当调节。在重介质旋流器内，重介质悬浮液的稳定性以底流和溢流悬浮液的密度差来判断，该差值应该在 0.20~0.40 g/cm³ 范围内，只能采用提高静态稳定性的方法，保持悬浮液具有合适的稳定性。

3. 影响重悬浮液密度、黏度和稳定性的因素

1）悬浮液中加重质容积浓度

悬浮液中加重质所占的体积浓度应保持在合理的范围内（一般为 20%~30%），这是因为重介质悬浮液中加重质的体积浓度与其黏度及稳定性有密切关系。加重质的容积浓度较低时，黏度增加较为缓慢；当容积浓度超过某临界值时，煤粒在其中的沉降速度急剧降低，设备生产能力减小，分选效率变低。

2）加重质的密度、粒度和形状

要求配制的悬浮液的密度越高，加重质的密度也越高。由于悬浮液的黏度和结构化的形成均与加重质的比表面积有关，因此一切与比表面积有关的因素，如颗粒粒度、形状以及含泥量等，均影响悬浮液的视黏度。在同样容积浓度下，加重质的粒度越小，视黏度将越大，开始形成结构化的浓度也越低。加重质的形状越接近球形，悬浮液的黏度越小。

3）悬浮液含泥量

由于磁铁矿配制的低密度悬浮液稳定性较差，需一定数量的煤泥来改善其稳定性。生产操作中，可将部分工作悬浮液分流到稀悬浮液净化回收系统，或采用提高（或降低）选前分级、脱泥作业的效率，调节入料中的煤泥量。根据生产实践经验，低密度悬浮液煤泥含量最好控制在 35%~45%，高密度悬浮液煤泥含量最好在 15% 左右。

任务习题

1. 名词解释

（1）重介质悬浮液；（2）悬浮液的结构化。

2. 填空题

（1）重介质选煤的块煤分选机，一般水平流约占悬浮液总量的_____，而上升流约占悬浮液总量的_____。

（2）根据生产实践经验，低密度悬浮液煤泥含量最好控制在_____，高密度悬浮液煤泥含量最好在_____左右。

3. 判断题

（1）重力选煤过程中，悬浮液的密度就是实际分选密度。（   ）

（2）磁铁矿被认为是最合适的选煤用的重介加重质材料。（   ）

4. 选择题

（1）某选煤厂的磁铁矿粉供货商已连续 2 年供货，且磁铁矿质量稳定，能满足生产需要，下列哪一项验收时磁铁矿是可以不检测的指标？（   ）

A. 磁性物含量　　B. 水分　　C. 全铁含量　　D. 水分

（2）由于磁铁矿加重质粒度较粗，用它配制的低密度悬浮液稳定性（   ）。

A. 较差　　　　B. 较好　　　　C. 一般　　　　D. 没影响

5. 简答题

（1）选煤用重介质悬浮液有哪些特征？具体要求有哪些？

（2）选煤用的重介质通常选用哪一种？对经常供应的加重质的检测指标有哪些？具体是怎么检测的？

（3）悬浮液的稳定性是指的什么？如何保持悬浮液的稳定性？

任务三　认识重介质分选机

任务目标

知识目标：认识各类型分选机的结构，以及两产品分选机与三产品分选机的不同；掌握在分选过程中，调整影响分选效果的各项因素的方式方法。

能力目标：能够阐述清楚各种分选机的分选过程和原理，以及使用特点和要求；会分析影响重介质分选机分选效果的各类因素。

素质目标：提高对分选理论的理解能力，提升重介质分选机运行管理过程中思考分析和解决相应的问题的能力。

任务描述

重介质分选机是实现重介质选煤过程的一种重要分选设备，分为深槽和浅槽两大类。它们的共同特点为煤都是在充满重介质悬浮液的槽形分选机中，在重力作用下按密度浮沉分离，上浮的精煤都是在槽的上部，通过分选机的刮板或介质悬浮液的流动排出槽外，下沉的矸石则从底部通过分选机的排料轮、刮板、提升斗子等构件排出。重介质分选槽选煤的粒度范围一般在 6~300 mm。广泛采用的重介质分选机有斜轮重介质分选机、立轮重介质分选机、重介质分选槽等，它们均有两产品和三产品型号的分选机，可满足不同分选要求的选煤工艺。在重介质分选机选煤过程中，还需关注入选原煤特性，把控好入选煤量、重介质悬浮液流量和方向、悬浮液的涡流情况等，以便得到较好的分选效果。

任务知识

一、重介质分选机

重介质分选机，各种重介质分选机（或称重力分选槽）都应该满足以下基本技术要求。

（1）在较宽的密度范围内能精确地分选。

（2）分选区内介质的密度稳定。

（3）处理能力大、占用厂房空间小。

（4）介质循环量（介煤比）小。

（5）结构简单、重量轻，耐磨，运行可靠。

重介质分选机　微课

(6) 分选粒度范围宽，对密度组成的变化有良好的适应性。

重介质分选槽分为深槽和浅槽两大类。它们的共同特点：煤都是在充满重介质悬浮液的槽形分选机中，在重力作用下，按密度浮沉分离，浮煤都是在槽的上部，利用刮板或介质悬浮液的流动排出槽外，沉物则从底部用轮子、刮板、提升斗子或其他方法排出。

深槽分选机槽深较大，有较平静的分选区和较长的分选时间，重介质密度波动较小，分选精度较高，也较容易设计出三产品分选槽，但循环介质量较大。

浅槽重介质分选机所需循环介质量较小，结构也紧凑、占地面积小，多数是两产品的，也有少数是三产品的。

重介质分选槽选煤的粒度范围一般在 6 ~ 300 mm，如果入选原煤的水分较高或细粒级含量较多，入选下限只能到 13 mm 或 10 mm，特别是当分选密度高、重介质的黏度较大的时候，会严重影响分选效果。

1. 斜轮重介质分选机

最早的斜轮重介质分选机是德国设计的，入选粒度为 6 ~ 800 mm，最大槽宽 5 m，最大排矸轮直径为 8 m，最大处理量 1000 t/h。20 世纪 60 年代，我国参照其原理自行开发设计出斜轮重介质分选机，结构变化主要是把排矸斜轮的传动机构由斜轮中心上部改为放在斜轮中心的下部，使安装和检修维护更为方便，主要有用圆柱圆锥齿轮传动的 LZX 系列和用蜗杆蜗轮传动两个系列。

斜轮重介质分选机结构　动画

斜轮重介质分选机工作原理　动画

1) LZX 系列斜轮重介质分选机结构示意图

如图 4 - 8 所示，该设备的分选槽 1 呈矩形，其底为 90°的楔形。斜提升轮 2 装在分选槽底一侧的机壳内，与水平呈 40°~45°，其机壳与分选槽下部相通。提升轮主轴 4 由减速器 5 和电动机 6 驱动，提升轮骨架 7 与齿轮盖 8 用螺栓连接，并固定在提升轮轴上。提升轮的立筛板 9 和筛底 10 开有孔眼，而且在提升轮的整个圆面上，沿径向装有若干叶板 11，用来捞取沉物。整个提升轮安放在支座 12 上。轴承座 13 用螺栓紧固在支座上。由于提升轮主轴 4 是靠十字联轴节与减速器 5 对接，所以便于维修和更换。浮煤由六角形排煤轮 3 刮出，它由电动机 14 经链轮 15 带动排煤轮，由两侧的六边形骨架 16 和顶角上的六根卸料轴连接而成，在每根卸料轴上装有若干用橡胶带 17 悬挂的重锤 18。排煤轮旋转时垂挂的重锤将浮煤拨出分选槽。

重介质悬浮液分别从槽底和给料口下方给入，从而形成上升液流和水平液流。原煤给入分选机后，按密度分成浮煤和沉物两部分。浮煤被水平流推至溢流堰后，被排煤轮刮出分选槽。沉物下沉至分选槽底部，由斜提升轮的叶板提升排出。

LZX 系列斜轮重介质分选机的技术参数列于表 4 - 3。

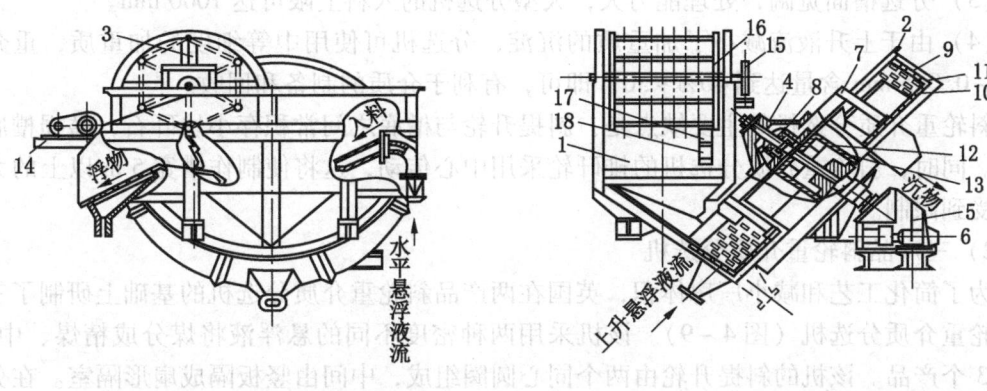

1—分选槽；2—提升轮；3—排煤轮；4—提升轮主轴；5—减速器；6—电动机；7—提升轮骨架；
8—齿轮盖；9—立筛板；10—筛底；11—叶板；12—支座；13—轴承座；14—电动机；
15—链轮；16—骨架；17—橡胶带；18—重锤

图4-8 斜轮重介质分选机结构示意图

表4-3 LZX系列斜轮重介质分选机的技术参数

型号		LZX-1.0	LZX-1.2	LZX-1.6	LZX-1.6（双边给料）	LZX-2.0	LZX-2.6	LZX-3.2	LZX-4.0
槽宽/mm		1000	1200	1600	1600	2000	2600	3200	4000
入料粒度/mm		6~200	6~200	13~300	10~300	13~300	8~300	6~400	13~450
处理量/(t·h^{-1})		50~80	6595	100~150	250~300	180~230	200~300	250~350	350~500
分选槽容积/m³		1.5	2	5.5	17	8	13	20	30
排矸轮	直径/mm	3000	3200	4000	5350	4500	4500	5350	6550
	转速/(r·min^{-1})	5	5	2.3	1.14	2.3	1.18	2.5	1.6
	主轴倾角/(°)	40	40	40	40	40	40	40	40
	排煤轮转速/(r·min^{-1})	9	9	7	8.8	7	6	5.8	5.3
排矸轮电机	型号	JO261-8	JO261-8	JO261-8	JO242-4	JO262-8	JO462-8	JO262-8	JO462-8
	功率/kW	7	7	7.5	5.5	7.5	10	10	10
	转速/(r·min^{-1})	720	720	720	1440	720	720	720	720

斜轮重介质分选机的主要优点如下。
（1）斜提升轮装在分选槽底部一侧，分选干扰小，分选精度较高。
（2）精煤由排煤轮拨出，随精煤排出的悬浮液量较少，介质的质循环量小（为0.7~1.0 m/t入料）。

(3) 分选槽面宽阔，处理能力大，大型分选机的入料上限可达 1000 mm。

(4) 由于上升液流减小了加重质的沉淀，分选机可使用中等细度的加重质，重介质粒度 -0.045 mm 含量达到 40%~50% 即可，有利于介质的制备和回收。

斜轮重介质分选机的主要缺点是：斜提升轮与槽底之间常积存小块矸石，磨损槽底和斜轮。同时，斜轮重介质分选机的排矸轮采用中心传动，这将使制作槽宽 5 m 以上的大型设备受到限制。

2) 三产品斜轮重介质分选机

为了简化工艺和减小厂房体积，英国在两产品斜轮重介质分选机的基础上研制了三产品斜轮重介质分选机（图 4-9）。该机采用两种密度不同的悬浮液将煤分成精煤、中煤、矸石 3 个产品。该机的斜提升轮由两个同心圆圈组成，中间由竖板隔成扇形隔室。在分选槽内分别给入高、低两种密度的悬浮液，在槽内形成相对稳定的不同密度的介质流，将原煤先后按两个密度分成 3 个产品。中煤被高密度介质流带入斜轮的内圈隔室提升，经中煤口排出。矸石沉入分选槽最下部，由斜轮的外圈隔室提升，并从排矸口排出。这种分选设备由于结构较复杂，并且难以保持其两个密度层介质的稳定性，因而没有得到广泛应用。

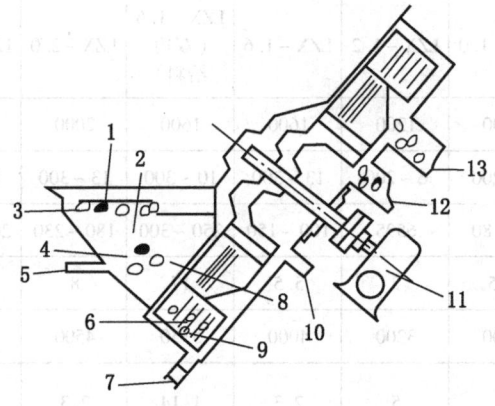

1—低密度悬浮液入口；2—低密度悬浮液；3—悬浮液液面；4—高、低密度悬浮液分界面；
5—高密度悬浮液入口；6—高密度悬浮液；7—排悬浮液旋塞；8—中煤；9—矸石；
10—悬浮液出口；11—蜗轮蜗杆传动装置；12—中煤排出口；13—矸石排出口

图 4-9 三产品斜轮重介质分选机结构示意图

2. 立轮重介质分选机

立轮重介质分选机与斜轮分选机相比，具有结构紧凑、占地面积小、重量轻、传动机构简单、提升轮磨损较小、容易联合成三产品分选机等优点，所以一些国家相继模仿其原理，研发设计出不同类型的立轮重介质分选机。这些分选机的主要部件提升轮和分选槽的结构基本相同，只是提升轮的传动方式有所差别。德国太司卡立轮重介质分选机是采用周边链条传动，波兰迪萨（DISA）系列立轮重介质分选机采用悬挂式皮带传动，法国立轮重介质分选机采用中心传动，而我国制造的立轮重介质

立轮重介质分选机
工作过程 动画

分选机则采用棒齿圈传动。

1) 德国太司卡立轮重介质分选机

德国太司卡立轮重介质分选机用于分选 250～5 mm 原煤，最大机器槽宽 4.5 m，配直径 6.5 m、宽 1.5 m 的提升轮，排矸能力达 430 t/h，精煤生产能力达 1000 t/h。该分选机及其原理如图 4－10 所示。

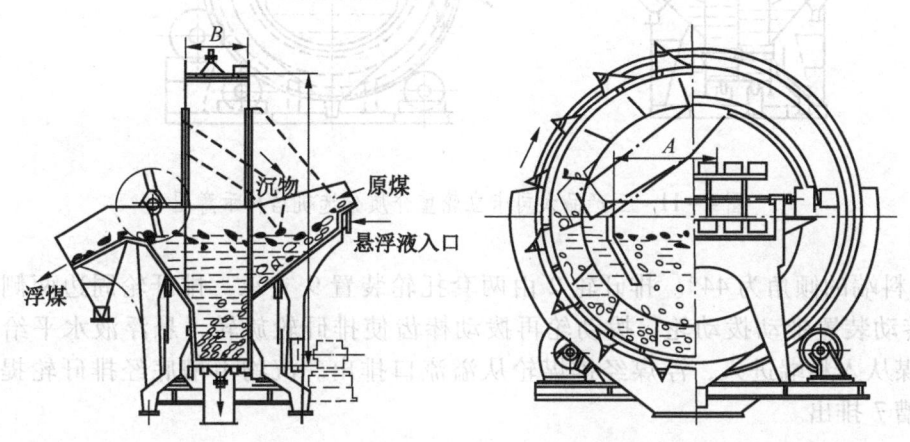

图 4－10 太司卡立轮重介质分选机及其原理

入选原煤从分选机的给料端给入，而悬浮液则从给料槽的下方导入，一部分随精煤排出，另一部分穿过提升轮从分选槽底排出，因而在分选槽形成水平流和下降流。精煤随水平流漂移至溢流附近被排料轮刮出，沉物则下沉到分选槽的底部由提升轮上的捞斗收集提升至顶部，经沉物排放溜槽排出。

该机的主要优点是：提升轮的链传动结构和托轮都在分选槽外，不与悬浮液接触，可减轻磨损，提高分选机运行的可靠性；分选槽采用下降流方式，可保持分选机悬浮液的密度稳定，因而可使用较粗的磁铁矿粉，有利于降低介耗。

该机的缺点是：介质循环量较大，约为 1.2 m³/(t 原煤)；提升轮高度大，厂房要求高，分选槽与提升轮间的密封装置的橡胶磨损严重，1～2 年需更换一次。

2) 三产品太司卡立轮重介质分选机

三产品太司卡立轮重介质分选机是在两产品太司卡分选机基础上研发的，其结构如图 4－11 所示。三产品分选机的应用可简化重化重介质分选工艺。

该分选机是两个并列的分选槽，第一个槽宽略大于第二个。分别给入低密度和高密度的悬浮液。第一个低密度分选槽的浮物是精煤，用刮板刮出，它的沉物（中煤和矸石）由提升轮提起经溜槽给入第二个高密度的分选槽再选。这个槽的浮物为中煤，用刮板刮出，槽的沉物为矸石，由第二个提升轮提起并排出。

3) JL 系列立轮重介质分选机

JL 系列立轮重介质分选机是我国自行设计制造的。图 4－12 是 JL 系列立轮重介质分选机结构示意图。分选槽 1 用钢板焊接而成，相对于排矸轮，分选槽基本上是独立的，但底部与排矸轮 2 相通，因而重介质受排矸轮的干扰较小。分选槽入料端倾角为

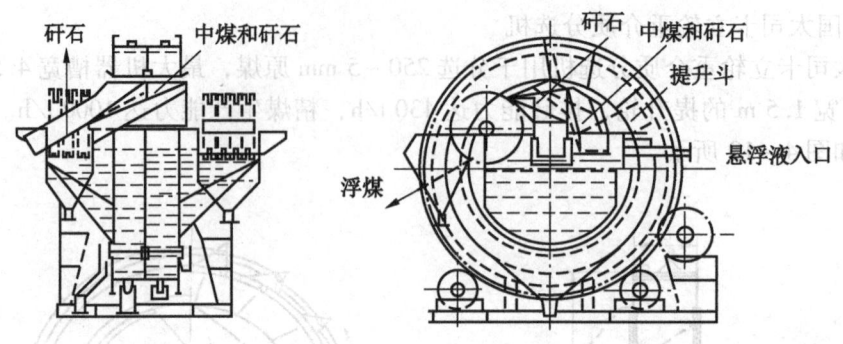

图 4-11 三产品太司卡立轮重介质分选机结构示意图

50°，出料端的倾角为 44°。排矸轮 2 由两套托轮装置 9 支承，排矸轮周边两侧装有棒齿 3，传动装置带动拨动轮，拨动轮再拨动棒齿使排矸轮旋转，悬浮液水平给入分选槽。原煤从入料端进入，浮煤经排煤轮从溢流口排出。沉物由槽底经排矸轮提起，从矸石溜槽 7 排出。

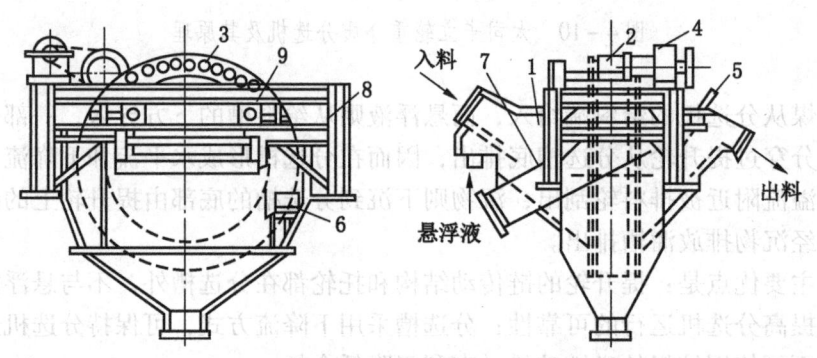

1—分选槽；2—排矸轮；3—棒齿；4—排矸轮传动系统；5—排煤轮；6—排煤轮传动系统；
7—矸石溜槽；8—机架；9—托轮装置

图 4-12 JL 系列立轮重介质分选机结构示意图

4）迪萨系列立轮重介质分选机

波兰设计的迪萨（DISA）系列立轮重介质分选机的特点是：排矸提升轮用环形皮带传动，重介质从入料口的下面和分选槽的底部以水平流和上升流两种方式给入。DISA 系列立轮重介质分选机有 DISA-1S 型和 DISA-2S 型两产品分选机（DISA-1S 型为侧面排矸，如图 4-13 所示；DISA-2S 型为中间排矸，如图 4-14 所示）、DISA-3S 型三产品分选机。

如图 4-13 所示，DISA-1S 型立轮重介质分选机的排矸溜槽位于分选槽的侧面，由于排矸槽位置低，若再选也采用立轮分选机，主、再选分选机的布置必须有一定的高差。

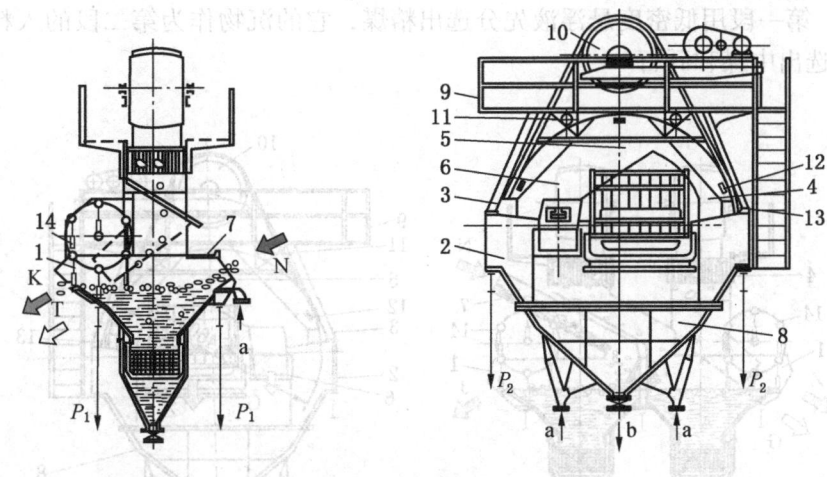

N—入料；K—浮物；T—沉物；a—悬浮液入口；b—悬浮液排放口；
1—分选槽；2—分选槽侧部；3—承重结构；4—提升轮；5—支撑中心线；6—排矸溜槽；7—入料口盖板；
8—分选槽底部；9—振作平台；10—提升轮传动装置；11—定位辊；12—导向辊；13—传动皮带；
14—浮物刮板（P_1、P_2 分别为作用在横向及纵向支承梁上的重力）

图 4-13　DISA-1S 型立轮重介质分选机结构示意图

DISA-2S 型立轮重介质分选机如图 4-14 所示。沉物排放轮位于分选槽中间的上方，分选槽比 DISA-1S 宽。由于沉物排放轮的位置提高，所以采用 DISA-2S 作为主、再选分选机时，可将主、再分选机布置在同一个水平面上。

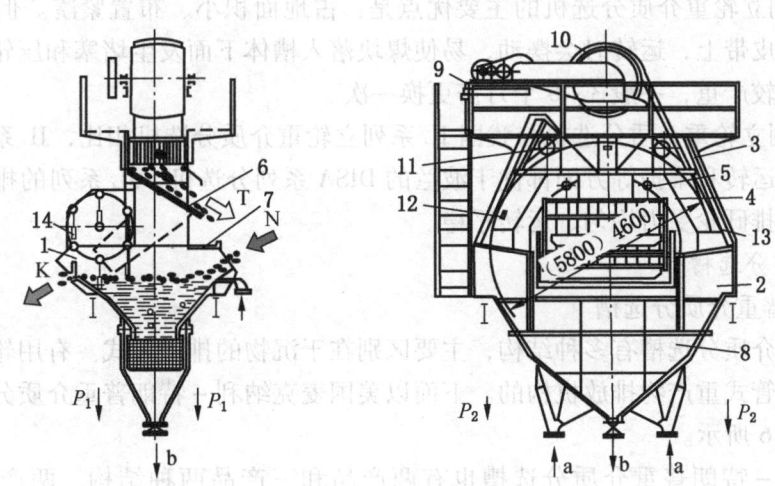

N—入料；K—浮物；T—沉物；a—悬浮液入口；b—悬浮液排放口；
1—分选槽；2—分选槽侧部；3—承重结构；4—提升轮；5—支撑中心线；6—排矸溜槽；7—入料口盖板；
8—分选槽底部；9—振作平台；10—提升轮传动装置；11—定位辊；12—导向辊；13—传动皮带；
14—浮物刮板（P_1、P_2 分别为作用在横向及纵向支承梁上的重力）

图 4-14　DISA-2S 型立轮重介质分选机结构示意图

95

DISA-3S型三产品立轮重介质分选机是由两台两产品重介质分选机串联而成。如图4-15所示，第一段用低密度悬浮液先分选出精煤，它的沉物作为第二段的入料，用高密度悬浮液分选出中煤和矸石。

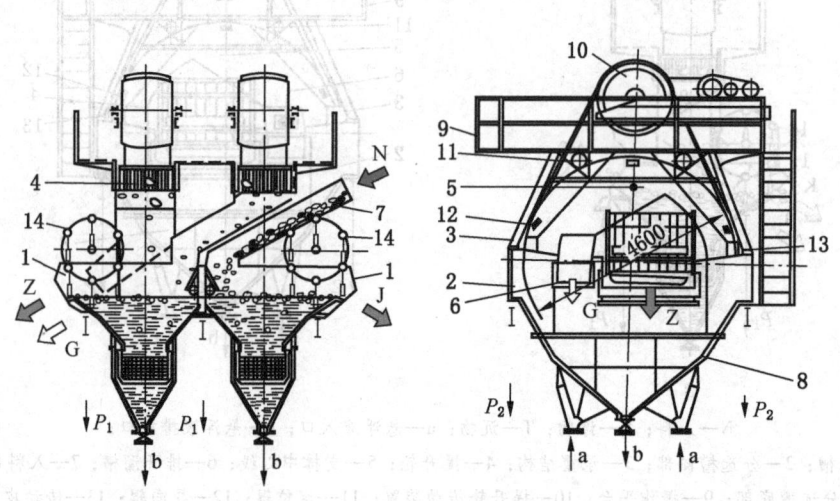

N—入料；J—精煤；Z—中煤；G—矸石；a—悬浮液入口；b—悬浮液排放口；
1—分选槽；2—分选槽侧部；3—承重结构；4—提升轮；5—支撑中心线；6—沉物排放溜槽；7—入料槽；
8—分选槽底部；9—操作平台；10—提升轮传动装置；11—定位辊；12—导向辊；13—传动皮带；
14—浮物刮板（P_1、P_2 分别为作用在横向及纵向支承梁上的重力）

图4-15 DISA-3S型三产品立轮重介质分选机结构示意图

DISA系列立轮重介质分选机的主要优点是：占地面积小、布置紧凑。但由于排矸轮是悬挂在传动皮带上，运转时会摆动，易使煤块落入槽体下面发生堵塞和压轮事故。此外皮带的磨损也较严重，一般3~6个月需更换一次。

DISA系列立轮重介质分选机与我国JL系列立轮重介质分选机相比，JL系列分选机从结构、传动、运转和维护等方面都优于波兰的DISA系列分选机，JL系列的排矸轮靠两侧棒齿轮传动，排矸轮受力均匀、运转平稳。

3. 重介质分选槽

1）特朗普重介质分选槽

特朗普重介质分选槽有多种结构，主要区别在于沉物的排出方式。有用轮式的、链板式的，也有用管式重产物排放机构的。下面以美国麦克纳利-特朗普重介质分选槽为例介绍，如图4-16所示。

麦克纳利-特朗普重介质分选槽也有两产品和三产品两种结构。两产品结构如图4-16所示。从图4-16可见它们的结构是由一个浅槽和两套排料链板组成。两产品分选机用一种密度的介质从给料端位于给料口下方的4根水平管导入，由挡板沿入料端全宽均匀分布形成水平流，流向排料端与下层链板刮出的沉物一起排入下边的重产物脱介筛。入选原煤由振动筛从入料端全宽给入。浮煤在水平流推动下沿槽宽均匀漂向排料端，并由上层链板边排边脱介，最后刮出分选槽。

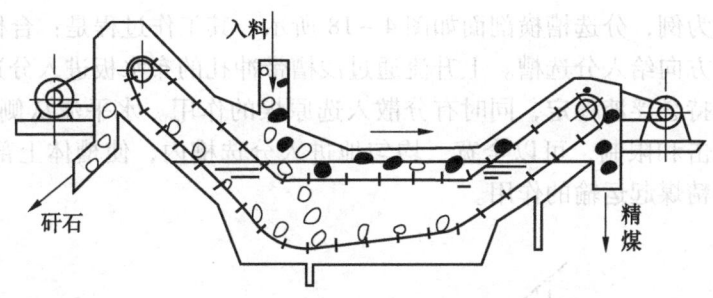

图 4-16 麦克纳利-特朗普两产品重介质分选槽结构示意图

麦克纳利-特朗普三产品重介质分选槽与两产品分选槽的区别是，利用低密度和高密度两种介质。高密度介质是从低密度介质的下方，在下链板机头附近沿槽宽均匀引入在分选槽内，形成上下两层低密度和高密度同向的稳定介质流。浮煤像两产品分选机一样，由上层链板的下链刮出，中煤在高、低密度层界面漂移，被下层链板的上链刮出。矸石沉入槽底，由下层链板的下链刮向介质入口端排出。为了保持高、低密度介质流的稳定性，高、低密度介质分别从槽底排介口和中煤端的溢流堰排出。

2) 浅槽重介质分选机

浅槽重介质分选机是近年来流行使用的取代斜轮、立轮分选机的块煤重介质分选机，20 世纪 40 年代就开始使用，在欧美各国得到推广和不断完善，从开始时的 DMS 系列分选机到比较流行的丹尼尔斯、彼德斯分选机，形式在不断改进。我国研究浅槽始于 20 世纪 50 年代，当前已有多种国产型号的浅槽重介质分选。运行中的浅槽如图 4-17 所示。

浅槽重介质分选机 结构 动画

浅槽重介质分选机 工作原理 动画

图 4-17 运行中的浅槽

浅槽重介质分选机的结构特点是将分选槽改为敞开的槽子。以丹尼尔斯 T-22054 浅槽重介质分选机为例，分选槽横剖面如图 4-18 所示。其工作过程是：合格悬浮液以上升流和水平流两个方向给入分选槽。上升流通过浅槽带冲孔的布水板进入分选机内，使悬浮液分散均匀、保持悬浮液稳定，同时有分散入选原煤的作用。水平流从侧面给入布料箱，通过布料箱的反击和限制，可以全宽、均匀地进入分选槽内，使槽体上部悬浮液密度稳定，同时对上浮精煤起运输的作用。

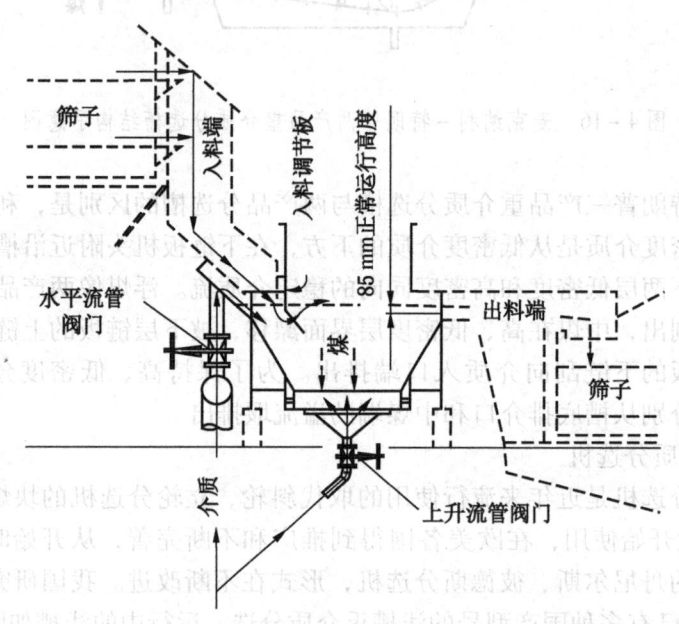

图 4-18 丹尼尔斯 T-22054 浅槽的横剖面

丹尼尔斯 T-22054 浅槽的煤流面如图 4-19 所示，其结构如图 4-20 所示。

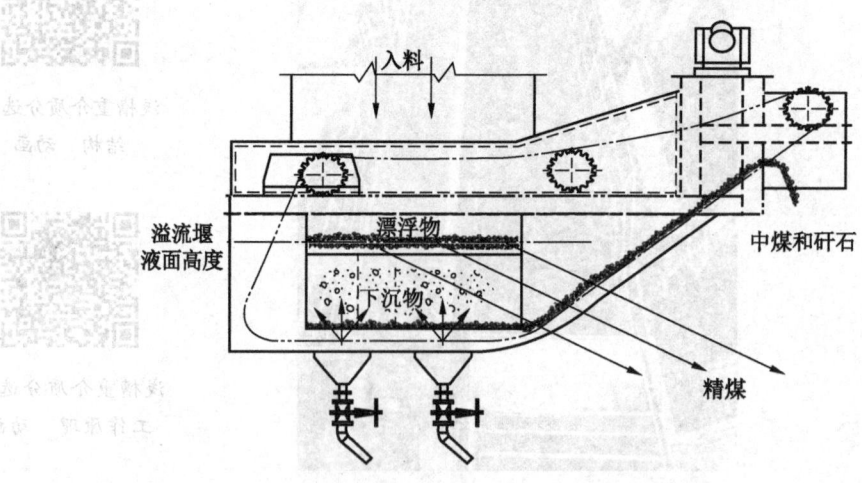

图 4-19 丹尼尔斯 T-22054 浅槽的煤流面

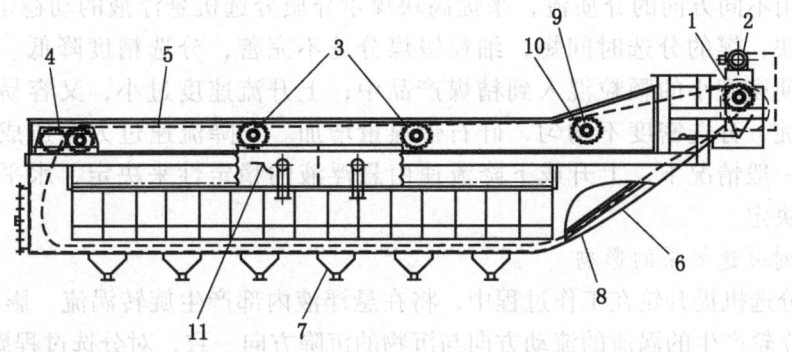

1—驱动装置组件；2—前轴组件；3—惰轴组件；4—张紧轴组件；5—链板组件；6—衬板组件；
7—选煤排放漏斗组件；8—铸造导轨和侧面磨损板组件；9—惰轴件和滑动/顺序开关；
10—滑动/顺序开关支架组件；11—水平流管组件

图4-20 丹尼尔斯T-22054浅槽结构示意图

浅槽重介质分选机的工艺特点如下。

（1）结构简单、处理量大，每米槽宽处理量可达到100 t/h。

（2）分选精度及产品回收率高，适用于难选煤的分选，E值能达到0.05以下。

（3）分选密度与分选粒度范围宽，分选密度调整范围为1.30~1.90 g/cm³，对原料的粒度要求为300~6 mm，最佳分选粒度为150~13 mm。

（4）对煤质波动适应性强、操作成本低、排矸范围大，在入选原煤数量、质量发生变化时，无须对任何操作参数进行调整即可实现正常生产。

（5）有效分选时间短，次生煤泥量少，可最大限度地减轻矸石泥化程度。

（6）自动化程度高，悬浮液密度可自动调节，运行稳定便于管理。

二、影响重介质分选机分选效果的因素

1. 原煤性质对分选效果的影响

（1）物料的粒度。根据重选理论，粒度越大沉降分层越快，分选效率越高。当原煤中细粒级物料含量多时，就影响产品的质量和精煤产率。

（2）颗粒的形状。不同物料的形状影响其在介质中的沉降速度，尤其是扁平的高密度细颗粒，很容易随悬浮液漂流，混杂到精煤产品中去。

（3）原煤中的煤泥含量。分选物料中煤泥含量多时容易结团，在分选机中会来不及分散，从而降低产品质量。

2. 给煤量对分选效果的影响

给煤量过大，原料煤在分选槽内产生堆积而不能充分散开，颗粒分层不充分，造成产品互相污染。尤其是原煤细粒级含量多或邻近密度物含量大时，影响更加显著。如果减少给煤量则会影响分选机的处理能力。实际操作时，应根据分选情况，决定给煤量的大小，且均匀稳定给料。

3. 介质流的方向和速度对分选效果的影响

通过采用不同方向的介质流,来提高块煤重介质分选机悬浮液的动稳定性。如水平液流速度过快,煤的分选时间短,细粒级煤分选不完善,分选精度降低。上升流速度过大,容易使密度小的颗粒混入到精煤产品中;上升流速度过小,又容易使悬浮液中的加重质沉淀,分选密度不均匀,矸石带煤量增加。下降流速过大会造成细粒级精煤的损失。在一般情况下,上升或下降流速由悬浮液的稳定性来决定,水平流速由入料的粒度下限决定。

4. 涡流对分选效果的影响

重介质分选机提升轮在工作过程中,将在悬浮液内部产生旋转涡流,影响分选效果。分选槽内,立轮产生的涡流的流动方向与沉物的沉降方向一致,对分选过程影响不大;斜轮所产生的涡流的流动方向与沉物的沉降方向相反,不仅影响分选效果而且降低处理量。为了保证分选效果,提升轮的转速应严格控制。

任务习题

1. 名词解释

(1) 重介质分选槽;(2) 上升流。

2. 填空题

(1) 重介质分选槽的分选过程中,煤都是在充满重介质的槽形分选机中,在_____作用下,按_____分离。

(2) 重介质分选槽选煤的粒度范围一般在_____mm,一些大规格的分选设备,上限可达到_____mm。

(3) 重介质分选槽分选过程中,重介质悬浮液分别从槽底和给料口的下方给入,从而形成_____和_____,以防止加重质沉淀并实现浮煤的输送。

3. 判断题

(1) 三产品斜轮重介质分选机结构较复杂,但可以保持其两个密度层介质的稳定性能够得到广泛应用。 ( )

(2) 增加分选机的给煤量,原料煤在分选槽内产生堆积而不能充分散开,造成产品互相污染,但不会对分选效果会产生不良的影响。 ( )

4. 选择题

(1) 上升流通过浅槽带冲孔的布水板进入分选机内,它的作用是使悬浮液分散均匀,保持悬浮液( ),同时有分散入选原料煤的作用。

A. 稳定 B. 循环量充足

C. 流速 D. 密度合格

(2) 浅槽重介质分选机,结构简单、处理量大,每米槽宽处理量可达到( )。

A. 50 t/h B. 100 t/h

C. 150 t/h D. 200 t/h

5. 简答题

(1) 重介质分选机是如何分类的?应满足的技术要求有哪些?

(2) 斜轮重介质分选机和立轮重介质分选机有哪些结构差异?
(3) 块煤重介质浅槽分选过程是什么?工艺特点有哪些?
(4) 影响重介质分选机的主要因素有哪些?

任务四　认识重介质旋流器

任务目标

知识目标:认识重介质旋流器,了解其分选过程及各类型重介质旋流器的结构、参数;掌握重介质旋流器的使用过程中各类参数的合理调控。

能力目标:理解旋流器的分选过程,能够根据不同分选要求选择适合的旋流器;学会调节重介质旋流器在生产实际过程中的各类参数,实现最佳分选效果。

素质目标:明晰重介质旋流器在细粒煤分选过程的优势,激发不断钻研重介质选煤工艺积极性;提升投身选煤工艺技术的热情和工作创新能力。

课程思政

在我国重介质旋流器选煤领域,有一位选煤专家,他就是赵树彦。20世纪80年代初,赵树彦就开始从事煤炭洗选加工工作,对重介质选煤工艺和关键设备有深入研究。在国内选煤技术相对落后的背景下,他于1991年成功研发出首台工业型无压给料三产品重介质旋流器,并以此旋流器为主要分选设备设计出了工艺简化的选煤厂,是我国重介质选煤史上的一次重大飞跃。在他及他的团队不断研究和实践下,进一步简化了大型选煤厂的工艺系统,引发了大型选煤厂应用重介质选煤技术的热潮,开创了我国重介质选煤的新局面。

站在新的历史机遇期,我们应当学习和继承选煤前辈们钻研、创新的干劲,在选煤事业中干出一片新天地。

任务描述

重介质旋流器是另一种重要的选煤用重介质分选设备,是利用离心力场,强化细粒级煤粒在重介质中分选的设备。根据机体结构和形状可分为圆锥形和圆筒形两产品重介质旋流器,双圆筒串联型、圆筒形与圆锥形串联的三产品重介质旋流器;根据给料方式可以分为有压给料式和无压给料式两种。其分选过程是原料煤和悬浮液的混合物以一定压力,由入料管沿切线方向给入旋流器形成强大的旋流,由于离心力的作用,高密度的矸石甩向旋流器内壁向下做螺旋运动,低密度的精煤集中在旋流器中心做内螺旋上升运动,从而实现煤与矸石的分离。重介质旋流器工作过程中,需要严格控制进料压力、悬浮液密度、入料的固液比等参数,同时要根据实际需求选用结构参数合适的旋流器,并正确、规范安装,以保证旋流器取得最佳分选效果。

任务知识

一、重介质旋流器简介

重介质旋流器是一种利用离心力场,强化细粒级煤粒在重介质中分选的设备。其结构简单,无运动部件,分选效率高。根据机体结构和形状分为:圆锥形和圆筒形两产品重介质旋流器;双圆筒串联型、圆筒形与圆锥形串联的三产品重介质旋流器。根据给料方式可以分为有压给料式和无压给料式两种。

重介质旋流器 微课

按照结构形式,重介质旋流器大体上可分为两类,即介质与煤同时给入的圆筒圆锥形旋流器和介质与煤分开给入(煤经中心给入)的中心给料圆筒形(国外称为 DWP 系列)重介质旋流器。

1. 分选过程

重介质旋流器的分选过程如图 4-21 所示。原料煤和悬浮液的混合物以一定压力(≥0.04 MPa),由入料管沿切线方向给入旋流器的圆筒段,形成强大的旋流。由于离心力的作用,高密度的物料甩向锥体内壁并随部分悬浮液向下做螺旋运动,最后从底流口排出;低密度物料集中在锥体中心随内螺旋上升运动,经溢流管进入溢流室出口排出,从而实现煤与矸石的分离。国内广泛使用的 Φ1400 mm 圆锥形有压给料两产品重介质旋流器如图 4-22 所示。

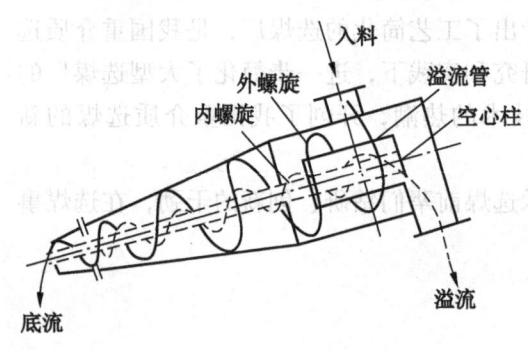

图 4-21 重介质旋流器分选过程 　　图 4-22 Φ1400 mm 圆锥形有压给料两产品重介质旋流器

2. 工作条件

旋流器轴心必须形成空气柱,这是实现重介质旋流器有效分选的条件。旋流器正常工作时,因底流口悬浮液的离心力大,物料排出时切线速度很大,底流必须呈辐射伞状排出。因此,要求有足够的入料速度和入料压力以保持其稳定。

3. 重介质旋流器的主要优点和缺点

(1) 分选效率高。重介质旋流器的选煤过程是在离心力场中进行的,所以能大大强化煤粒的分选作用，使难选、极难选煤及细粒物料都能获得精确的分选。

（2）分选粒度范围较宽。重介质旋流器有效分选下限可达 0.15(0.10) mm。入料粒度上限已提高到 80～100 mm。

（3）可使用黏度较高的悬浮液。在旋流器内，由于离心力很大，悬浮液处于急速回转运动中，在悬浮液容积浓度很高的情况下，对分选效果的影响不明显，因此，可采用低密度加重质。

（4）工艺流程简单、投资少。重介质旋流器类型逐渐增多，并逐步向大型化发展。三产品重介质旋流器已大批量投入使用，使工艺流程简化，单机处理量增加，厂房占地面积小，节省投资。

（5）结构简单、易实现自动化。重介质旋流器结构简单，容易制造，没有运动部件和传动装置，分选过程也容易实现自动化。

重介质旋流器的缺点主要是：设备磨损严重，悬浮液的循环用量较大，液流在旋流器内的工作不易直接调节。

二、重介质旋流器

1. 圆锥形重介质旋流器

1）DSM 系列两产品重介质旋流器

如图 4-23 所示，DSM 系列两产品重介质旋流器主体由圆筒部分和圆锥部分组成。原煤和悬浮液的混合物以一定的压力由入料管 1 沿切线方向给入旋流器的圆筒部分，形成强大的旋流。其中一股沿着旋流器圆柱体和圆锥体内壁形成一个向下的外螺旋流；另一股围绕旋流器轴心形成一个向上的内螺旋流，其轴心形成负压，实为空气柱。由于离心力的作用，高密度的物料甩向锥体 2 内，并随部分悬浮液向下做螺旋运动，最后从底流口排出，低密度物料集中在锥体中心，随内螺旋上升运动，经溢流管 4 进溢流室 5，从切线方向的出口排出。

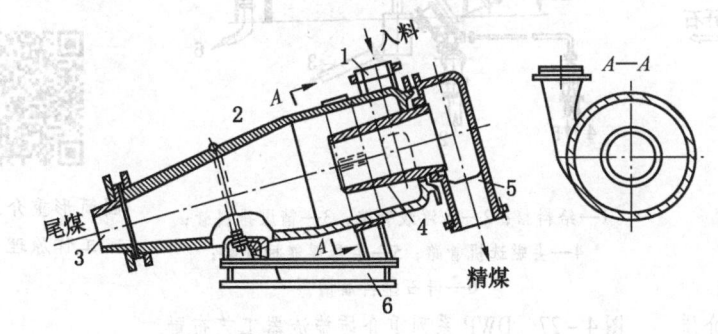

圆筒圆锥形重介质
旋流器分选过程
动画

1—入料管；2—锥体；3—底流口；4—溢流管；5—溢流室；6—机架

图 4-23 DSM 系列两产品重介质旋流器结构示意图

2）麦克纳利重介质旋流器

圆锥形重介质旋流器除 DSM 系列以外，典型的还有美国麦克纳利重介质旋流器，其主要特点是入料沿摆线方向给入,如图4-24、图4-25所示。

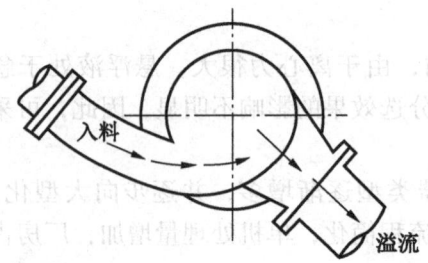
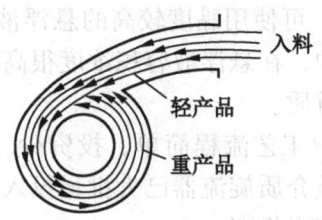

图4-24　麦克纳利重介质旋流器　　　图4-25　麦克纳利重介质旋流器的给料方式

物料在进入旋流器前,在入料管中就进行了预选,因此其分选效率和处理量略高于沿切线给料的旋流器。此外,摆线方向给料可使入料口的紊流减少。这种类型的旋流器分选效果较好。该类型旋流器的缺点是所采用的磁铁矿粉粒度必须很细,要求全部小于325网目。

2. 圆筒形重介质旋流器

1) 美国DWP系列圆筒重介质旋流器

DWP系列重介质旋流器机体为圆筒形,筒长与直径比为3~6,是一种无压给料式重介质旋流器,设备结构和工艺布置如图4-26、图4-27所示。

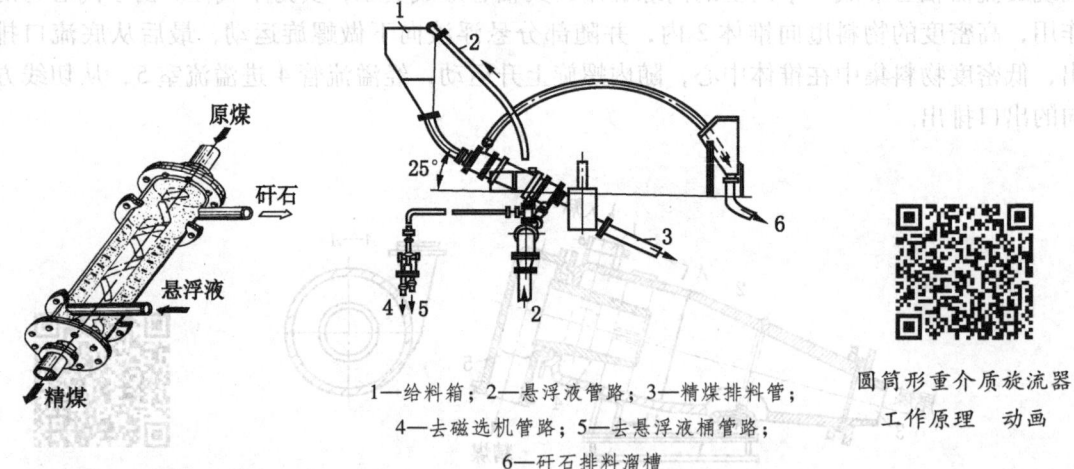

1—给料箱；2—悬浮液管路；3—精煤排料管；
4—去磁选机管路；5—去悬浮液桶管路；
6—矸石排料溜槽

圆筒形重介质旋流器
工作原理　动画

图4-26　DWP系列重介质　　图4-27　DWP系列重介质旋流器工艺布置
旋流器设备结构示意图

DWP系列重介质旋流器的特点是:分选物料与悬浮液分开给入。物料属无压自重给料,在给料箱内也加入少量悬浮液。而悬浮液用泵以0.06~0.15MPa的压力沿切线压入圆筒下部（圆筒呈25°~30°倾角安装）。它的分选过程是沿切线压入的悬浮液从底至顶形成一股上升的空心旋涡流。沉物与一部分高密度悬浮液（起浓缩作用的）沿筒壁上升，从沉物排出口排出。浮物与低密度悬浮液聚集在旋涡中心向下流动，通过排出口排出。

DWP 系列重介质旋流器的主要技术参数见表 4–4。

表 4–4 DWP 系列重介质旋流器的主要技术参数

圆筒直径/mm	圆筒长/mm	介质给入口直径/mm	原煤给入中心管直径/mm	沉物排出口直径/mm	浮物排出口直径/mm	入料粒度/mm	介质给入压力/kPa	矿浆通过量/(m³·h⁻¹)	处理干煤量/(t·h⁻¹)
229	1200	55	82	55	76	13～0.5	83	48	10～15
395	1955	100	140	95	130	13～0.5	90	240	40～50

我国在"八五"期间先后研制成功 HMCC–400 型和 Φ650 mm 两种较大型的无压给料圆筒重介质旋流器，结构如图 4–28 和图 4–29 所示。

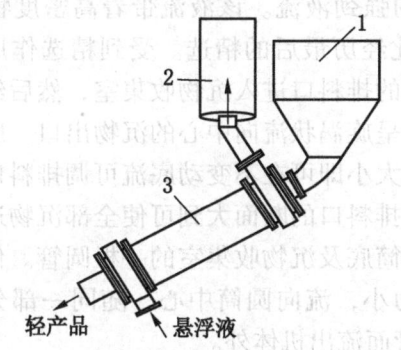
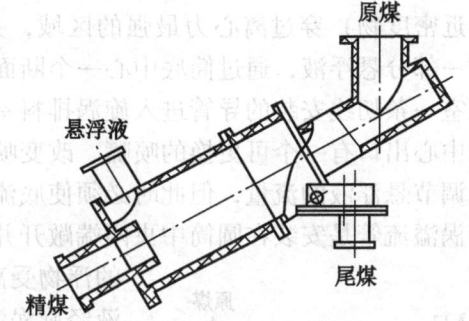

1—给料斗；2—反压力调节筒；
3—圆筒重介质旋流器
图 4–28　HMCC–400 型无压给料圆筒　　　图 4–29　Φ650 mm 无压给料两产品
　　　重介质旋流器结构示意图　　　　　　　　重介质旋流器结构示意图

"九五"期间，我国研制成功的直径为 1200 mm 的无压给料圆筒重介质旋流器，在贵州省盘江矿务局老屋基选煤厂进行了工业性试验，取得了成功。

2) 苏联 ГЦ–500 型旋流器

苏联 ГЦ–500 型旋流器与 DWP 系列旋流器基本相同，主要区别是旋流器上部沿切线方向也给入部分悬浮液，所以原料在给料部分就开始旋转，以便提高设备整体的分选效果，其结构如图 4–30 所示。

3) 英国沃西尔重介质旋流器

沃西尔重介质旋流器是一种立式圆筒形旋流器，如图 4–31 所示。

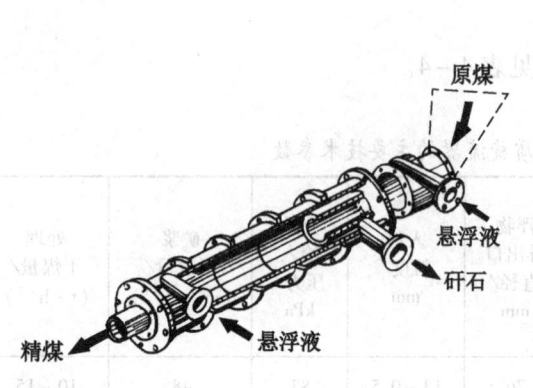
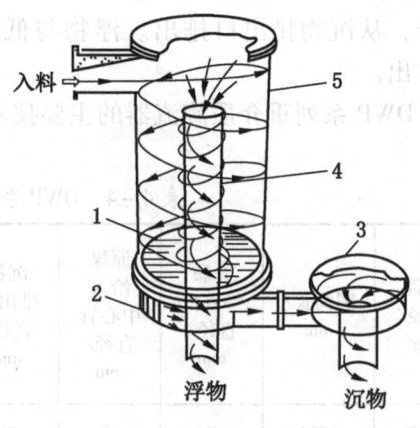

1—可调排料口；2—沉物收集室；3—旋涡排料室；4—旋涡溢流管；5—主分选室

图4-30　ГЦ-500型旋流器结构示意图　　图4-31　沃西尔重介质旋流器结构示意图

沃西尔重介质旋流器主体是一个直立圆筒，物料沿切线方向在一定给料压力下进入旋流器。高密度物在离心力作用下移向器壁并沿螺旋方向向圆筒底部流动。由于涡流作用，圆筒底部出现压力差，从而形成一股向中心流动的强劲液流。该液流带着高密度物（矸石和邻近密度物）穿过离心力最强的区域，并在此经历最后的精选。受到精选作用的沉物随着一部分悬浮液，通过筒底中心一个断面可调的排料口进入沉物收集室，然后经过沉物收集室一条切线安装的导管进入旋涡排料室，并呈旋涡状流向中心的沉物出口。底流收集室的中心出口有一个可更换的喷嘴，改变喷嘴的大小即可在不变动底流可调排料口的情况下，调节悬浮液的流量，但此时必须使底流可调排料口的断面大到可使全部沉物通过才行。旋涡溢流管是安装在圆筒中央两端敞开并穿过筒底及沉物收集室的一根圆管。低密度的浮物受离心力小，流向圆筒中心，随同一部分悬浮液经旋涡溢流管而流出机体外。

4）大粒级煤重介质旋流器

大粒级煤重介质旋流器是英国研制的一种筒形重介质旋流器，如图4-32所示。其直径为1.2 m，全长3 m，分选粒度范围为0.5~100 mm，处理能力为250 t/h。主体圆筒与水平面呈30°夹角安装。80%~90%的悬浮液用泵或定压箱从筒体下部沿切线或摆线压入，0.5~100 mm的原煤与10%~20%的悬浮液由筒体顶部无压给入。该设备的主要特点是入料上限大，对原煤破碎要求小，可简化选煤工艺，使生产厂房高度降低。但对细粒级煤的分选效果不理想。

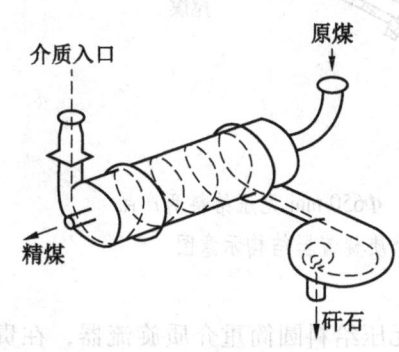

图4-32　大粒级煤重介质旋流器结构示意图

3. 三产品重介质旋流器

三产品重介质旋流器是由两台两产品重介质旋流器串联组装而成。在分选原理上没有差别。第一段为主选，采用低密度悬浮液进行分选，选出精煤和再选入料，同时由于悬浮液浓缩的结果，为第二段准备了高密度悬浮液；第二段为再选，分选出中煤和矸石两种产品。

三产品重介质旋流器的主要优点是只需一套悬浮液循环系统，简化了再选物料的运输。其缺点是，因第二段悬浮液入料是由第一段旋流器浓缩而来，第二段分选时，其重介质密度的测定和控制较难。由于悬浮液密度与两段旋流器结构尺寸有关，所以第二段旋流器的分选密度除与第一段分选密度和两段旋流器的溢流管直径有关外，还与第二段旋流器底流口直径有关。因此溢流管直径要选择恰当。

三产品重介质旋流器结构　动画

三产品重介质旋流器工作原理　动画

我国三产品重介质旋流器分为有压给料和无压给料两大类。无压给料三产品重介质旋流器一段旋流器为圆筒形，二段旋流器为圆筒形或圆筒圆锥形。当二段要求有更高的排矸密度时，即用圆筒圆锥形。两段圆筒形的三产品旋流器结构如图4-33所示。二段重产物排出口装有反压力调节装置。

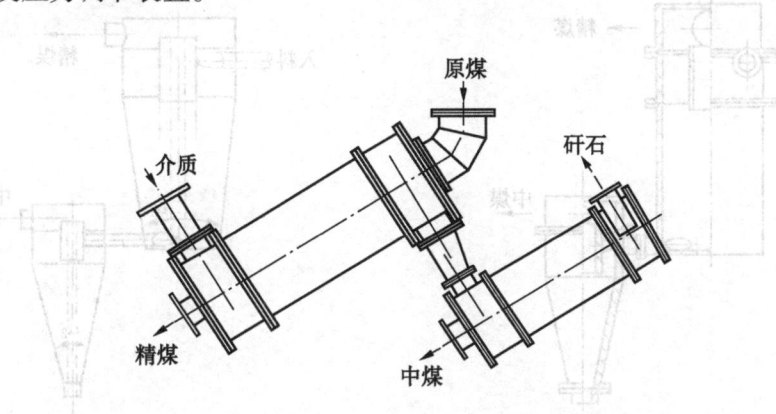

图4-33　无压给料三产品重介质旋流器结构示意图

我国研发的3NWX系列无压给料三产品重介质旋流器的技术参数见表4-5。

表4-5　3NWX系列无压给料三产品重介质旋流器的技术参数

项　目	3NWX 710/500 型		3NWX 500/350 型	
	第一段	第二段	第一段	第二段
圆筒直径/mm	710	500	500	350
入料口尺寸/mm	200×100	100×100	100×100	70×70
圆柱体长度/mm	2600	1700	900	1200
溢流口直径/mm	160~200	160~220	140~220	140~200

表4-5（续）

项 目	3NWX 710/500 型		3NWX 500/350 型	
	第一段	第二段	第一段	第二段
底流口直径/mm	100×100		70×70	
入料粒度/mm	≤50		≤35	
工作压力/MPa	0.10~0.13		0.06~0.10	
最少悬浮液循环量/(m³·h⁻¹)	300		150	
安装倾角/(°)	30		30	
处理能力/(t·h⁻¹)	70~110		30~40	

有压给料三产品重介质旋流器第一段为圆筒形或圆锥形，第二段为圆锥形。其结构如图4-34和图4-35所示。

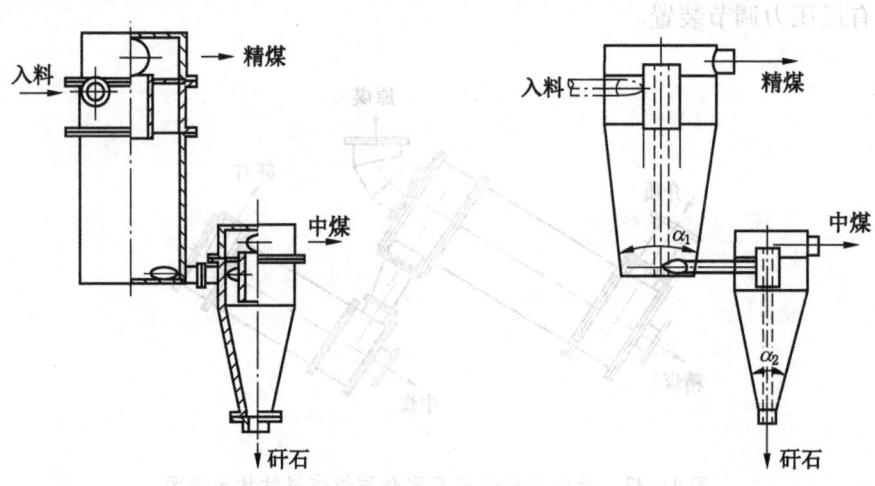

图4-34　3NWX 710/500 型三产品重介质旋介流器结构示意图　　图4-35　3NWX 500/350 型三产品重质旋流器结构示意图

苏联制造的ГТ-3/80型三产品重介质旋流器结构如图4-36所示，其由一台圆筒旋流器和一台圆锥旋流器串联而成。ГТ-3/50型三产品重介质旋流器结构如图4-37所示，其由一台DWP系列旋流器和一台圆锥旋流器串联而成。

三、影响重介质旋流器工作效果的因素

（1）进料压力。进料压力越高，悬浮液进料速度就越快，离心力也就越大，旋流器的处理量就增加，因此，在一定程度上增大进料压力，可以加速分选过程，提高分选效果。但随着入料压力增高，悬浮液的浓缩作用也加强，不仅增大矿粒实际分离密度，还使旋流器中密度分布更加不均匀，反而降低分选效果。所以，压力增加时，应适当加大底流

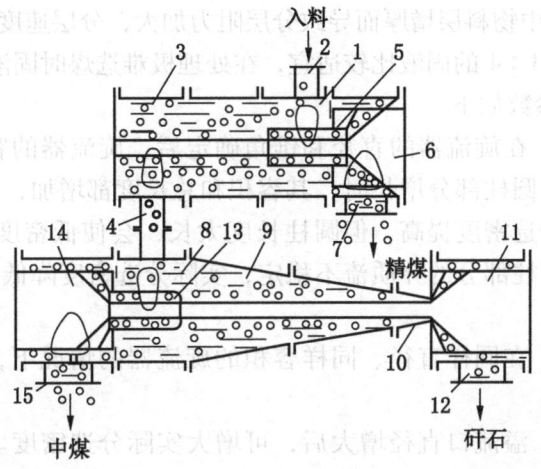

1—第一段圆筒形旋流器；2—入料管；3—底流口；4—连接管；5—溢流管；6—溢流室；7—排料管；
8—第二段旋流器的圆筒部分；9—第二段旋流器的圆锥部分；10—底流口；11—矸石室；12—排料管；
13—溢流管；14—中煤室；15—排料管

图4-36 苏联制造的ΓT-3/80型三产品重介质旋流器结构示意图

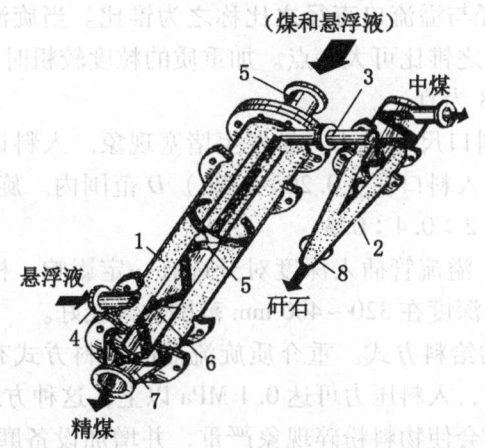

1—圆筒旋流器；2—圆筒圆锥旋流器；3—连接管；4—悬浮液给入管；5—入料管；
6—溢流管；7—精煤排出管；8—第二段底流口

图4-37 ΓT-3/50型三产品重介质旋流器结构示意图

口来调节排放量。此外，压力增大还会增加动力消耗和设备磨损。现在趋向采用低压或无压给料，一般给料压力在0.05~0.1 MPa。

（2）悬浮液的密度。入料中悬浮液的密度越高，在其他条件相同时，煤粒的实际分选密度也越高，分选密度差值越大，这个差值可以通过旋流器的进料压力与底流口大小来调节。入料悬浮液密度越低，加重质用量越少，但是，悬浮液在旋流器中受到的浓缩作用也越强，悬浮液密度的分布越不均匀，分选效率降低。

（3）入料的固液比（煤粒与悬浮液的体积比）。入料的固液比直接影响旋流器的处理量和分选效果。入料的固液比增高时，旋流器按固体煤粒计算的处理量增大，分选效率相应要降低，因为此时旋流器中物料层增厚而导致分层阻力加大，分层速度降低，错配物增加。在一般情况下采用1∶6~1∶4的固液比较适宜，在处理极难选煤时固液比可以降低到1∶8。

(4) 旋流器结构参数如下。

① 圆柱体的长度。在旋流器的直径和锥角确定后，旋流器的容积和总长度主要取决于圆柱部分的长度。当圆柱部分增长时，其容积和总长度都增加，入选物料在旋流器中的停留时间增长，实际分选密度提高，但圆柱长度太长，会使低密度产品质量降低。反之，圆柱部分过短会引起圆柱部分的介质流不稳定，实际分选密度降低，使部分精煤损失到底流中去。

② 圆锥角的大小。在同样直径、同样容积的旋流器的情况下，随着锥角的增大，实际分选密度也增大。

③ 溢流口的直径。溢流口直径增大后，可增大实际分选密度。但溢流口过大时会造成圆柱部分溢流速度过大，影响溢流的稳定。虽然溢流产品增加，但浮物（精煤）质量降低。一般情况下溢流口直径为 $(0.30 \sim 0.40)D$（D 为旋流器直径）。

④ 底流口的直径。实践证明，缩小底流口可使实际分选密度增大。但底流口过小时会造成煤粒在底流口挤压，会使矸石混入到精煤，严重时引起底流口堵塞，底流口过大时又会引起精煤损失。一般情况下底流口直径为 $(0.24 \sim 0.30)D$。

⑤ 锥比。底流口直径与溢流口直径之比称之为锥比。当旋流器直径较小、可选性较差时，锥比要小一点，反之锥比可大一点。加重质的粒度较粗时，锥比可大一些。实践证明，锥比一般在0.7~0.8为宜。

⑥ 入料口尺寸。入料口尺寸过小，易发生堵塞现象。入料口尺寸过大，旋流器切线速度减小。一般情况下，入料口在 $(0.20 \sim 0.25)D$ 范围内。旋流器的入料口、溢流口、底流口的直径比大致为 0.2∶0.4∶0.3。

⑦ 溢流管插入深度。溢流管插入深度对分选有一定影响，根据我国圆锥形旋流器技术规格及实践证明，插入深度在 320~400 mm 范围效果较好。

(5) 重介质旋流器的给料方式。重介质旋流器的给料方式有3种：① 将物料与悬浮液混合后用泵打入旋流器，入料压力可达 0.1 MPa 以上，这种方式用泵给料虽然可降低厂房高度，但在给料过程中会使物料粉碎现象严重，并增加设备磨损；② 利用定压箱给料，物料和悬浮液在定压箱中混合后靠自重进入旋流器，定压箱液面高于旋流器入料口，一般 ϕ500 mm 的旋流器不低于 5 m，以保证入料口压力不低于 0.04 MPa，否则影响分选效果，降低处理能力，这种给料方式的旋流器称为低压给料旋流器；③ 由于旋流器的结构改变，又产生第三种给料方式，即悬浮液用泵以切线方向给入圆筒旋流器下部，而物料靠自重从圆筒顶部给入，称为无压旋流器。

(6) 重介质旋流器的安装。重介质旋流器一般倾斜安装，旋流器轴线与水平夹角为 10°，便于旋流器入料、溢流和底流管路系统的安装。

任务习题

1. 名词解释

(1) 重介质旋流器；(2) 锥比；(3) 无压旋流器。

2. 填空题

（1）旋流器轴心必须形成_____，这是实现重介质旋流器有效分选的条件。

（2）与块煤重介质分选机相比，重介质旋流器有效分选下限可达_____mm。

（3）在一般情况下，旋流器入料中悬浮液密度可以比实际要求的分选密度低_____g/cm³，要求的分选密度越高，差值_____。

3. 判断题

（1）入料的固液比增高时，旋流器按固体煤粒计算的处理量增大，分选效率相应要升高。（　　）

（2）实践证明，增大底流口可使实际分选密度增大。（　　）

（3）在同样直径、同样容积的旋流器的情况下，随着锥角的增大实际分选密度减小。（　　）

4. 选择题

（1）下列不是重介质旋流器的主要缺点的是（　　）。

A. 设备磨损严重　　　　　　　　B. 悬浮液的循环用量较大

C. 处理量小　　　　　　　　　　D. 液流在旋流器内的工作不易直接调节

（2）在一定程度上增大进料压力，可以加速分选过程，提高分选效果。但随着入料压力增高，旋流器的分选效果将会（　　）。

A. 不变　　　　B. 继续增大　　　　C. 降低　　　　D. 忽高忽低

5. 简答题

（1）介质旋流器分选过程是什么？其优缺点是什么？

（2）简述 DWP 系列圆筒重介质旋流器的结构和分选特点。

（3）影响重介质旋流器分选效果的因素有哪些？

任务五　学习重悬浮液的回收与净化

任务目标

知识目标：能够阐述重介质分选系统中重悬浮液的回收流程；了解磁选机的工作原理和工艺要求。

能力目标：掌握重介质悬浮液回收和净化的意义；具备调整各个介质回收净化设备的方法，从而达到合理的介质消耗指标。

素质目标：掌握重介质消耗最佳指标的管控方式方法，促进学生积极参与到重介质选煤的经济指标控制活动中。

任务描述

在重介质分选过程中精煤和矸石是同大量悬浮液一起排出的，因而必须对悬浮液中的重介质进行回收。常用的重介质净化回收工艺流程有浓缩磁选净化工艺流程、稀介质预先分级的回收净化工艺流程和直接磁选净化流程,由于直接磁选净化流程缩短了介质循环路程,减少了管路磨损,提高了悬浮液的稳定性,当前较多选煤厂都采用该工艺流程。重悬浮液回收与净化的主要设备包括脱介筛、浓缩设备、磁选机、预磁器和脱磁器、介质桶等,其中,磁选机是最关键的重介质净化回收设备,目前重介质选煤厂采用的磁选机多为永磁逆流式圆筒磁选机。通过强化磁铁矿粉的技术损失和管理损失过程管控,可以有效降低介质损耗。

任务知识

重悬浮液的回收与净化 微课

原煤经重介质分选设备分选后,轻、重产品都会带走大量的悬浮液,必须迅速地回收循环使用。为使回收的悬浮液性质符合要求,必须进行净化浓缩。

一、重悬浮液回收与净化系统

重介质分选机分选后,轻、重产物都是同大量悬浮液一起排出的,所以必须泄除悬浮液和冲洗掉黏附在产品上的悬浮粒,这就是悬浮液的回收作业。常用的块煤重介质分选系统中悬浮液回收与净化流程如图4-38所示。

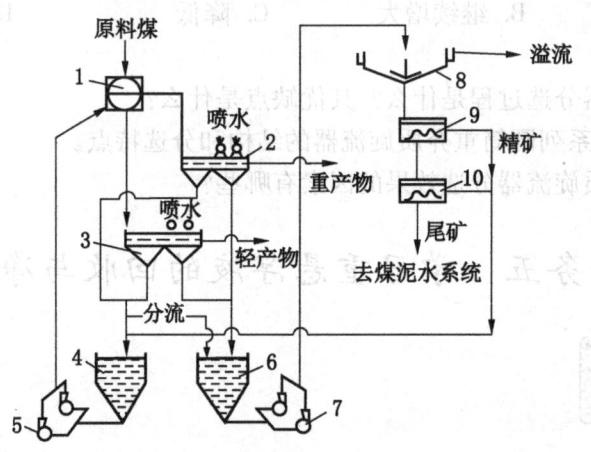

1—重介质分选机;2—重产品脱介筛;3—轻产品脱介筛;4—合格介质桶;5—合格介质泵;
6—稀介质桶;7—稀介质泵;8—浓缩机;9—一段磁选机;10—二段磁选机

图4-38 常用的块煤重介质分选系统中悬浮液回收与净化流程

浓缩磁选净化工艺流程 动画

产品和悬浮液混合物分别进入脱介筛。脱介筛第一段用来泄除产品中的悬浮液,能脱除70%~90%悬浮液,直接返回合格介质桶循环使用。脱介筛第二段上的产品仍含有一部分加重质和煤泥,必须加喷水来清洗。对于块状物料(煤)喷水量一般为$1\ m^3/t$,细粒物料(末煤)喷水量为$1.5~2.0\ m^3/t$。

脱介筛第二段筛下泄出的悬浮液加入喷水后浓度很低,称为稀介质，其中煤泥含量也很高，不能直接复用，必须浓缩净化。一般采用浓缩机浓缩（也可用磁力脱水槽或低压旋流器），浓缩机溢流可作为脱介筛第一段（排）喷水，浓缩机的底流进入二段磁选机磁选。磁选后的精矿进入合格介质桶，与脱介筛第一段筛下悬浮液混合后成合格悬浮液循环使用。该流程的缺点是细粒磁铁矿容易损失。

为了增加合格悬浮液的密度、降低合格悬浮液中的煤泥量，将一部分合格悬浮液通过分流设备分流到稀悬浮液系统，经磁选机净化和浓缩后再返回合格介质桶，这部分悬浮液量称为分流量。分流的大小由自动控制系统动态控制，正常生产情况下在一常量的上下波动，但是分流量越大磁铁矿损失也越大。

图 4-39 是稀介质预先分级的回收净化流程。这种悬浮液回收净化流程与前一种的区别是稀悬浮液先在一低压旋流器内分级，细粒磁铁矿和细粒煤泥通过旋流器溢流进入浓缩机。旋流器底流为粗粒磁铁矿及粗粒煤泥，进入磁选机磁选，磁选精矿进入浓缩机。浓缩机底流进入合格介质桶，浓缩机溢流作为喷水使用。该流程比前者复杂，优点是能够回收细粒磁铁矿和细煤泥保持悬浮液稳定，减少磁铁矿损失，适用于末煤重介质分选的悬浮液回收净化流程。

除上述两种流程外，还有一种最简单的直接磁选净化流程，即稀悬浮液不经浓缩或分级设备，直接进入磁选机磁选回收，当前较多选煤厂都采用这种流程。该流程优点是缩短了介质循环路程，减少了管路磨损，提高了悬浮液的稳定性。

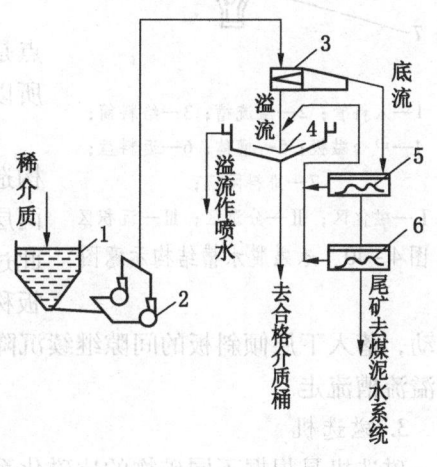

1—稀介质桶；2—稀介质泵；3—低压旋流器；
4—浓缩机；5—一段磁选机；6—二段磁选机
图 4-39 稀介质预先分级的回收
净化流程

二、重悬浮液中煤泥量的动平衡

进入悬浮液系统中的煤泥量有两部分，一是由原料煤所带入的原生煤泥，二是在分选过程中因冲击、摩擦等产生的次生煤泥。从悬浮液系统中排出的煤泥有产品带走的煤泥、稀介质和分流量进入磁选机后以尾矿形式排出的煤泥。当原料煤的数质量、选煤工艺流程及分流量等各项参数不变时，按照数质量平衡原则，煤泥量不可能在系统中无限积存，也不可能在系统中无限减少。进入系统的煤泥量应该与系统中排出的煤泥量达到动平衡。当某一参数改变后，煤泥量就失去平衡，在合格悬浮液中增加或减小，但该参数达到一定数值后煤泥量又在新的基础上达到平衡。

三、重悬浮液回收与净化的主要设备

1. 脱介筛

多用普通直线振动筛或共振筛，筛面采用缝条筛面，筛孔为 0.25~2.0 mm。为了提高脱介筛的处理能力和脱介效果，在脱介筛之前设置固定筛或弧形筛。

2. 浓缩设备

浓缩设备有耙式浓缩机、磁力脱水槽、水力旋流器、倾斜板浓密箱及螺旋分级机等。

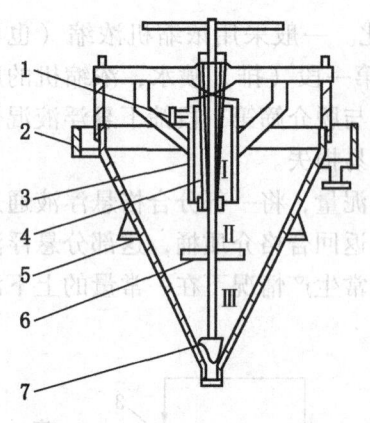

磁力脱水槽也称磁力脱泥槽或磁洗槽，如图4-40所示，其工作原理是利用磁力使磁铁矿粒彼此连接，然后在重力作用下沉降而排出槽外，适用于处理粗粒加重质磁性稀悬浮液的浓缩，与磁选机配合使用，也可以作为粗粒磁铁矿（加重质）净化回收设备。但因结构原因磁力脱水槽不能制造得过大，其直径不超过2~3m，故单台处理能力低于耙式浓缩机，需用台数较多，大、中型厂多不采用。

螺旋分级机主要用于经磁选回收精矿的浓缩，特点是可以获得浓度高且重介质密度稳定的浓缩产物。所以适用于高密度的介质回收系统。

倾斜板浓密箱是一种小型效率高的浓缩设备，其构造如图4-41所示。稀悬浮液沿整个箱的宽度给入到两层倾斜板之间，然后向上流过上层倾斜的间隙。在此过程中加重质颗粒在板间沉降析出，因而上层倾斜板称为浓缩板。沉降到板上的加重质颗粒借自重向下滑动，落入下层倾斜板的间隙继续沉降浓缩。浓缩产物经锥形漏斗底口排出，液流则经上部溢流槽流走。

1—入料管；2—溢流槽；3—给料筒；
4—中心磁极；5—槽体；6—返料盘；
7—排料闸门；
Ⅰ—磁化区；Ⅱ—分沉区；Ⅲ—沉积区

图4-40 永磁脱水槽结构示意图

3. 磁选机

磁选机是根据不同矿物的比磁化系数，借助磁力将磁性矿物与非磁性矿物分离开的设备。根据磁场强度的强弱不同，可分为强磁场磁选机和弱磁场磁选机；按照选别方式不同，可分为干式磁选机和湿式磁选机；按产生磁场的方法，可分为电磁磁选机和永磁磁选机。重介质选煤系统中一般多选用湿式、弱磁场强度的圆筒式磁选机。其工作原理是借助圆筒中的磁系把稀悬浮液中的磁铁矿颗粒吸附到圆筒表面，随圆筒转动到离开磁场位置，磁性颗粒在重力和离心力作用下落到精矿槽成为精矿；非磁性物不受磁系吸引由下部排出成为尾矿，如图4-42所示。

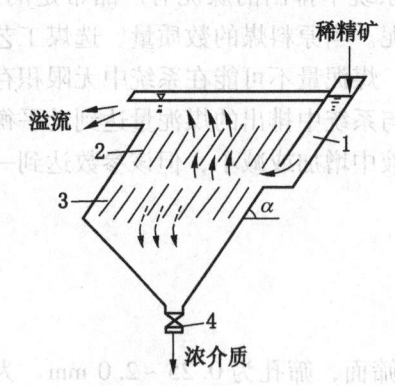

1—给料槽；2—浓缩板；3—稳定板；4—排料口

图4-41 倾斜板浓密箱结构示意图

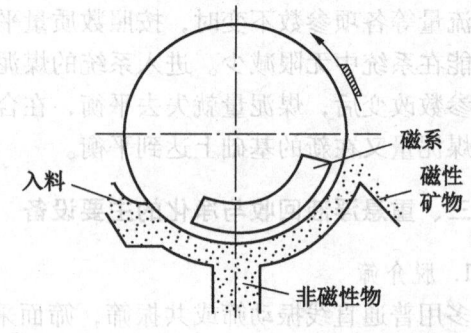

图4-42 颗粒在磁选机中的分离示意图

圆筒式磁选机根据入料方式和圆筒旋转方向可分为顺流式、逆流式和半逆流式3种磁选机。

顺流式磁选机工作原理如图4-43所示。稀悬浮液由给矿管进入给矿箱，从挡矿板上边缘溢出均匀地流入选矿槽。稀悬浮液中的磁性矿物被吸附在圆筒上。由于稀悬浮液流动方向与圆筒转动方向一致，所以吸附在圆筒上的磁性矿物经过几次磁搅动后使非磁性矿物在离心力和水流冲力作用下被甩到槽底。磁性矿物通过脱水区脱离磁场，被水冲下后经精矿管排出。尾矿沿扫选区经槽底从尾矿管流出。顺流式磁选机选出的精矿品位很高，它适合精选作业，但由于稀悬浮液流速大，尾矿中损失的磁性矿物较大，回收率较低。

逆流式磁选机工作原理如图4-44所示。稀悬浮液经给矿箱进入分选槽，磁性矿物被磁系产生的磁场吸附在圆筒的表面上，进入脱水区后脱离磁场落入精矿溜槽中，剩下的水和非磁性物经溢流堰从尾矿箱排出。

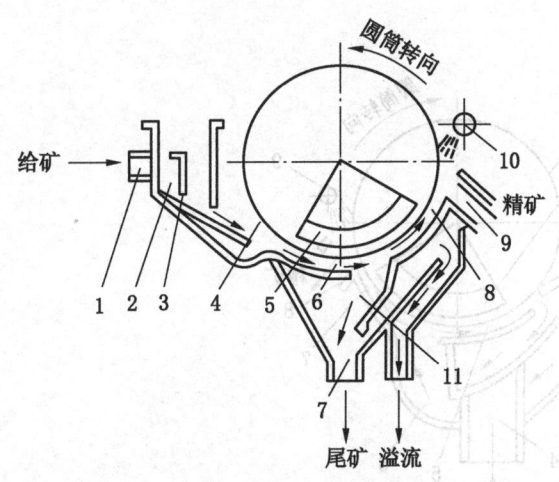
1—给矿管；2—给矿箱；3—挡矿板；4—圆筒；
5—磁系；6—扫选区；7—尾矿管；8—脱水区；
9—精矿管；10—冲洗水管；11—槽底
图4-43 顺流式磁选机工作原理

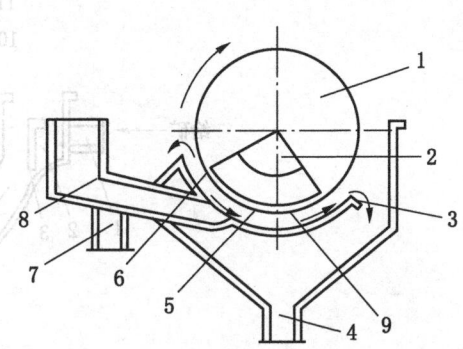
1—圆筒；2—磁系；3—溢流堰；4—尾矿箱；
5—分选槽；6—脱水区；7—精矿溜槽；
8—给矿箱；9—扫选区
图4-44 逆流式磁选机工作原理

逆流式磁选机扫选区较长，尾矿中损失的磁性矿物较少，回收率高。尾矿是利用溢流排放保证圆筒适度地沉没在稀悬浮液中，对入料变化适应性较强，目前重介质选煤厂用的磁选机以永磁逆流式圆筒磁选机为最多。湿式逆流式磁选机在选煤厂的现场应用案例如图4-45所示。

半逆流式磁选机工作原理如图4-46所示。稀悬浮液从中间给入扫选区是逆流式的、脱水区是顺流式的。因此它兼有逆流式的高回收率和顺流式的高精矿品位的优点。

磁选机的磁系有电磁和永磁两种，永磁磁系用得越来越普遍。永磁磁系不需要激磁电流和整流设备，不因电压不足或激磁系统停电而造成精矿损失，但是永磁块的场强会随使用时间的延长而衰减，过一定时间要充磁。

图 4-45 湿式逆流式磁选机应用现场图

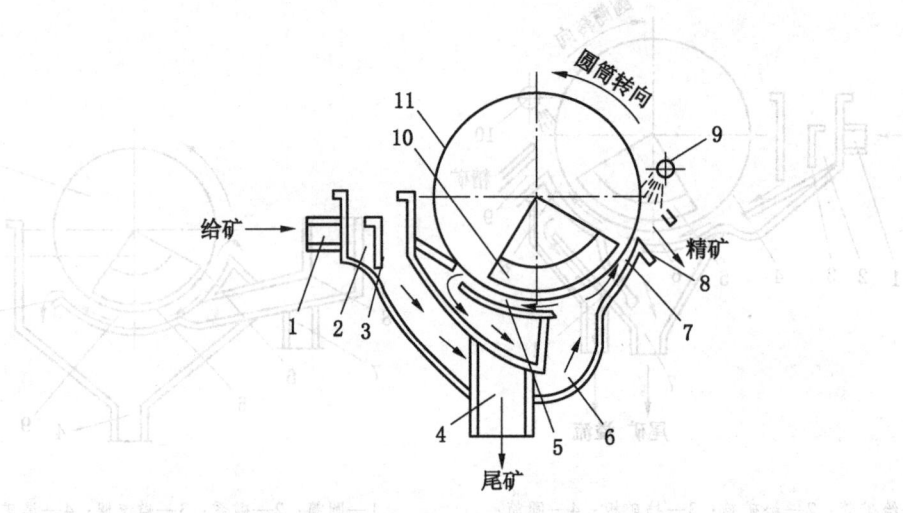

1—给矿管；2—给矿箱；3—挡矿板；4—尾矿管；5—扫选区；6—槽底；
7—脱水区；8—精矿管；9—冲洗水管；10—磁系；11—圆筒

图 4-46 半逆流式磁选机工作原理

还有双筒永磁磁选机的应用，该磁选机是将两台单筒磁选机串起来组成，如图 4-47 所示。

4. 预磁器和脱磁器

预磁器（图 4-48）能产生一定强度的磁场使磁铁矿产生剩磁，于是出现磁聚现象，这可以加速磁铁矿的沉淀。

脱磁器（图 4-49）是制成塔锥形的脱磁线圈通入交流电，在线圈中心的矿浆管内即形成方向时时变化磁场，强度由大变小的磁场使磁铁矿受到反复脱磁，最后失去剩磁。

预磁和脱磁是两个相反的过程。预磁可以提高磁选回收率；脱磁是利用外磁场消除磁铁矿的剩磁和磁聚，提高悬浮液的稳定性。

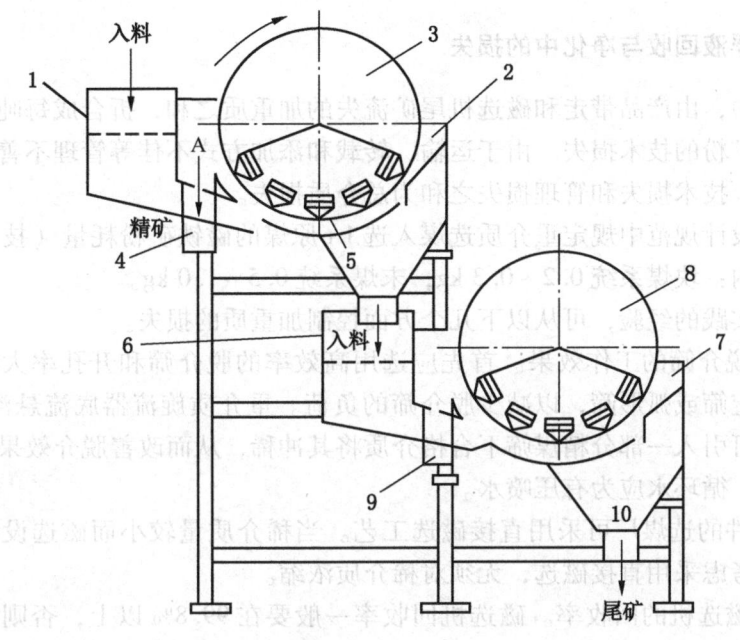

1、6—入料口；2、7—分选槽；3、8—磁选机圆筒；4、9—精矿槽；5、10—尾矿槽

图 4-47 双筒永磁磁选机示意图

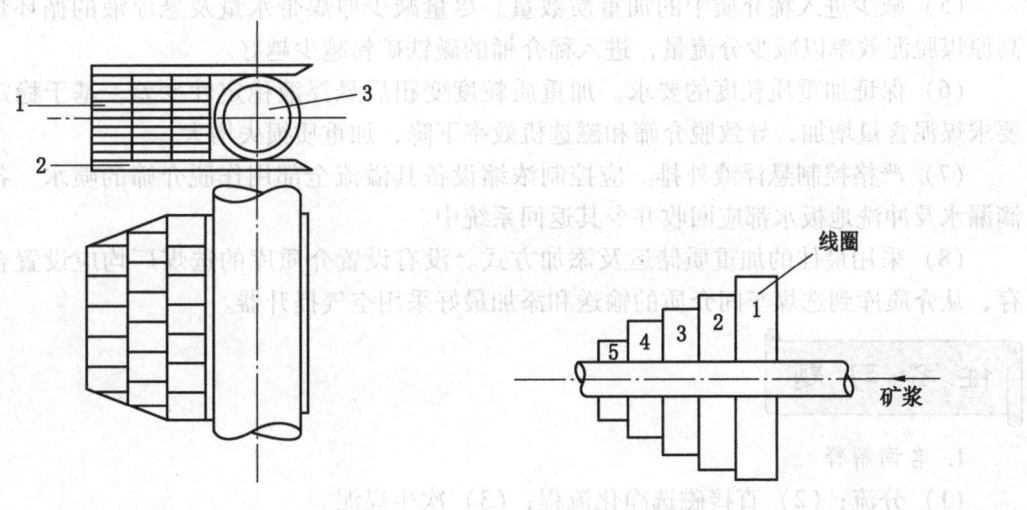

1—磁块；2—磁导板；3—工作管道

图 4-48 预磁器示意图　　　　　　图 4-49 脱磁器示意图

5. 介质桶

介质桶包括合格介质桶和稀介质桶，是为了储存和缓冲悬浮液而设置的。介质桶呈圆形，下底为圆锥形，锥角为60°。为防止磁铁矿沉淀无法起泵，开机时采用0.6~0.8 MPa压缩空气搅拌，正常生产后便靠悬浮液自身循环搅拌。介质桶要有足够的容积以保证停机后能容纳分选机及管道中的全部合格介质，防止停机时跑、冒而造成重介质的损失。

117

四、重悬浮液回收与净化中的损失

生产过程中，由产品带走和磁选机尾矿流失的加重质之和，折合成每吨原煤的介质损失，称为磁铁矿粉的技术损失。由于运输、转载和添加方式不佳等管理不善而造成的损失称为管理损失。技术损失和管理损失之和为总介质损失。

我国选煤设计规范中规定重介质选煤入选 1 t 原煤的磁铁矿粉耗量（技术损失）应控制在下列指标内：块煤系统 0.2~0.3 kg；末煤系统 0.5~1.0 kg。

根据生产实践的经验，可从以下几个方面控制加重质的损失。

（1）提高脱介筛的工作效果。首先应选用高效率的脱介筛和开孔率大的筛面。在脱介筛前设置固定筛或弧形筛，以减少脱介筛的负荷。重介质旋流器底流悬浮液密度较高，脱介效果差，可引入一部分精煤筛下合格介质将其冲稀，从而改善脱介效果。脱介筛第二段的喷水要足，循环水应为有压喷水。

（2）有条件的选煤厂可采用直接磁选工艺。当稀介质量较小而磁选设备的处理能力又较大时，可考虑采用直接磁选，无须对稀介质浓缩。

（3）提高磁选机的回收率。磁选机回收率一般要在 99.8% 以上，否则磁铁矿粉的损失过大。

（4）保持各设备液位平衡。防止介质循环系统发生堵、漏事故，避免介质桶跑、冒造成的磁铁矿大量损失。

（5）减少进入稀介质中的加重质数量。尽量减少原煤带水量及悬浮液的循环量，提高原煤脱泥效率以减少分流量，进入稀介桶的磁铁矿粉越少越好。

（6）保证加重质粒度的要求。加重质粒度变粗后悬浮液稳定性变差，基于稳定性的要求煤泥含量增加，导致脱介筛和磁选机效率下降，加重质损失增大。

（7）严格控制悬浮液外排。应控制浓缩设备其溢流全部用作脱介筛的喷水。各设备滴漏水及冲洗地板水都应回收并令其返回系统中。

（8）采用最佳的加重质储运及添加方式。没有设置介质库的选煤厂均应设置合理库存，从介质库到选煤车间介质的输送和添加最好采用空气提升器。

任务习题

1. 名词解释

（1）分流；（2）直接磁选净化流程；（3）次生煤泥。

2. 填空题

（1）进入系统的煤泥量应该与系统中排出的煤泥量达到＿＿＿＿。

（2）脱介筛第一段用来泄除产品中的悬浮液，能脱除＿＿＿＿悬浮液。

（3）块煤重介质选煤加重质的实际损失应低于＿＿＿＿ kg/(t 原煤)。末煤重介质选煤加重质的实际损失应低于＿＿＿＿ kg/(t 原煤)。

3. 判断题

（1）目前重介质选煤厂用的磁选机以永磁逆流式圆筒磁选机为最多。（　）

（2）大量打分流会造成磁选机入料浓度突然增加，但磁选机效率不会有变化。（　）

(3) 保持各设备液位平衡，防止堵、漏事故发生，堵、漏事故可造成重介质的大量损失。（　）

4. 选择题

(1) 提高分选设备的回收率，用磁选方法净化悬浮液一般应保证磁选机回收率在（　　）以上，否则磁铁矿粉的损失过大。
  A. 98.8%　　　　B. 99.8%　　　　C. 99.0%　　　　D. 97.8%

(2) 逆流式磁选机扫选区较长，尾矿中损失的磁性矿物较少，回收率（　　）。
  A. 高　　　　　B. 低　　　　　C. 一般　　　　　D. 较高

5. 简答题

(1) 悬浮液回收净化有哪几种流程？请设计画出其中一个悬浮液回收净化流程。
(2) 重介质分选过程中，重悬浮液中煤泥量的变化情况是什么样的？
(3) 选煤用磁选机是哪种磁选机？常用的是哪一类？描述磁选机回收重介质的过程。
(4) 生产中如何控制介耗达到损耗的最佳指标？

任务六　学习重介质选煤的自动控制

任务目标

知识目标：了解重介质选煤过程中密度、桶位、磁性物含量以及旋流器入料压力等自动控制方法；总结当前主要使用的仪器类型和控制原理。

能力目标：能够熟悉掌握各个自动控制系统的控制过程。

素质目标：培养钻研重介质选煤过程中其他自动控制技术，增强创新思维。

课程思政

匡亚莉教授，长期致力于我国选煤厂设计、系统工程原理与方法的教育事业，在选煤厂生产经营管理网络及决策支持系统、选煤过程的模拟优化和控制、选煤工业工程设计计算机辅助设计、选煤厂设计和管理的理论与实践，以及选煤系统的复杂性和系统性研究等方面建树颇丰。从20世纪90年代初，就致力于研究选煤方法及产品方案设计专家系统、选煤厂生产管理信息系统、选煤厂生产系统计算机集中控制等领域，出版的专著有《选煤工艺设计与管理》《跳汰分选机理及专家知识库研究》等，获得省部级以上荣誉10余项，是我国选煤领域优秀的教育及选煤系统研究工作者。

让我们向选煤界的优秀导师们看齐，将选煤技术和应用发扬光大！

任务描述

由于重介质选煤的分选过程受入料原煤数量和质量特性、分选工艺、分选设备特点、悬浮液特性等因素影响，需要随时检测和调整。例如悬浮液的密度，由于原料煤中水分、原生煤泥含量、给煤量的均匀性和连续性、脱介筛的脱介效率、悬浮液砂泵的扬程与流量、磁选精矿的含水量等，都会使其发生波动，人工控制无法频繁、精准地调整，只有采用自动控制才能使悬浮液密度稳定。诸如悬浮液的液位、悬浮液中非磁性物含量、旋流器压力等参数的自动控制技术，都已经在选煤厂得到了广泛的应用。这些自动控制技术，都是通过检测装置将所测得的一次信号，经电子仪器转换成电信号，传输给执行机构，即时对目标控制参数进行准确的调整，以达到设定的工作状态，从而保证分选系统稳定运行。

任务知识

在重介质选煤中，生产过程随时发生着变化，为了保证产品质量和数量的稳定，就需要不断地对各工艺参数进行检测和调整，这就需要自动检测与控制。自动测控技术涉及自动检测、自动调节和自动控制。

一、悬浮液密度自动控制系统

悬浮液的密度直接影响实际分选密度，为了提高分选过程的工艺效果，实际分选密度的波动应尽可能小，一般要求进入分选机中的悬浮液密度波动小于 $0.1\ g/cm^3$，但悬浮液密度与实际分选密度是有差别的。生产中当调好悬浮液密度后，由于原料煤中水分、原生煤泥含量、给煤量的均匀性和连续性、脱介筛的脱介效率、悬浮液砂泵的扬程与流量、磁选精矿的含水量等，都会使悬浮液的密度发生波动，人工控制很难保持悬浮液密度的稳定，只有采用自动控制才能使悬浮液密度稳定。

悬浮液密度自动控制装置有双管压差密度计、水柱平衡密度计及放射性密度测定仪等。

1. 双管压差密度计

图4-50为双管压差密度计装置示意图。在被测的悬浮液内放进两根插入深浅不同的测压管。具有 0.015 MPa 的压缩空气通过节流阀分别进入两根测压管内，压缩空气充满双管后，加之管端的压力进入悬浮液。由于节流阀的作用，管内气压将与管端重介质的压力相平衡。长管上端的横侧胶管与密封的水盒相连，水盒的下部与指示管和电极的底部相

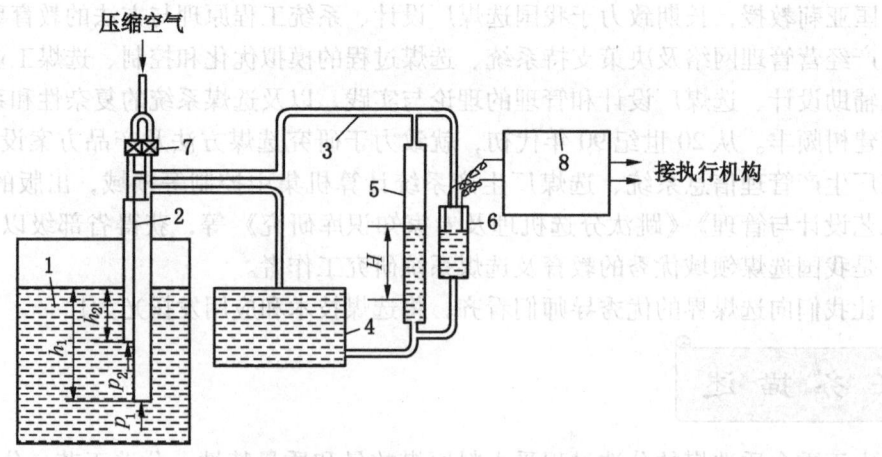

1—被测的悬浮液；2—测压管；3—胶管；4—水盒；5—指示管；6—电极；7—节流阀；8—放大器

图4-50 双管压差密度计装置示意图

通。短管的横侧胶管则与指示管和电极的上部连接，于是长短管之间便构成了闭路。由于测压管插入的深度不同，则管口处悬浮液的静压力也将有所区别。

设 h_1 和 h_2 分别为长管和短管的插入深度，长管口端的压强为 p_1，短管口端的压强为 p_2。由于长管口端的压强大于短管口端的压强，于是推动水盒内的水面下降，指示管内的水柱升高 H 高度。当压力达到平衡时，则有

$$p_1 = h_1 \rho_{zj} g, \ p_2 = h_2 \rho_{zj} g$$

得 $$h_1 \rho_{zj} g = h_2 \rho_{zj} g + H \rho_s g \quad (4-5)$$

由水的密度 $\rho_s = 1 \ \text{g/cm}^3$，得 $H = (h_1 - h_2) \rho_{zj}$。

$(h_1 - h_2)$ 为定值，所以指示管内的水柱高度 H 就可用来标识悬浮液的密度。用此装置控制悬浮液的密度，波动范围不超过 $\pm 0.015 \ \text{g/cm}^3$。

2. 水柱平衡密度计

水柱平衡密度计也是利用压差原理测定悬浮液密度的，如图 4-51 所示。被测的重介质通过介质箱 1 的固定筛，将大颗粒物料脱除后进入介质管 2，然后由喷嘴 4 流出。定压水箱 5 的清水经过水管 6 也经喷嘴 4 流走。为了使介质箱内悬浮液保持一定的高度 h，进入箱内过多的介质则从溢流管 7 流出。从喷嘴 4 流出的水与悬浮液的混合物去稀介质桶。当水和悬浮液都从喷嘴同时一起流出时，必然使水柱的压强与悬浮液的压强达到平衡，即

$$h \rho_{zj} g = H \rho_s g$$

得 $$H = h \frac{\rho_{zj}}{\rho_s} \quad (4-6)$$

水的密度 $\rho = 1 \ \text{g/cm}^3$ 时，水柱高度 h 是固定的，H 将随悬浮液密度 ρ_{zj} 变化而变成正比关系。因此标尺上所反映的水面高低，表示了悬浮液密度的大小。

测得的悬浮液密度的变化经电极转变为电信号，经电气控制系统，对介质桶内悬浮液的密度进行调整，以保持悬浮液密度在规定值。

若 $\rho_{zj} = 1400 \ \text{kg/m}^3$，$\rho_s = 1000 \ \text{kg/m}^3$，介质箱内悬浮液面到汇流槽中与水汇合处的高度 $h = 2 \ \text{m}$，则 $H = 2 \times 1.4 = 2.8 \ \text{m}$。

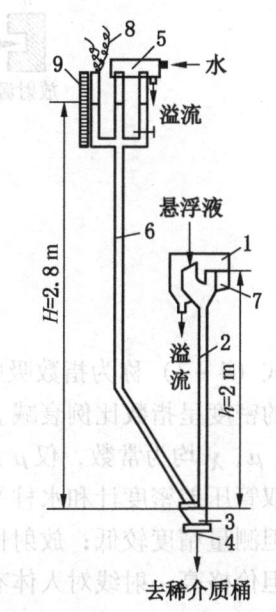

1—介质箱；2—介质管；3—汇流槽；
4—喷嘴；5—定压水箱；6—水管；
7—介质箱溢流管；8—电极；9—标尺

图 4-51 水柱平衡密度计
装置示意图

3. 放射性密度测定仪

放射性密度测定仪也称同位素（常用的同位素有 Co^{60} 和 Cs^{137}）密度计。其原理是根据 γ 射线穿过悬浮液时被吸收程度的大小来表示悬浮液密度高低，如图 4-52 所示。它无须取样，现场仪表简单、精度高。

将 γ 射线放射源和接收器分别放在管道的两侧，射线通过管道中的悬浮液后，有一部分被悬浮液吸收，吸收的多少与悬浮液密度成正比。此时悬浮液密度便可根据接收器所测得的总放射线强度大小加以确定。

γ 射线通过悬浮液后，其强度的衰减与被透射悬浮液的密度、厚度及质量吸收系数的

关系式如下：

$$I = I_0 e^{-\mu\rho x} \tag{4-7}$$

式中　I——穿透被测悬浮液衰减后的射线强度；
　　　I_0——无被测悬浮液时的射线强度；
　　　μ——被测悬浮液的质量吸收系数；
　　　ρ——被测悬浮液的密度；
　　　χ——被测悬浮液的透射厚度。

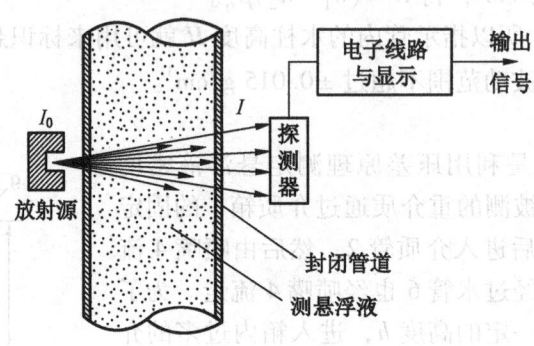

图 4-52　同位素密度计结构原理图

式（4-7）称为指数吸收定律，即 γ 射线穿过一定长度的通路后，射线的强度与悬浮液的密度呈指数比例衰减。对于选定的发射源、特定的管道尺寸、几何位置和被测悬浮液 I_0、μ、χ 均为常数，仅 ρ 是变量，因而测出 I 的变化即可间接测出的 ρ 变化。

双管压差密度计和水柱平衡密度计具有结构简单、成本低廉和技术上容易掌握等优点，但测量精度较低；放射性同位素密度计具有测量精度高、体积小、使用操作方便等优点，但价格高、射线对人体有损害，需要采取防护措施等。

4. 悬浮液的密度自动控制系统

图 4-53 是常用的悬浮液密度自动控制系统原理图。密度计 1 测出被控悬浮液的密度后将信号给入自动控制箱 2。测得的密度与要求保持的密度若不符，其密度差值便形成一个信号经放大后送入执行机构。当密度差值很微弱时，执行机构获得信号后将进行微调。如果密度差值较大，例如被测悬浮液密度低了，即合格介质因密度变低而不合格，此时信号通过控制箱对变流箱 3 发出指示，令其加大分流量将更多的应该合格而已经不合格的介质送入稀介质桶 6，使其参与浓缩、净化以后再返回合格介质桶 5。如果悬浮液密度仍未升高，就进一步加大分流量直到悬浮液密度达到合格值为止，这时分流量又恢复正常。如果送入磁选机的悬浮液密度高了，信号进入控制箱指令，开动水阀 4 往合格介质桶中补加清水，合格介质桶内的悬浮液密度开始逐渐下降，此时信号又通过控制箱指令，水阀减少清水加入量，直到合格介质桶中悬浮液密度达到设定值，水阀才停止供水。

介质桶内设有液位自动测定仪，并与密度自动控制统一考虑。一般情况下合格介质桶液位的高低取决于系统中磁铁矿粉的总量。液位过低说明磁铁矿粉总量过少，应添加新的磁铁矿粉；液位过高合格悬浮液的密度变小，而变为不合格，应加大分流量使之浓缩。此

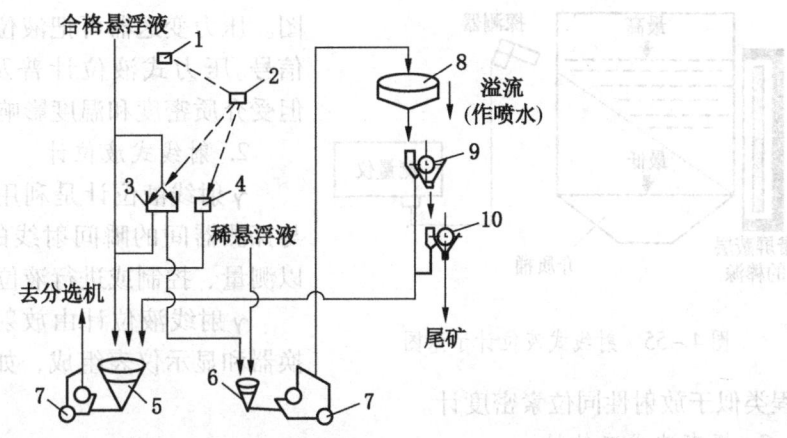

1—密度计；2—自动控制箱；3—变流箱；4—水阀；5—合格介质桶；6—稀介质桶；
7—介质泵；8—浓缩机；9—第一段磁选机；10—第二段磁选机

图4-53　常用的悬浮液密度自动控制系统原理图

时密度和液位自动控制的动作是一致的。

总之，密度自动控制系统的功能是，合格介质桶内悬浮液密度一旦升高就立即补加清水；密度一旦降低就加大分流量进行浓缩。液位低加新的磁铁矿粉；液位高加大分流量。当合格介质桶内悬浮液密度产生很大偏差时，密度和液面的自动控制系统能很快地把密度调整过来。

二、桶位的自动控制

介质桶有诸如合格介质桶、稀介质桶、煤介混合桶等多种，它们的液面在生产中会不断地变化，需要及时检测并调整。

液位测量仪表的类型很多，由于介质悬浮液的黏滞性和容易分层、沉淀等特点，用于介质桶桶位测量的仪器多是压力式、射线式、超声波式和浮标式等。

1. 压力式液位计

介质桶中盛有悬浮液时，流体对桶壁或底部会产生一定的静压力。当悬浮液的密度比较均匀、变化不大时，上述静压就与悬浮液的液位成正比。测出这个静压的变化就可知桶内悬浮液的液位。即

$$H = \frac{P}{\rho} \quad (4-8)$$

式中　H——液位高度；
　　　P——静压力；
　　　ρ——悬浮液密度。

测量介质桶中静压力的方法很多，如一般的精密压力表、压力变送器等。

图4-54为带法兰的压力式液位变送器安装示意

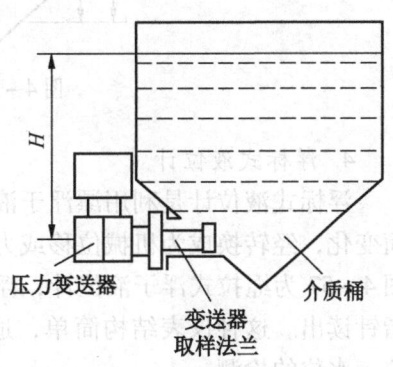

图4-54　带法兰的压力式液位
变送器安装示意图

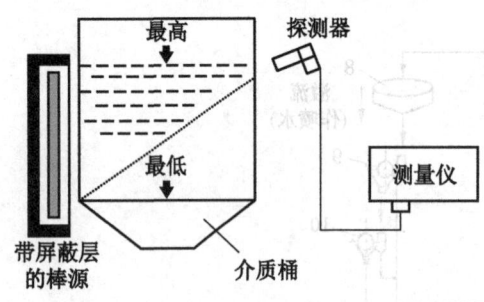

图4-55 射线式液位计示意图

图。压力变送器可把液位信号转换成统一的电信号。压力式液位计普及范围广,容易校准,但受介质密度和温度影响大,精度差。

2. 射线式液位计

γ射线液位计是利用液位变化引起放射源与探测器间的瞬间射线的通断或计量的改变,以测量、控制或进行液位报警的仪表。

γ射线液位计由放射源、探测器、信号转换器和显示仪表组成,如图4-55所示,工作过程类似于放射性同位素密度计。

3. 超声波式液位计

超声波式液位计是利用声波发射到液面再反射回的时间间隔来测出液位高低的。在测量中,脉冲超声波由换能器(传感器)发出声波,经液体表面反射后被同一换能器(传感器)接收转换成电信号,如图4-56所示,根据声波往返时间即可算出液面与换能器之间的距离。已知声波的传播速度$c = 334$ m/s,如果换能器至被测悬浮液槽底的高度为L,液位为H,声波经时间t可达液面。由液面反射的回波又经过同样的距离和时间回到换能器的安装处,即声波往返路程为换能器到液面距离的2倍,则液位

$$H = L - \frac{ct}{2} \tag{4-9}$$

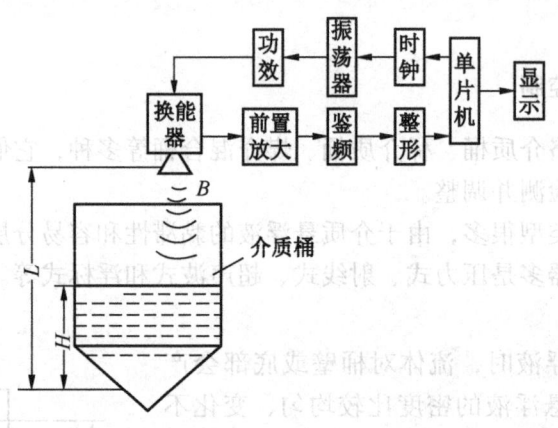

图4-56 超声波式液位计工作原理图

4. 浮标式液位计

浮标式液位计是利用漂浮于液面上的浮子或沉于液体中的浮筒,所受的浮力随着液位而变化,经转换成为机械位移或力的变化,再转换成机械或电动信号并传送给有关仪表。图4-57为绳拉式浮子液位计,浮子随液位上升或下降,它的位移经绳直接由标尺刻度和指针读出。这种仪表结构简单,适用于无电源的地方,但精度较低,在选煤厂多用于液位、水位的检测。

5. 介质桶液位自动调节系统

介质桶液位自动调节,主要指合格介质桶的液位调节。悬浮液在循环使用中液位是不

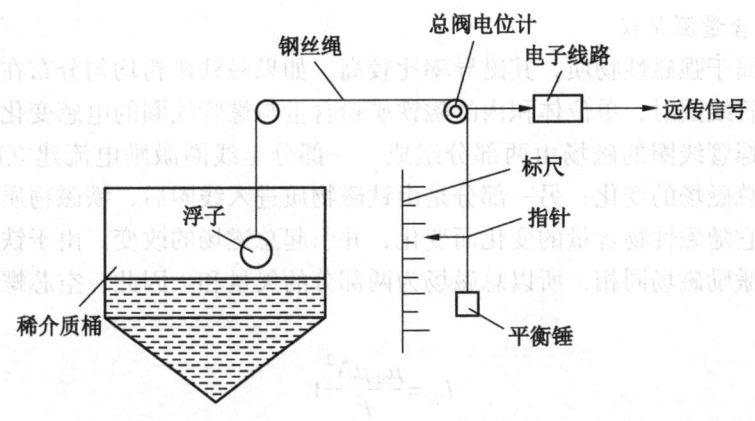

图 4-57 绳拉式浮子液位计工作原理示意图

断变化的。液位过高会造成溢流、跑冒事故；液位过低可能把悬浮液抽空无法选煤；液位不稳定也会影响悬浮液工艺参数的调整（如密度、黏度等），影响分选效果。如图 4-58 所示，超声波液位计测得液位信号送给调节器，自动控制分流箱、调节分流量使液位稳定。当液位过低时，发出报警信号自动补加水。

需要注意，合格介质桶液位的高低取决于系统中磁铁矿粉的总量。液位过低，说明磁铁矿粉总量过少，应添加新磁铁矿粉；液位过高，合格悬浮液的密度变小变为不合格，应加大分流量使之浓缩。此时液位和密度自动控制的动作是一致的。

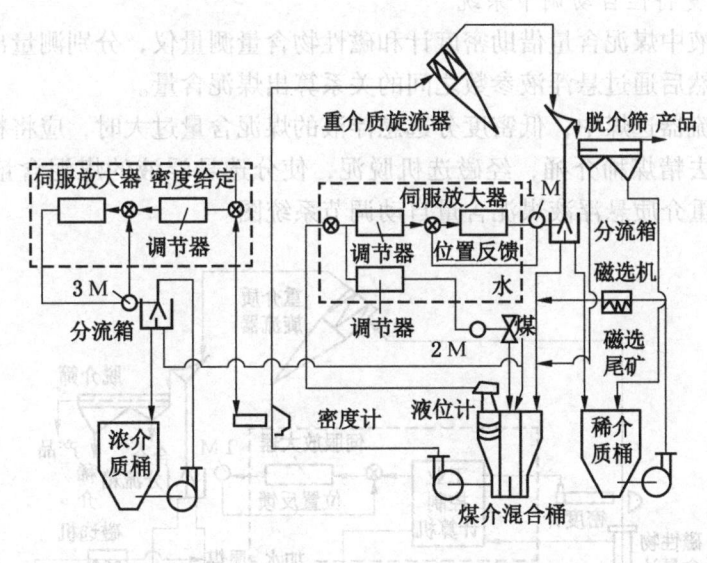

图 4-58 合格介质桶液位自动控制原理图

三、悬浮液中非磁性物含量检测

由于悬浮液的非磁性物（煤泥）含量无法直接测得，故可通过测量悬浮液密度和悬浮液磁性物含量，然后推算出悬浮液煤泥含量。

1. 磁性物含量测量仪

磁铁矿粉属于强磁性物质,其磁导率比较高。如果磁铁矿粉均匀分布在悬浮液中,则悬浮液通过螺管线圈时,单位体积内的磁铁矿粉含量与螺管线圈的电感变化量成正比。含有铁磁物质的螺管线圈的磁场由两部分组成,一部分是线圈激励电流建立的空芯线圈磁场,不会引起总磁场的变化;另一部分是由铁磁物质进入线圈后,铁磁物质被磁化所产生的附加磁场,它随磁性物含量的变化而变化,并引起总磁场的改变。由于铁磁物质所产生的附加磁场与激励磁场同相,所以总磁场为两部分的矢量和。因此,空芯螺管线圈的电感量 L_a 为

$$L_a = \frac{\mu_0 \mu N^2}{l^2} V \qquad (4-10)$$

式中 μ_0——真空磁导率;

μ——铁磁物质的磁导率;

N——线圈匝数;

l——线圈长度;

V——铁磁物质的体积。

式(4-10)中,如果设定 μ_0、μ、l、N 为常数,则线圈的电感变化量 L_a 与铁磁物质含量成正比,电感式磁性物含量测量仪就是根据这一原理制成的。它不仅可以用来测量重介质悬浮液的流变性质,还可以测量磁选机尾矿的磁铁矿损失量,作为损失过大的报警信号。

2. 悬浮液流变特性自动调节系统

重介质悬浮液中煤泥含量借助密度计和磁性物含量测量仪,分别测量出悬浮液的密度和磁性物含量,然后通过悬浮液参数之间的关系算出煤泥含量。

在重介质旋流器选煤中,低密度分选悬浮液的煤泥含量过大时,应将精煤弧形筛下的合格悬浮液分流去精煤稀介桶,经磁选机脱泥,使分选悬浮液的煤泥含量稳定在规定范围。图 4-59 为重介质悬浮液煤泥含量自动调节系统图。

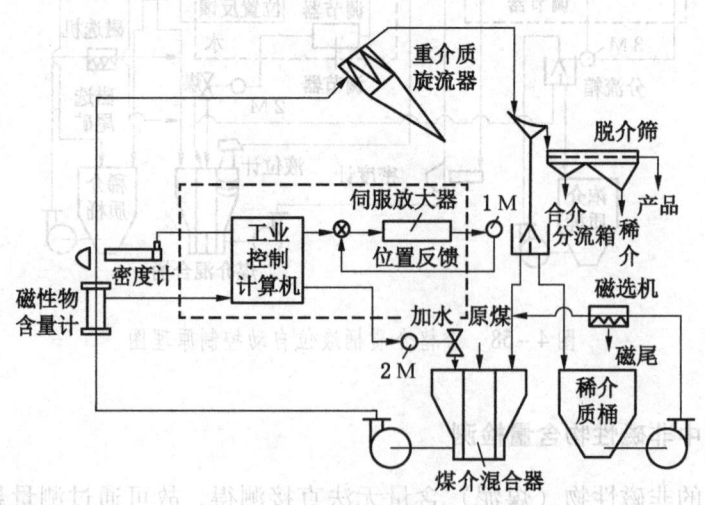

图 4-59 重介质悬浮液煤泥含量自动调节系统图

四、旋流器压力自动测控

重介质旋流器的入口压力是旋流器的工作动力来源，必须把旋流器入口压力控制在合适的范围。

一般情况下，旋流器入口压力满足

$$H \geqslant 9D \tag{4-11}$$

式中　H——旋流器入口压力水柱，m；
　　　D——旋流器直径，m。

对于小直径的煤泥重介质旋流器，入口压力要远远大于这个范围。

1. 入口压力检测仪表

重介质选煤厂用于旋流器压力检测的仪表主要有压力表和压力传感器，压力表多为弹性式压力表。其工作原理是利用弹性敏感元件，如单圈弹簧管、多圈螺旋弹簧管、膜片、膜盒、波纹管或析簧等。在被测介质的压力作用下，产生相应的位移，此位移经传动放大机构，将被测量的压力值在刻度盘上指示出来。

2. 旋流器入口压力自动调节系统

旋流器如果是采用定压箱给料方式，只要保证定压箱有溢流即可保持旋流器入口压力稳定。自动控制的重点是检测定压箱的液位，如果液位偏低，应发出报警信号。图4-60为定压箱示意图。

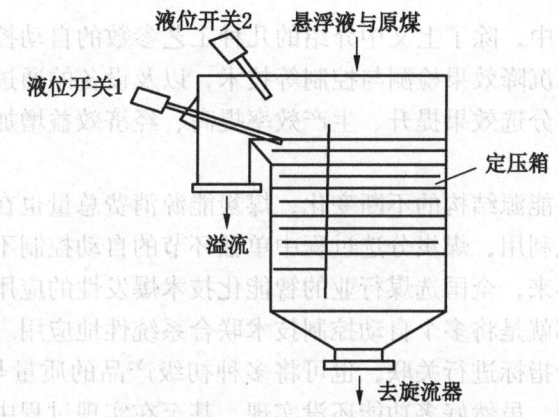

图4-60　定压箱示意图

为了保持定压箱的液位稳定，进入定压箱的悬浮液量应略大于旋流器的处理量，使多余的悬浮液流向溢流，并返回合格介质桶。溢流堰上部装有液位开关1，在正常工作时，应保持液位开关的接通。液位开关2作为过负荷的报警信号装置。如果采用泵有压或无压给料选煤时，旋流器的入口压力主要是用控制泵的转速来进行调节的。

旋流器入口压力自动调节系统如图4-61所示。自动化程度的提高对降低操作人员的劳动强度，提高测控的及时性、准确性均有明显改观，也促进了重介质选煤技术的迅速推广和应用。

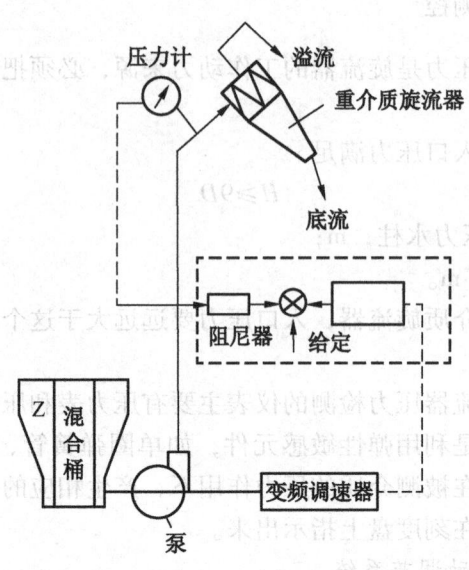

图 4-61 旋流器入口压力自动调节系统

五、其他自动测控

在重介质选煤过程中，除了上文中介绍的几种工艺参数的自动控制，还有煤泥水系中的自动加药控制、煤泥沉降效果检测与控制等技术，以及设备的通过量检测与控制，只要是能够实现重介质选煤分选效果提升、生产效率提高、经济效益增加管理目标的，都可以去研究过程的自动控制。

随着全国乃至世界能源结构的不断变化，煤炭能源消费总量也在降低，这就更加要求煤炭的洁净化、高质化利用，煤炭分选过程中单独环节的自动控制不能完全发挥选煤的资源优化配置功能。近年来，全国选煤行业的智能化技术爆发性的应用与推进，使得煤炭分选的功能更加明显，那就是将多个自动控制技术联合系统性地应用。比如，我们可以将密度自动控制与产品灰分指标进行关联，也可将多种初级产品的质量与参配过程进行关联，实现大系统的自动控制，虽然好多功能还没实现，甚至在实现过程中需要更多的检测手段和控制方法去实现，但这都是值得进一步研究的。

任 务 习 题

1. 名词解释

（1）放射性密度测定仪；（2）密度自动控制系统。

2. 填空题

（1）当悬浮液密度达到规定值的要求时，一般情况下合格介质桶液位的高低取决于系统中_____。

（2）当原煤带水过多或往合格介质桶中窜水时，可发现合格介质桶中悬浮液的液面

_____过高，悬浮液密度下降较大，密度波动加剧，则磁铁矿粉损失_____。

（3）合格介质桶的液位调节主要采用_____和补加高密度介质与水的办法。

3. 判断题

（1）实际分选密度的波动应尽可能小，一般要求进入分选机中的悬浮液密度波动需小于 0.2 g/cm³。　　　　　　　　　　　　　　　　　　　　　　　　　　（　　）

（2）合格介质桶内悬浮液密度一旦升高就立即补加清水；密度一旦降低就加大分流量进行浓缩。　　　　　　　　　　　　　　　　　　　　　　　　　　（　　）

（3）一般在分选密度较低、磁铁矿粉粒度较粗时，增加工作悬浮液中的煤泥含量可以改善分选效果。　　　　　　　　　　　　　　　　　　　　　　　　（　　）

（4）随着旋流器入口压力的增大，可以改善分选分离的效果，所以旋流器的入料压力越大越好。　　　　　　　　　　　　　　　　　　　　　　　　　　（　　）

4. 选择题

（1）悬浮液的流变特性是表征悬浮液的流动与变形之间的关系的一种特性，主要受（　　）的影响。

A. 密度　　　　　　　　　　　　　　B. 浓度和煤泥含量
C. 稳定性　　　　　　　　　　　　　D. 粒度

（2）以下哪种设备设施不是常用的重介质悬浮液密度检测装置？（　　）

A. 双管压差密度计　　　　　　　　　B. 水柱平衡密度计
C. 石油密度计　　　　　　　　　　　D. 放射性同位素密度计

5. 简答题

（1）重介质选煤过程中，悬浮液的密度和合格介质桶的自动控制是如何实现的？

（2）生产过程中，悬浮液中非磁性物是如何检测的？悬浮液中的煤泥有什么作用？如何进行控制？

项目五　其他重力选煤方法

本项目介绍处于重选有效分选粒度下限（0.5 mm）附近的粗煤泥的各种重选方法，这些方法包括以水为分选介质的液固流化床分选、螺旋分选、摇床分选，以及以空气为分选介质的气固流化床分选，这些重力分选方法主要是用于弥补块、末煤重力分选的有效分选下限和煤泥浮选的有效分选上限之间的粗煤泥分选的重要技术，在选煤工艺中占有重要地位。

任务一　认识液固流化床分选

任务目标

知识目标：掌握液固流化床分选方法的基本原理；掌握液固流化床分选机的基本结构和工作过程。

能力目标：能够分析影响液固流化床分选机分选效果的主要因素；能够分析液固流化床分选效果恶化的原因并采取措施进行改善。

素质目标：培养学生安全高效的生产理念和爱岗敬业的工匠精神。

课程思政

在 2000 年之前，我国的选煤工艺流程基本上是两段选煤模式，即重介质或跳汰 + 浮选模式，而我国细粒煤多，采用三段选煤工艺更加合理，即在重介质或跳汰和浮选之间增加粗煤泥分选环节。这种三段选煤工艺的优点在于可保证全粒级精煤产率最大化，且各种分选方法的粒度范围可根据物料粒度组成适当调整，工艺灵活。在重选和浮选之间增加粗煤泥分选，分别压缩了块、末煤重选和煤泥浮选的允许粒度范围，减少了重选和浮选过程中粗细粒的相互干扰，分选效果将会有明显的提高。并且可以大幅度降低全厂的动力负荷，减少浮选入料量和加工成本，减轻选煤厂煤泥水处理负荷，有助于扩大选煤厂的生产能力。粗煤泥分选系统的增加使大直径重介质旋流器的分选下限降低，入料压力下降，降低介耗，减少浮选入料量，煤泥水沉降所需的面积和浮选精、尾煤的脱水面积减少，循环水浓度降低，减少对其他环节的影响。粗煤泥分选环节的大面积推广，是我国选煤厂降低生产成本、提高生产效率和充分利用宝贵的煤炭资源的重要体现。

任务描述

液固流化床分选机是由古老的水力分级机发展而来的。由于采用干扰沉降原理，且在分选过程中存在悬浮液床层，研究人员又将这种设备称为干扰床分选机（TBS）。第一台

TBS 诞生于 1934 年。早期的 TBS 是作为分级机使物料按粒度进行分级而使用的，主要用于处理砂料。经过多年的研究和发展，它逐渐从分级设备转变为分选设备，且分选密度逐步降低，最低已可达到 1.35 g/cm³，而且具有良好的分选效率。1964 年，TBS 首先在英国用于煤炭的分选。进入 21 世纪，该技术在煤炭领域发展迅速。目前，全世界的 TBS 约一半以上用于处理粒度在 1～0.25 mm 的粗煤泥。液固流化床分选机近年来在选煤领域推广应用速度很快，目前新设计或改造的选煤厂一般都优先考虑使用该方法分选粗煤泥。

一、液固流化床的分选原理

液固流化床的分选原理是利用不同颗粒在干扰沉降条件下的沉降速度差异实现分选的。在液固流化床分选机内，不同密度颗粒的干扰沉降速度与颗粒密度、粒度的关系如图 5-1 所示。

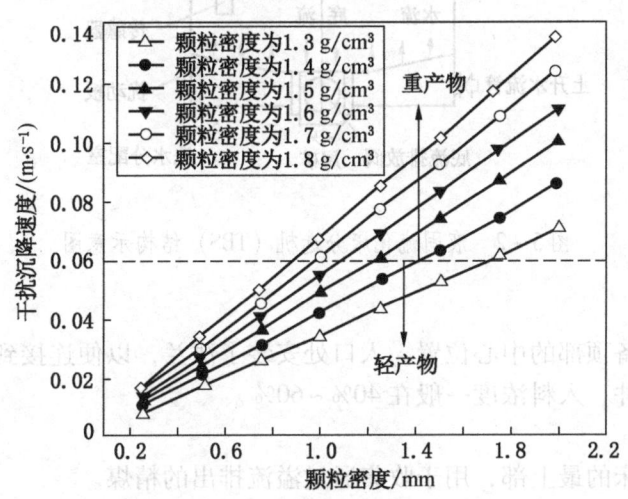

图 5-1 不同密度颗粒的干扰沉降速度与颗粒密度、粒度的关系图

由于入料颗粒的密度、粒度不同，颗粒的干扰沉降速度产生了差别，在颗粒沉降速度等于上升水流速度的情况下，颗粒在液固流化床中呈悬浮状态，形成分选床层；当颗粒沉降速度小于上升水流速度时，颗粒在上升水流的作用下被携带至溢流，成为精煤；当颗粒沉降速度大于上升水流速度时，颗粒向下运动，穿过分选床层成为尾煤，从底流口排出，从而实现了精煤与尾煤的有效分离。在这个过程中，床层中一部分颗粒经过不断置换，沉降速度比较均一，与水形成分选床层，该床层作为液固流化床的分选介质，是伴随着流化床分选的过程自然形成的。在液固流化床的分选过程中，为了突出轻产物和重产物的密度差异，需要对入料粒度进行严格控制，从而减小粒度差异对沉降速度的影响。

二、液固流化床分选机的基本结构与工作过程

TBS 干扰床分选 微课

1. 基本结构

液固流化床分选机结构如图 5-2 所示,主要包括分选机主体、给料系统、排料系统、控制系统 4 个部分。

1）分选机主体

分选机主体为柱形槽体,在主体中形成自生干扰床层,实现对物料的分选。

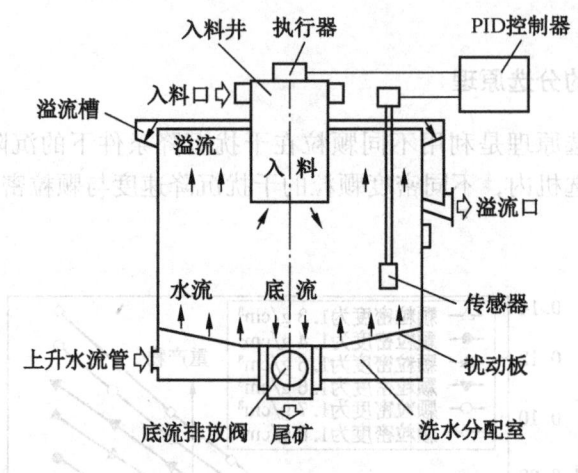

图 5-2 液固流化床分选机（TBS）结构示意图

2）入料井

入料井位于设备顶部的中心位置。入口处安装了法兰,以便连接到煤泥入料管线,矿浆沿切向给入入料井,入料浓度一般在 40%~60%。

3）溢流槽

溢流槽在干扰床的最上部,用于收集通过溢流排出的精煤。

4）执行机构

执行机构用于控制主体底部阀门的开启和关闭,由汽缸和定位器组成,定位器接收来自就地控制器或控制系统 PLC 的电流信号。每个执行机构与排料阀门相连,气动机构向下运动使排料阀离开阀座以打开阀门。

5）传感器

传感器位于 TBS 中部的压力传感器,用于探测床层悬浮液中某一特定水平面上的压力,将电流信号输入到控制系统的 PLC 或就地控制箱,由控制器将其转换为紊流床层的密度,并控制执行机构。

6）排料阀及阀座

排料阀置于槽体底部的阀座内,当紊流床层密度增加超出设定值,需要开启阀门排料时,执行机构便推动排料阀推杆向下运动,使锥形阀离开阀座排出重产物。

7）紊流板（扰动板）

紊流板（扰动板）又称流体分布器,是实现颗粒流态化的关键部件,其作用是使上

升水流均匀地分布于整个槽体床层底部。每块紊流板上分布着一定数量的孔，孔径为5 mm，水按一定的压力由底部给入，经过紊流板进入干扰床主体中上部，形成稳定的上升水流。

8）控制器

紊流床层的密度是由浸入到紊流槽内的传感器监测的。为使紊流床层的密度保持稳定，控制器将来自床层密度计的测量值与设定值进行比较，通过 PID 闭环控制确定输出值，即阀门开度，通过控制底流物料的排出量，达到控制床层密度的目的。如果实际密度高，执行器就会使排料阀打开，排出床层中多余的物料。相反，控制系统将阻止床层中物料的排放。

2. 工作过程

工作过程：入料经入料井向下散开，与上升水流相遇，使矿物颗粒在分选机主体内做干扰沉降运动。由于颗粒的密度不同，其干扰沉降速度存在差异，从而为分选提供了依据，其分选过程主要取决于各种颗粒相对于水的干扰沉降速度。沉降速度大于上升水流流速的颗粒进入底流，而沉降速度小于上升水流流速的颗粒进入溢流，沉降速度等于上升水流流速的颗粒则处于悬浮状态，从而在干扰床的下部形成由悬浮颗粒组成的流化床层，该床层中颗粒高度富集，成为自生介质层。与在纯水中的情况不同，颗粒在下降过程中相互干扰，并经历一个密度梯度，限制了物料进入底流。当系统达到稳定状态时，入料中密度低于干扰床层平均密度的颗粒将浮起，进入溢流，

TBS 干扰床工作过程 动画

而密度比干扰床层平均密度大的颗粒就穿透床层进入底流，并通过设备底部的排料口排出。

三、影响液固流化床分选机工作的因素

影响液固流化床分选的因素包括设备因素和操作因素，前者主要包括密度传感器的检测精度、电磁流量计的检测精度、密度控制精度、上升水流流量控制精度等；后者主要包括入料粒度组成、细泥含量、入料性质、密度设定值和上升水流流量设定值等。

1. 设备因素

（1）密度计和电磁流量计的测量精度。作为分选控制最重要的两个参数的检测传感器，其检测精度直接决定了控制精度的高低，检测精度越高，床层控制的稳定性就越好。

（2）密度和上升水流流量控制精度。控制精度取决于检测精度、控制器的精度和执行机构的精度。同样控制越高，相应的控制系统的配置和造价也越高，寿命相应缩短。

2. 操作因素

（1）入料粒度组成。液固流化床分选物料的粒度为 3~0.15 mm，选煤厂的粗煤泥一般控制在 1.5~0.15 mm，最佳分选粒度应在 1~0.25 mm。粒度范围越窄，密度对沉降末速的影响越显著，分选效果越好，此外分选粒度的上下限可在一定程度上同时上移或下移，如 4~1 mm 或 0.75~0.074 mm。

（2）细泥含量。入料中的细泥含量对分选效果和最终精煤产品的灰分影响很大，经过跳汰或重介质分选过的粗煤泥中 -0.125 mm 的细泥灰分一般在 40% 以上，而选前脱泥脱掉的未经过分选的粗煤泥中 -0.125 mm 的灰分一般在 50% 甚至 60% 以上，粒度更细的部分灰分更高，根据液固流化床分选机的分选原理，这部分高灰细泥大多数进入溢流，即

使对溢流进行多段脱泥,也难以将细泥完全脱除,将导致最终粗精煤泥的灰分偏高。

(3) 入料浓度。入料浓度是影响分选效果的主要工艺参数,它影响着分选机的分选过程、生产能力、产品质量和产率。在干煤泥处理能力一定时,浓度低代表给料矿浆量增大、给料中的水增多,从而会扩大对床层的扰动和破坏,入料中的水向下与上升逆向交汇,会影响悬浮床层对物料的分选。一般要求给料浓度大于40%。

(4) 入料性质。主要包括密度组成和形状。一般粗煤泥的解离比较充分,中间密度物少,低密度和高密度含量高,粗煤泥的可选性好。颗粒形状对干扰沉降的影响也较大,颗粒的形状越均匀,可选性越好。

(5) 密度设定值和上升水流流量设定值。这两个是液固流化床的最主要的操作参数,二者共同决定了床层的密度和松散度,设定时两者应相互匹配,否则达不到稳定床层的目的,如有时将密度设定得较高,而上升水流很大,大部分物料从溢流排走,而床层很松散,床层密度一直达不到设定值,尾矿始终不能排放,分选过程无法进行。表5-1列出了一般液固流化床分选机的主要技术参数。

表5-1 液固流化床分选机的主要技术参数

筒体直径/m	处理能力/$(t \cdot h^{-1})$	用水量/$(m^3 \cdot h^{-1})$	给水压力/MPa	入料浓度/%	入料粒度/mm	可调分选密度/$(g \cdot cm^{-3})$
1.5	30~45	30~50	0.07~0.12	40~60	3~0.25 mm,最好控制在1~0.25 mm	1.40~1.90
1.8	45~60	50~70	0.07~0.12	40~60		1.40~1.90
2.1	60~80	65~90	0.07~0.12	40~60		1.40~1.90
2.4	80~100	80~120	0.07~0.12	40~60		1.40~1.90
3.0	110~140	120~180	0.07~0.12	40~60		1.40~1.90
3.6	150~180	180~240	0.07~0.12	40~60		1.40~1.90

任务习题

1. 名词解释

(1) 紊流板;(2) 控制器;(3) 入料井。

2. 填空题

(1) 液固流化床分选机包括_____、_____、_____、_____4部分。

(2) 液固流化床中的控制器用于检测床层的密度并控制阀门的开闭,当实际密度高于设定值时,执行器会使排料阀_____,当实际密度低于设定值时,执行器会使排料阀_____。

3. 判断题

(1) 液固流化床入料中细泥含量越高,分选效果越好。( )

(2) 液固流化床分选机的入料来自床层底部。( )

4. 选择题

(1) 液固流化床主要用于处理粒度范围在（　　）的煤炭。
A. 6~3 mm B. 3~1 mm C. 1~0.25 mm D. <0.5 mm

(2) 实现液固流化床密度控制的部件是（　　）。
A. 入料井 B. 控制器 C. 溢流槽 D. 紊流板

(3) 液固流化床分选出的精煤通过（　　）排出。
A. 入料井 B. 控制器 C. 溢流槽 D. 紊流板

5. 简答题

(1) 简述液固流化床分选机的工作原理。
(2) 当液固流化床的溢流产品灰分偏高时，可以采取哪些措施降低溢流产品灰分？
(3) 简述液固流化床分选机中分选床层的密度是如何实现自动控制的。

任务二　认识螺旋分选

任务目标

知识目标：掌握螺旋分选方法的基本原理；掌握螺旋选矿机的基本结构和工作过程；了解影响螺旋选矿机工作的主要因素。

能力目标：能够分析影响螺旋分选机分选效果的主要因素。

素质目标：培养学生科学分析问题的精神。

任务描述

将一个窄的溜槽绕垂直轴线弯曲呈螺旋状，便构成螺旋选矿机或螺旋溜槽。螺旋选矿机最早是由美国汉弗莱（I. B. Humphreys）于1941年制成的，故国外常称作汉弗莱分选机。螺旋溜槽大约在20世纪60年代末开始在工业上使用，它与螺旋选矿机的不同之处在于，螺旋溜槽具有较宽和较平缓的槽底，因而适用于处理更细粒级的原料。

任务知识

一、螺旋分选的基本原理

在螺旋选矿机内，物料之所以得到分选，主要是由于受水流特性的影响。液流自上端进入槽体，沿螺旋槽向下做回转运动，成为主流或纵向流，同时又在横向形成环流，称为横向环流或副流，水流速度和厚度在横断面上由内向外逐渐增加，槽内侧水层薄流速小，外侧水层厚流速大。

水流中的矿粒在重力、摩擦力、惯性离心力和水流动压力等作用下首先松散分层，密度大的矿粒转入底层，密度小的矿粒转入上层，同时由于离析作用，细矿粒会穿过与其密度相近的粗矿粒之间的空隙进入下层，而粒度非常微细的矿泥漂浮在水流的最上层

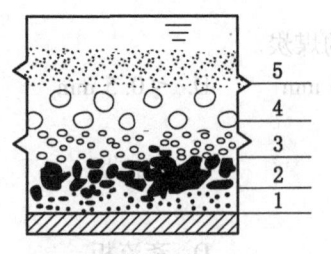

1—重矿物细颗粒；2—重矿物粗颗粒；
3—轻矿物细颗粒；4—轻矿物粗颗粒；
5—矿泥

图 5-3 矿粒在螺旋槽面上的分层

（图 5-3）。分层后，形成了以重矿物为主的下部流动层和以轻矿物为主的上部流动层。由于水流上层的纵向速度及横向速度较大，矿粒受到的离心力和环流动压力超过了它的重力分力和摩擦力，从而使这些密度小的矿粒向外缘运动，位于下层的矿粒纵向速度小，环流方向向里，因而在其重力分力的环流作用下克服离心力和摩擦力，而使矿粒向内缘运动，对于密度相近的矿粒，粗粒受到的离心力大，因此回转速度快，比细粒易于向外运动。结果，密度和粒度不同的矿粒达到稳定运动所经过的距离不同，最后在螺旋槽内形成不同的条带（图 5-4）。

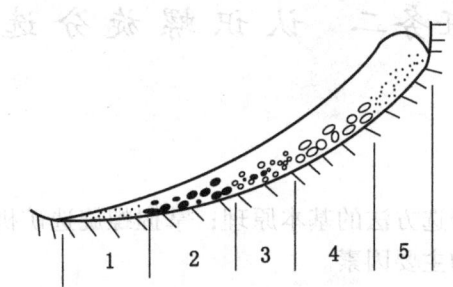

1—重矿物细颗粒；2—重矿物粗颗粒；3—轻矿物细颗粒；
4—轻矿物粗颗粒；5—矿泥

图 5-4 矿粒在螺旋槽面上的分带

螺旋分选 微课

二、螺旋选矿机的基本结构和工作过程

螺旋选矿机的主体部件是一个螺旋形溜槽，槽体断面为椭圆形或抛物线形，通常用铸铁、玻璃钢或旧轮胎等制成，一般为 4~6 圈，用支架垂直安装，如图 5-5 所示。槽底的横向倾角取决于采用的曲线形状和长短轴半径比，纵向倾角与螺距和外径有关，一般螺距与直径之比为 0.4~0.8。矿浆自上部给入后，在沿槽流动过程中发生分层。进入底层的重矿物颗粒倾向于向槽的内缘运动，轻矿物则在快速的回转运动中被甩向外缘。于是密度不同的矿物在槽面的横向展开形成分选带。沿内缘运动的重矿物通过排料管排出。由最上方第 1~2 个排料管得到的重产物密度最高，以下产物密度依次降低。尾矿（轻产物）由槽的末端排出。

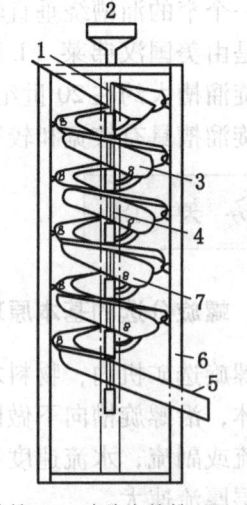

1—给矿槽；2—冲洗水导槽；3—螺旋槽；
4—连接用法兰盘；5—尾矿槽；6—机架；
7—重矿物排出管

图 5-5 螺旋选矿机结构示意图

三、影响螺旋选矿机工作的因素

1. 设备结构因素

（1）螺旋直径。反映设备分选面积和处理能力，分选机的处理量与直径的平方成正比，增大螺旋直径可提高其处理能力，并对粗粒煤泥分选有利。但如果其他结构参数选择不当，不但会增大分选粒度下限，而且还会影响全粒级的分选效果。研究表明，处理 1~2 mm 的粗粒级原料时，应当采用直径为 1000 mm 以上的螺旋直径；处理 0.074~1 mm 的原料时，螺旋直径对分选影响不大。

（2）螺距。螺距指相邻螺旋之间的间距，其决定了螺旋的纵向倾角，因此影响矿浆在槽内的流动速度和流膜厚度。分选细粒物料时的螺距大于处理粗粒物料时的螺距。工业型螺旋选矿机的螺距与直径的比值（h/D）为 0.4~0.6。

（3）螺旋槽圈数。螺旋槽圈数决定矿粒分层和分带所需运行的距离。对于难选的矿物来说，螺旋圈数一般设置 5~6 圈，易选矿物取 4~5 圈即可。为了增加单位面积的处理量，可将螺旋溜槽嵌套组装，用增加头数的方法解决。

（4）螺旋溜槽横断面形状。常用的螺旋溜槽横断面形状如图 5-6 所示。椭圆形溜槽断面用于矿砂的分选，椭圆的水平半径与垂直半径的比值（B/R）为 2~4，分选粒度大的用小比值，分选粒度小的用大比值。

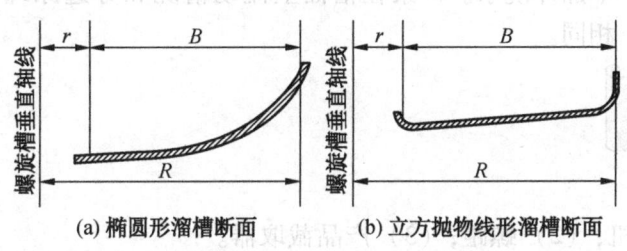

(a) 椭圆形溜槽断面　　(b) 立方抛物线形溜槽断面

图 5-6　常用的螺旋横断面形状

2. 操作因素

（1）矿浆通过量。在入料浓度不变时，加大矿浆通过量可增加处理量。但矿浆通过量过大时，会提高精煤灰分；过小时，离心强度不足，煤泥在螺旋槽内得不到充分分层和分带。

（2）入料浓度。在矿浆通过量不变时，加大入料浓度可提高螺旋选矿机的处理量。但入料浓度过高时，煤流流动缓慢，且颗粒之间相互干扰，影响床层的松散和分层；过低时，物料颗粒成一薄层沿槽底流动，不能充分分层和分带。入料浓度一般为 30%~35%。

（3）入料粒度。螺旋分选机对微细粒物料的分选效果不好，原因是微细粒物料的分配基本同矿浆量的变化比例相同，大部分矿浆流向了精煤流，导致精煤灰分的增加。高灰细泥是影响螺旋分选机效果的重要因素之一，目前大多与脱泥工艺相配合来提高螺旋精煤的质量。

（4）产品截取器的位置。产品截取器是把按密度分层和分带的颗粒群分成精煤、中煤和尾煤 3 种产品,并准确地控制各产品的产率和灰分的关键部件。在入选煤泥性质发生较大变化时,应及时调整分料器的位置,以保证各产品的质量。

(5) 冲洗水量。由于受离心力作用,常使螺旋溜槽的内缘矿粒脱水,为了改善矿粒沿螺旋溜槽移动并提高精矿品位,常需在螺旋溜槽的内缘喷注冲洗水,以清洗混入尾矿带的轻矿物颗粒。加入的水量视精矿质量要求与重矿物颗粒沿螺旋溜槽移动情况而定。

四、螺旋选矿机的优缺点

螺旋选矿机具有占地面积小,操作、维护容易,价格低,本身无动力消耗,无噪声,使用寿命长,无转动部件,分选效果较好等优点,运行成本比煤泥重介质旋流器和液固流化床分选机要低,作为一种分选设备可以达到降灰脱硫的效果。但螺旋分选机只适合处理易选煤和中等可选煤,分选密度要求为 1500~2100 kg/m³,绝大多数进入螺旋分选机的煤泥或选后产品要进行脱泥,否则将难以达到质量要求。

螺旋溜槽工作
原理 动画

五、螺旋溜槽

螺旋溜槽的结构特点是断面呈立方抛物线形(图 5-6b),底面更为平缓。分选时在槽的末端分段取精、中、尾矿,且在分选过程中不加冲洗水。矿浆在槽面上流动情况和分选原理与螺旋选矿机基本相同。

任务习题

1. 名词解释

(1) 螺旋选矿机;(2) 螺距;(3) 产品截取器。

2. 填空题

(1) 在进行螺旋分选时,不同粒度和密度的矿物颗粒会沿着液面纵向分层,矿物颗粒从上到下依次为_____、_____、_____、_____、_____。

(2) 螺旋选矿机的设备结构参数包括_____、_____、_____、_____。

3. 判断题

(1) 矿物颗粒的粒度越细,在螺旋分选时越容易进入到螺旋的外缘。( )

(2) 螺旋选矿机的入料浓度最好在 40% 以上。( )

4. 选择题

(1) 螺旋溜槽与螺旋选矿机的区别在于( )。

A. 断面呈立方抛物线形状　　　　　　B. 在选别中不加冲洗水

C. 螺旋倾斜布置　　　　　　　　　　D. 入料粒度更粗

(2) 螺旋分选得到的各产品条带中,最靠近内侧的是哪种产物?( )

A. 重矿物细颗粒　B. 重矿物粗颗粒　C. 轻矿物细颗粒　D. 轻矿物粗颗粒

5. 简答题

(1) 简述螺旋选矿机的工作原理。

(2) 简述影响螺旋选矿机工作的因素。
(3) 螺旋选矿机相比于液固流化床分选机，有哪些优缺点？

任务三 认识摇床分选

任务目标

知识目标：掌握摇床的基本结构和分选原理；了解影响摇床分选效果的主要因素。
能力目标：能够分析摇床分选的产品分布特点；能够读懂摇床床头的运动特性曲线。
素质目标：培养学生的科学探究精神和工匠精神。

课程思政

摇床分选用于废弃印刷线路板绿色回收

随着电子科技行业的飞速发展，电子产品的不断更新换代，印刷线路板大量累积，被焚烧或者丢弃。这样不仅导致线路板中大量的金属和非金属材料的浪费，而且线路板中的重金属和有机阻燃剂会对人体健康和生态环境造成严重的危害。

为了解决废弃印刷线路板资源浪费和二次污染的问题，广西民族大学卢彦越教授团队采用锡浴脱锡法拆解元器件，利用水力摇床分选其中的金属和非金属，如图5-7所示。所得金属中铜回收率达到98%。同时，研究了线路板非金属的资源化利用途径，将非金属材料用于沥青改性和填充PVC制备复合材料。这是将矿物加工技术应用于固废资源化利用的一项重要实践。

图5-7 采用摇床分选废弃印刷电路板

任务描述

摇床是一种精选末煤的重力分选设备，它适用于分选煤和矸石的密度相差较大，或含黄铁矿较多的13 mm以下的煤，用作脱硫及分选低灰精煤等。平面摇床的应用已有100多年的历史。1890年，美国制造了第一台选煤用打击式摇床，以后逐渐发展成为选矿工业中的主要重力分选设备之一。在选煤方面，由于摇床的脱硫效果较好，美国和澳大利亚等国家目前仍用摇床分选细粒级煤。1957年以前主要是落地式单层摇床，从1957年开始，由于新型摇床传动机构的研制成功，发明了多层悬挂式摇床，大大提高了它的单机处理能力，并使摇床选煤得到迅速发展。1974年，我国煤炭科学研究院唐山分院与南桐煤矿合作，独创了离心摇床，它具有特殊的结构，不仅提高了摇床的生产能力，而且大大降低了有效分选的粒度下限，为摇床更广泛地应用开辟了良好的前景。

任务知识

一、摇床的基本结构和分选原理

图5-8所示为典型的平面摇床结构，主要由床头、床面和支架三部分组成。床面可用木材和铝制造，它通过可纵向滑动的滑动轴承安装在基础上。床面横向的坡度可用调坡机构调节。床面的表面涂漆或用橡胶覆盖（有一定摩擦系数），并在其上面装有不同长度和高度的床条，床条的长度及高度都是由给料侧向精煤侧逐渐增加，而每根床条的高度又从床头端最高向尾矿端逐渐降低到零。床面上沿还装有给料槽和冲水槽。

床头由电机带动，它通过拉杆与弹簧一起使床面做纵向往复不对称的运动。床面前进时，其速度由慢到快，而后迅速停止；在往后退时，其速度则由零迅速增至最大值，然后缓慢减小到零。床面的这种运动特性，促使床面上的矿粒沿纵向向前移动。

摇床的床面近似梯形，床面横向呈微倾斜，其倾角不大于10°，一般在0.5°~5°；纵向自给料端至精矿端有细微向上倾斜，倾角为1°~2°，但一般为0°。给料槽和给水槽布置在倾斜床面坡度高的一侧。在床面上沿纵向布置有若干排床条（也称格条，俗称来复条）。床条高度自传动端向对侧逐渐降低，沿一条或两条斜线尖灭。整个床面由机架支撑或吊挂。机架安设调坡装置，可根据需要调整床面的横向倾角。在床面纵长靠近给料槽一端配有传动装置，由其带动床面做往复差动摇动。即床面前进运动时速度由慢变快，以正加速度前进；床面后退运动时，速度则由快变慢，以负加速度后退。

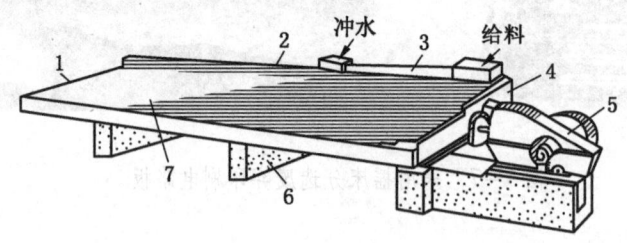

1—精矿端；2—冲水槽；3—给料槽；4—给料端；5—传动装置；6—机座；7—床面
图5-8 典型的摇床结构示意图

矿浆给到摇床面上以后，矿粒群在床条沟内借摇动作用和水流冲洗作用产生松散和分层。不同密度和粒度矿粒沿床面的不同方向移动，分别自床面不同区间内排出（图

5-9)。最先排出的是漂浮于水面的矿泥，然后依次为粗粒轻矿粒、细粒轻矿粒、粗粒重矿粒，最后从床面最左端排出的是床层最底部的细粒重矿粒。

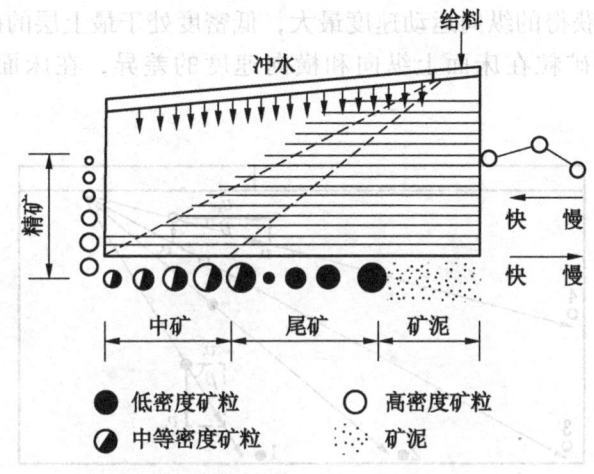

图5-9 摇床工作过程与产品分布

物料在床面上分选，主要是床面的不对称运动、横向水流及床条3个因素综合作用的结果。

矿粒给到床面后，在横向水流动力作用和床面纵向摇动下松散分层。

横向水流各流层间存在较大的速度梯度，同时在越过床条时，激起旋涡甚至水跃，而产生较强的脉动作用，使矿粒松散、悬浮，结果是密度大的矿粒在下层，密度小的矿粒在上层。

床面的纵向摇动增大了水层间的速度梯度，使层间发生剪切作用。同时，由于矿粒的惯性力作用、矿粒摩擦碰撞和翻转，使间隙增大，松散度增加，于是，细小的矿粒产生穿隙作用。结果，不同密度的小矿粒进入其相同密度的大矿粒的下层，从而产生所谓离析分层作用。

由于水流作用和摇动作用同时发生，因此，矿粒分层过程是松散、沉降和离析分层共同作用的结果。

由于床面纵向往复不对称运动和横向水流作用，矿粒在床面上沿垂直方向松散分层的同时，由于受床条的作用还沿床面向不同方向运动。

基于斜面水流的运动，最上层的密度小的粗粒横向速度最大，而最底层的密度大的小矿粒横向速度最小，由于床条的存在扩大了这一速度差。

摇床的工作过程 动画

矿粒在床面上的纵向运动决定于矿粒所受的惯性力和摩擦力。当惯性力大于摩擦力时，矿粒沿纵向相对于床面运动。

床面由前进转为后退的负加速度大于床面由后退转为前进的正加速度，对于低密度的矿粒，在两个转折阶段获得的惯性力均大于摩擦力，与床面产生相对运动，但前一个转折的惯性力要大于后者，总的来看，轻矿粒仍是向前移动。对于高密度矿粒，一般只在床面由前进转为后退阶段与床面产生相对运动，向床尾方向移动。此外，由于分层的粒群中，下层高密度矿粒紧贴床面，能获得更大的惯性力；越往上，矿粒获得的惯性越小，因而紧贴床面的高密度矿粒获得的纵向运动速度最大，低密度处于最上层的矿粒获得的纵向运动速度最小。由于各种矿粒在床面上纵向和横向速度的差异，在床面上形成不同的条带（图5-10）。

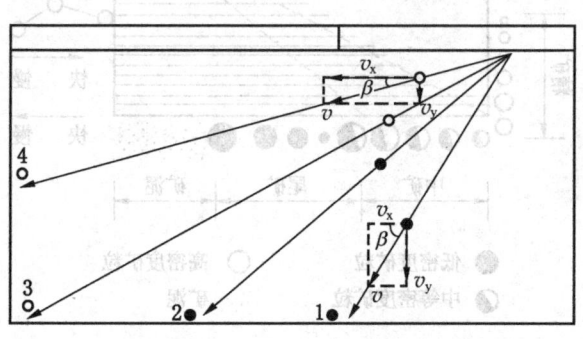

1、2—低密度矿粒；3、4—高密度矿粒
图5-10 矿粒在床面上的扇形分布

设矿粒运动方向与床面纵向轴夹角为β，则

$$\tan\beta = \frac{v_y}{v_x}$$

式中 β——偏离角，(°)；
v_y——矿粒的横向速度，m/s；
v_x——矿粒的纵向速度，m/s。

显然，横向速度相对越大，偏离角越大；纵向速度相对越大，偏离角越小。根据前述分析，密度小的粗粒具有最大的偏离角，而密度大的细粒偏离角最小。因此，可按床面上矿粒运动的扇形条带，在床沿的不同位置接取得到精煤、中煤和尾煤产品。

二、影响摇床分选的主要因素

在实际生产过程中，摇床的分选效果主要取决于对摇床的操作，其中主要的操作因素有冲程、冲次、床面的横向和纵向倾角、入料浓度、冲水用量、床条特点、原料性质及给料量等。

摇床分选 微课

1. 冲程、冲次

摇床的冲程和冲次综合决定着床面运动的速度和加速度。冲程、冲次的适宜值主要与入选物料粒度大小有关，冲程增大，水流的垂直分速度以及由此产生的上浮力也增大，保证较粗较重的颗粒能够松散；冲次增加，则降低水流的悬浮能力。因此，分选粗粒物料用大冲程、低冲次，分选细粒物料用小冲程、高冲次。比如南桐矿选煤厂的经验是：末煤摇床的冲程是16～18 mm，冲次是280次/min；煤泥摇床的冲程是12～14 mm，冲次是300次/min。

除了入选物料粒度外，摇床的负荷及物料密度也影响冲程及冲次。床面的负荷量增大或物料密度大时，宜采用较大的冲程、较小的冲次，其组合值要加大；反之，则采用较小的冲程、较大的冲次，组合值减小。

2. 床面的横向和纵向倾角

对不同的物料要采用不同的床面倾角。分选末煤时，横坡倾角为 3°～4°；分选煤泥时，横坡倾角为 1°～2°。一般情况下，为了节省循环水量，可用倾角较大的横坡配以较小的冲水用量。南桐选煤厂末煤摇床横坡倾角约为 1.8°，纵坡为 0.5°～1° 倒坡（床尾高于床头）；煤泥摇床，横坡倾角为 1.4°～2.4°，纵坡为 0.2°～0.7° 倒坡。

3. 入料浓度和冲水用量

摇床分选过程要求煤浆沿床面有足够的流动性，水流要浸没所有煤粒。有人认为，水层高出格条的高度为格条高的 2～3 倍。粒度大时，要求浓度较高，用较大的横冲水；粒度小时，需要较低的浓度，用较小的横冲水。为保证精煤质量，以调节入料浓度为主；为保证尾煤质量，以调节横冲水量为主。

入料浓度、冲水用量及床面的横向坡度是综合调节横向水流因素。在冲程、冲次的配合下，横向水速只要调到能推动最大粒度低密度的矿粒运动即可。横向水速度过大，矿粒的移动虽快，但由于其垂直分速度随之增大，会使更粗的高密度矿粒悬浮，也就是使有效分选的粒度下限升高，细粒级分选变坏。一般认为，摇床的有效分选粒度下限只能达到 0.15 mm 左右。

4. 床条特点

床条的形式是影响分选效果的重要因素之一。其中最主要的是床条的高度和间距，选煤摇床的床条有矩形（适用于末煤）和梯形（适用于煤泥）断面。

床条的高度一般都由上沿到下沿逐渐增高，最下面一根床条的高度为最上面一根床条高度的 2 倍以上，这是因为由上沿到下沿床条要阻拦的矿粒密度越来越小。床条由床头到床尾沿纵向逐渐尖灭，这是为了促进物料在床面上呈扇形分布。原则上，床条的高度应该大于重矿粒的悬浮高度而小于轻矿粒的悬浮高度。通常是粒度大，用高床条；粒度小，用低床条。最下面一根床条高度通常为入料粒度上限的 3 倍以上。而且当入料的分级粒度较宽时，可采用高低床条组合，即高低床条间隔排列。

床条间距也要选择适当，若间距太小，高密度矿粒在床条之间的沟槽拥挤，阻碍分选，但若间距太宽，重矿粒则会集聚于下床条一侧。最合理的床条形式要结合入选物料的性质确定。

5. 原料性质及给料量

原料性质稳定并均匀连续地给料是保证摇床正常工作的主要条件之一。若给料量发生变化将引起床面物料层的厚度、床层松散度和析离分层状况、产物在床面上的扇形分布状况等发生变化，造成产品质量波动，分选效率降低。一般规律是：入料粒度大且可选性好，则入料量可以大些，否则应小些。如果给料量过大，一方面是物料层增厚，松散度减小，析离分层速度降低，另一方面是由于给料体积增加，横向矿浆流速增大，物料来不及分选，于是精煤质量变坏，中煤和矸石中的低密度物损失量增加。相反，如果给料量太小，不够铺床层，分选效率也不会高。

任务习题

1. 名词解释

（1）冲程；（2）冲次；（3）偏离角；（4）纵向运动。

2. 填空题

（1）摇床的分选是通过_____、_____、_____ 3 个因素的综合作用实现的。

（2）矿粒在床面上的纵向运动决定于矿粒所受的_____和_____两种力。

3. 判断题

（1）摇床床面由前进转为后退的负加速度大于床面由后退转为前进的正加速度。（　　）

（2）在摇床中，高密度矿粒的纵向运动距离大于低密度矿粒。（　　）

4. 选择题

（1）摇床床面运动的特点包括（　　）。

A. 床面前进时，速度由慢到快，而后迅速停止

B. 床面前进时，速度由快到慢，而后逐渐停止

C. 床面后退时，速度则由零迅速增至最大值，然后缓慢减小到零

D. 床面后退时，速度则由零逐渐增大，达到最大值后迅速减小到零

（2）摇床床条的高度应满足哪些条件？（　　）

A. 大于重颗粒的悬浮高度　　　　　　B. 入料粒度大时，用高床条

C. 入料粒度小时，用低床条　　　　　D. 小于轻颗粒的悬浮高度

5. 简答题

（1）简述摇床产品的扇形分布特点及原因。

（2）简述摇床分选时入料浓度和冲水量应如何配合。

任务四　了解空气重介质干法分选

任务目标

知识目标：掌握空气重介质干法选煤的基本原理；了解空气重介质流化床分选机的结构和工作过程；了解复合式干法分选机的结构和工作过程。

能力目标：能够分析气固流化床的似流体性质所具有的特点。

素质目标：培养学生的节能环保理念和工匠精神。

课程思政

干法选煤之父——陈清如院士

20 世纪 70 年代末 80 年代初，我国的选煤还比较落后，大量的动力煤不经过分选而

直接燃烧，造成极大的浪费，同时污染环境。新疆、山西、陕西和内蒙古西部等主要煤炭基地由于缺水，使用传统的湿法选煤技术分选煤炭有很大的局限性。为了解决我国缺水干旱地区煤炭的分选问题，陈清如院士开始空气重介质流化床干法选煤技术的研究与开发。

1986年，陈清如完成空气重介质流化床基础理论研究后，在中国矿业大学开启了半工业化试验，建立了世界上第一座空气重介质流化床干法选煤中间试验厂。当年科研经费非常紧张，陈清如和学生为了给核心装置上的布风板打孔，就借用学校的机械厂，连夜赶工，用坏的钻头就足足有一麻袋。陈清如每天和学生们在这里取样、调试、观察，经过3年的努力（1989年），空气重介质流化床干法选煤半工业化试验取得成功。

虽然干法选煤具有投资小、环境污染少等特点，但要为一套全新的选煤工艺投资建厂，几乎没人敢冒险。经过一年的推广努力，1990年11月，陈清如最后选定在黑龙江省七台河市桃山煤厂施工。1990年底，陈清如由于长期熬夜工作，生活不规律，身体日渐衰弱。12月18日，陈清如突然便血，后被诊断为肾癌。学校领导去医院看望他时，他提了两条意见："如果癌细胞还没有扩散，就尽快手术；如果癌细胞已经扩散，就立即出院，我还有很多工作要做。"

左肾切除手术后20天，病情刚刚稳定，陈清如就坚决要求出院，坐火车赶往七台河。当时从徐州到七台河需要38小时，中途还要转车。对于刚动过大手术的病人来说，不仅辛苦，而且危险，但是为了钟情的科研，他把一切都置之度外。1994年6月，经过3年的不懈努力，世界第一座空气重介质流化床干法选煤示范厂调试成功，这不仅解决了我国干旱缺水、高寒以及遇水易泥化地区煤的分选问题，还为我国洁净煤技术的发展开辟了一条新的途径。

从1984年着手理论研究到1994年工业性示范厂建成，整整10年时间，陈清如一边坚守一线，攻克各种难题，一边不断地加强国际交流与合作。他知道，一项全新技术的完善和推广，还需要几代人的共同努力。2021年5月26日，陈清如因病医治无效，在徐州逝世，享年95岁。陈清如院士为选煤事业奋斗终身的事迹将不断鼓舞后来人继续奋斗。

任务描述

在我国占可采储量2/3以上的煤炭地处山西、陕西、内蒙古西部和宁夏等严重缺水地区，因而无法大量采用现在耗水量较大的湿法选煤方法来提高煤质。我国自行研制的气固两相流空气重介质流化床选煤技术，能较好地满足干旱缺水地区和易泥化煤炭的分选要求。

任务知识

一、空气重介质流化床干法选煤基本原理

空气重介质流态化是一个使微细固体介质通过与气体接触而变成类似流体状态的过程。气固流化床能否具有液体的流动性，这对于空气重介质流化床分选技术来说是十分重要的。研究表明：完全流化后的气固运动看起来很像沸腾的液体，并在很多方面都呈现类

似于流体的性质。

(1) 两连通床能自动控制调至同一水平面（图5-11a）。

(2) 当容器倾斜时，床层上表面仍保持水平（图5-11b）。

(3) 床层中任意两点压强差等于此两点间床层静压差（图5-11c）。

(4) 具有像液体一样的流动性，如在容器壁面开孔，颗粒将从孔喷出（图5-11d）。

(5) 小于床层密度的物体将浮于床面，大于床层密度的物体将沉于床底，这一按密度分层的过程服从阿基米德定律（图5-11e）。

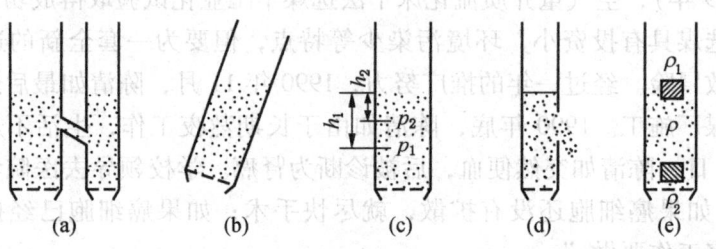

图5-11 气固流化床的似流体性质

所谓空气重介质分选，就是运用气固流化床的似流体性质，在流化床中形成一种具有一定密度的均匀稳定的气固悬浮体，根据阿基米德定律，轻重产物在悬浮体中按密度分层，即小于床层密度的轻产物上浮，大于床层密度的重产物下沉，经分离和脱介后获得两种合格产品。

二、空气重介质流化床干法分选机

我国研制的空气重介质干法分选机是物料完成干法入选、分离的主要设备，其结构如图5-12所示，由空气室、气体分布器、分选室和产品运输刮板装置等部分组成。

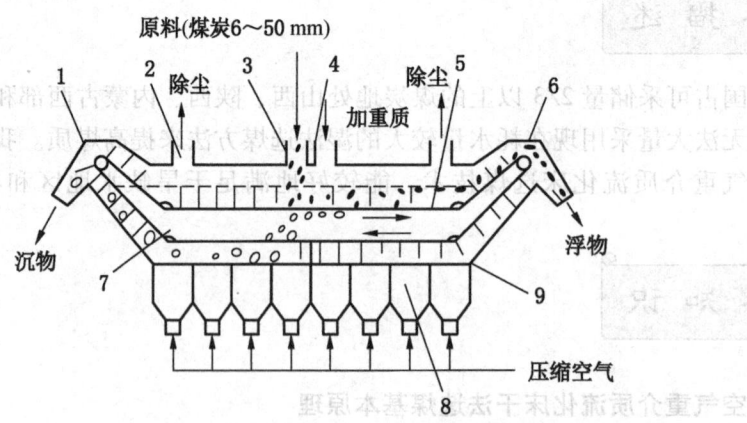

1—排矸端；2—集尘口；3—原料入料口；4—介质入料口；5—刮板机；
6—排煤端；7—流化床；8—空气室；9—压链板

图5-12 空气重介质流化床干法分选机结构示意图

物料在分选机中的分选过程是：经筛分后的 6~50 mm 块煤与加重质分别进入分选机中，来自风包的具有一定速度的有压气体经底部空气室通过气体分布器后均匀作用于加重质而发生流化作用，在一定的工艺条件下形成具有一定密度的均匀稳定的气固两相流化床。物料在流化床中按密度分层，小于床层密度的物料上浮，称为浮物，大于床层密度的物料下沉，称为沉物。分层后的沉物由低速运行的刮板输送装置逆向输送，浮物从另一端的排料口排出。分选机下部各风室与供风系统连接，设有风压与各室风量调节及指示装置。分选机上部与引风除尘系统相连，设计引风量大于供风量，以造成分选机内部呈负压状态，可有效地防止粉尘外逸。

空气重介质流化床干选机
结构及工作过程　动画

风力干法分选　微课

任务习题

1. 名词解释

（1）流态化过程；（2）刮板机；（3）空气室。

2. 填空题

（1）空气重介质流化床主要由_____、_____、_____、_____装置组成。

（2）轻重产物在悬浮体中按密度分层是依靠_____原理实现的。

3. 判断题

（1）气固流化床的容器在倾斜放置时，其上表面是水平的。　　　　　　　（　）

（2）空气重介质流化床干法分选机主要用于处理 1~0.25 mm 的粗煤泥。（　）

4. 选择题

（1）空气重介质流化床干法分选机的沉物通过（　　）排出。

A. 刮板机　　　　　B. 底部阀门　　　　　C. 水平气流　　　　　D. 排料挡板

（2）空气重介质流化床的分选介质是（　　）。

A. 空气　　　　　　B. 水　　　　　　　　C. 空气-加重质　　　　D. 空气-煤

5. 简答题

（1）简述空气重介质流化床分选机的分选原理。

（2）简述气固流化床有哪些似流体特点。

项目六　重力选煤生产工艺

煤炭在重选设备中分选结果的好坏，除与原煤性质、设备结构性能、操作制度有关外，在很大程度上还取决于选煤的工艺流程。所谓选煤的工艺流程，是指从原料煤开始，经过一系列连续加工得到最终产品的过程。最佳的工艺流程，一方面要能满足选煤技术上的要求，另一方面还要能获得最大的经济效益。制定选煤工艺流程在技术上的主要依据是原料煤的工艺性质、用户对产品的质量要求、设备自身的性能。按照选后精煤的供应对象，选煤厂可分为炼焦煤选煤厂和动力煤选煤厂两种类型。炼焦煤选煤厂的工艺过程比较复杂，生产的精煤灰分低、质量高，主要供给焦化厂生产焦炭。动力煤选煤厂的工艺过程一般比较简单，其目的是降灰降硫、提高发热量，生产的精煤主要作为动力燃料，大部分动力煤选煤厂只选块煤，末煤和粉煤不入选。

任务一　绘制选煤工艺流程图

任务目标

知识目标：掌握选煤工艺流程图的绘制方法；掌握选煤工艺流程图和选煤设备流程图的识读方法。

能力目标：能识读选煤工艺流程图和选煤设备流程图；能用 AutoCAD 绘制简单的选煤工艺流程图。

素质目标：培养工程技术观念；培养应用所学知识解决工程实际问题的能力；培养认真细致的工作态度；培养团结协作、积极进取的团队合作精神。

课程思政

推进中国式现代化新实践，煤炭是筑牢能源安全、产业链供应链稳定底盘的重要基石。习近平总书记强调，富煤贫油少气是我国的国情，以煤为主的能源结构短期内难以根本改变。绿色转型是一个过程，不是一蹴而就的事情。要立足我国能源资源禀赋，坚持先立后破、通盘谋划，传统能源逐步退出必须建立在新能源安全可靠的替代基础上。我国煤炭资源丰富，在发展新能源、可再生能源的同时，还要做好煤炭这篇文章。能源的饭碗必须端在自己手里。全行业要胸怀"两个大局"、牢记"国之大者"，坚决扛起守牢能源安全、产业链供应链安全底线的政治责任，筑牢高质量发展的能源资源底盘。端好能源的饭碗，选煤人在行动！

任务描述

选煤的工艺流程用选煤流程图进行表示。选煤流程图一般包括选煤工艺流程图和选煤设备流程图。选煤流程图的绘制应做到图面清晰、简洁明了,符合设计、施工和存档的要求,便于选煤工艺设计、施工和生产单位之间的交流。选煤流程图应按照《选煤工艺制图标准》(GB/T 50748—2011)和《选煤厂用图形符号》(GB/T 16660—2008)的相关规定进行绘制。

任务知识

选煤工艺流程图(见插页)是一种表示选煤厂各个作业及各作业之间物料流向并表明数量关系和最终产品的原则流程图,也叫数质量流程图。选煤设备流程图(见插页)是用图示符号表示选煤厂内各生产作业所使用的设备及其相互联系的系统图。选煤原则流程如图6-1所示,是按煤的加工顺序表明工艺过程中各作业间相互联系的示意图,一般用于选煤厂设计的可研阶段。

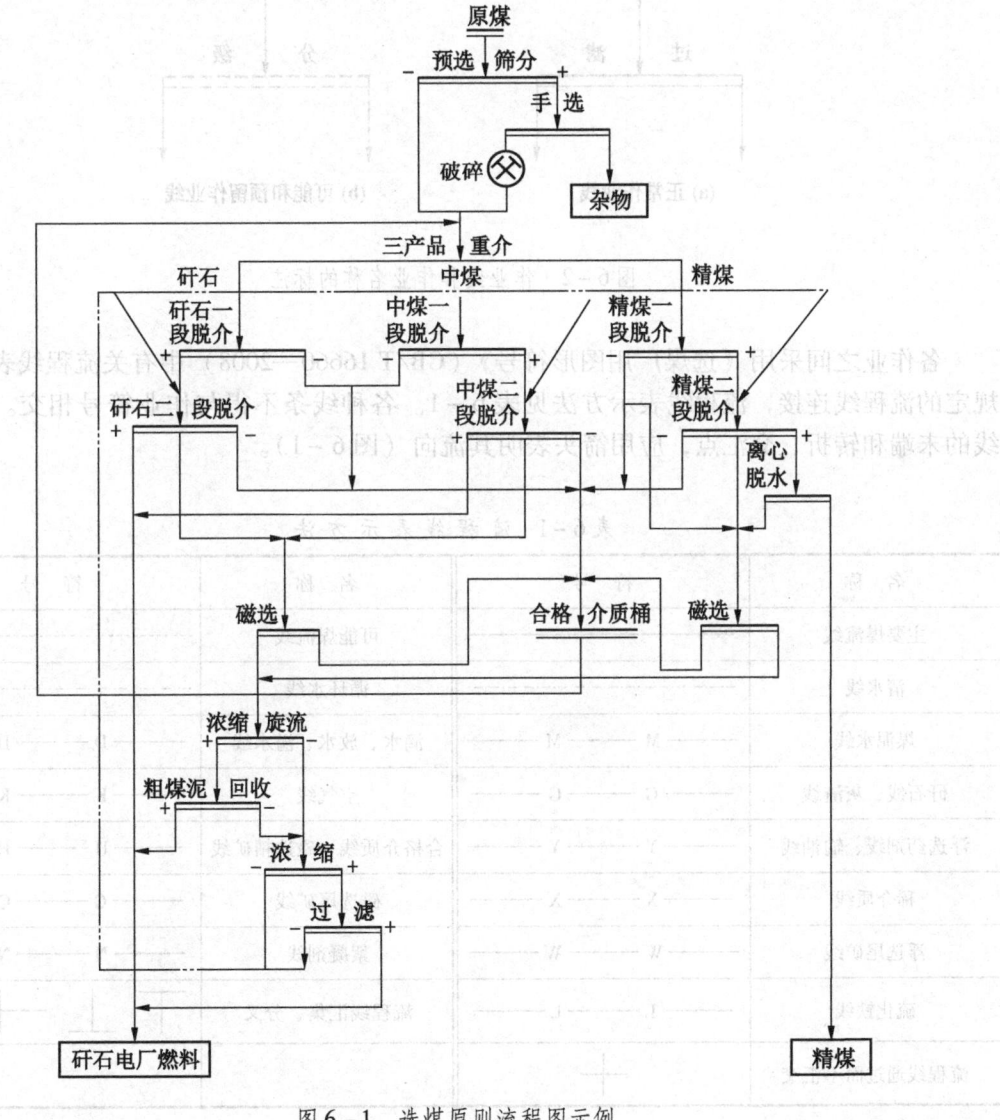

图6-1 选煤原则流程图示例

选煤工艺流程图和选煤设备流程图一般用 AutoCAD 绘制。用 AutoCAD 绘制选煤工艺流程图时，不同的流程线可用不同的颜色表示，AutoCAD 没有的线型可自己制作。绘制设备流程图时，可将需要的设备符号先绘制出来，并将其定义成图块，根据需要插入图块即可。

一、选煤工艺流程图的绘制

选煤工艺流程图一般包括选前准备、分选、产品的分级脱水和煤泥水处理等作业内容，对于含有重介质选煤工艺的流程还包括介质的回收、净化作业。工艺流程图中的各作业采用一粗一细的双横线符号表示，如图 6-2a 所示，作业名称标注在作业符号的上方；表示可能和预留作业时，采用虚线符号，如图 6-2b 所示。

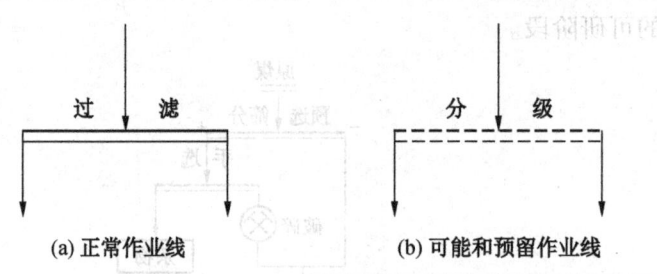

图 6-2 作业线和作业名称的标注

各作业之间采用《选煤厂用图形符号》（GB/T 16660—2008）中有关流程线表示方法规定的流程线连接，流程线表示方法见表 6-1。各种线条不得与作业符号相交。在流程线的末端和转折、交汇点，应用箭头表明其流向（图 6-1）。

表 6-1 流程线表示方法

名 称	符 号	名 称	符 号
主要煤流线	———————	可能煤流线	-------
清水线	—·—·—·—	循环水线	—··—··—
煤泥水线	—M—M—	滴水、放水、溢水线	—D—D—
矸石线、灰渣线	—G—G—	空气线	—K—K—
浮选药剂线、输油线	—Y—Y—	合格介质线、磁选精矿线	—H—H—
稀介质线	—X—X—	磁选尾矿线	—C—C—
浮选尾矿线	—W—W—	絮凝剂线	—N—N—
硫化铁线	—L—L—	流程线汇集、分叉	⊤ ⊥ ⊢ ⊣
流程线通过而不汇交	╂		

选煤工艺流程图中会将数质量流程、水量流程和介质流程合并。破碎、筛分、分级作业注明粒度变化指标，在粒度数字前应加"+"和"-"符号表示大于和小于该粒度。对每一作业会标明产品的数质量指标，包括产率、产量、灰分、水分、水量、液固比等项目；对于重介质选煤还要注明悬浮液体积、悬浮液中的固体量、悬浮液中的磁性物和非磁性物的数量，以及悬浮液的密度等。产品的数量、质量指标写在流程线的右方，当右方写不下时可写在左方，产品的各项指标符号按《煤炭工业选煤厂工程建设项目设计文件编制标准》（GB/T 50553—2010）的有关规定执行。选煤工艺流程图常用符号和计量单位见表6-2。

表6-2 选煤工艺流程图常用符号和计量单位

名 称	符号	计量单位	
		中文	外文
产率	γ	百分数	%
产量	Q	吨/时，吨/天，万吨/年	t/h, t/d, $10^4 t/a$
灰分	A_d	百分数	%
全水分	M_t	百分数	%
水量	W	立方米/时	m^3/h
液固比	R		
悬浮液量	V	立方米/时	m^3/h
悬浮液中的磁性物数量	G_f	吨/时	t/h
悬浮液中的非磁性物数量	G_c	吨/时	t/h
悬浮液密度	Δ	吨/立方米	t/m^3

无论是一个作业还是整个工艺系统，进入和排出的固体物数量、质量和水量都应该是平衡的。在选煤工艺流程图上还要列出最终产品平衡表，表示选后产品的种类、数量和质量。工艺流程图上还包括图例、符号和说明。

近年来，国际交往日益增多，要求采用国外通用的、便于被普遍理解的方式，参照国外一些国家画法，我国有些设计院采用将选煤设备流程图与选煤工艺流程图相结合的画法绘制。这种方式图形较复杂，采用的文字和线条多，删除了大量数量、质量指标。但它具有直观的优点，目前我国在技术引进、合资办厂或在国际学术交流时多采用这种方式。

二、选煤设备流程图的绘制

选煤设备流程图是以图形符号表明工艺过程中所使用的全部设备、设施及其相互联系方式。这些设备或设施以标准的图形符号来表示，并用规定的流程线来连接它们，表明其相互关系。流程线画法与工艺流程图中的流程线相同。图形符号只要求图形标准化，对其尺寸并不要求标准化。图形符号要求参照《选煤厂用图形符号》（GB/T 16660—2008）有关规定执行。选煤厂常用图形符号见表6-3。

表6-3 选煤厂常用图形符号

名称	符号	名称	符号
破碎机		磨碎机	
滚筒碎选机		固定筛	
弧形筛	(a) 单段　(b) 双段	筛分机（单层）	(a) 一种筛下产品　(b) 两种筛下产品
筛分机（双层）	(a) 一种筛下产品　(b) 两种筛下产品	香蕉筛	(a) 一种筛下产品　(b) 两种筛下产品

表6-3（续）

名称	符号	名称	符号
跳汰机	(a) 两产品 (b) 三产品 (c) 动筛	重介质分选机	(a) 两产品　(b) 三产品　(c) 浅槽
浮选机	(a) 两产品　(b) 三产品	浮选柱	(a) 高柱形　(b) 短柱形
摇床		槽选机	
重介质旋流器	(a) 两产品(有压)　(b) 三产品(有压) (c) 两产品(无压)　(d) 三产品(无压)	水介质旋流器	

表6-3（续）

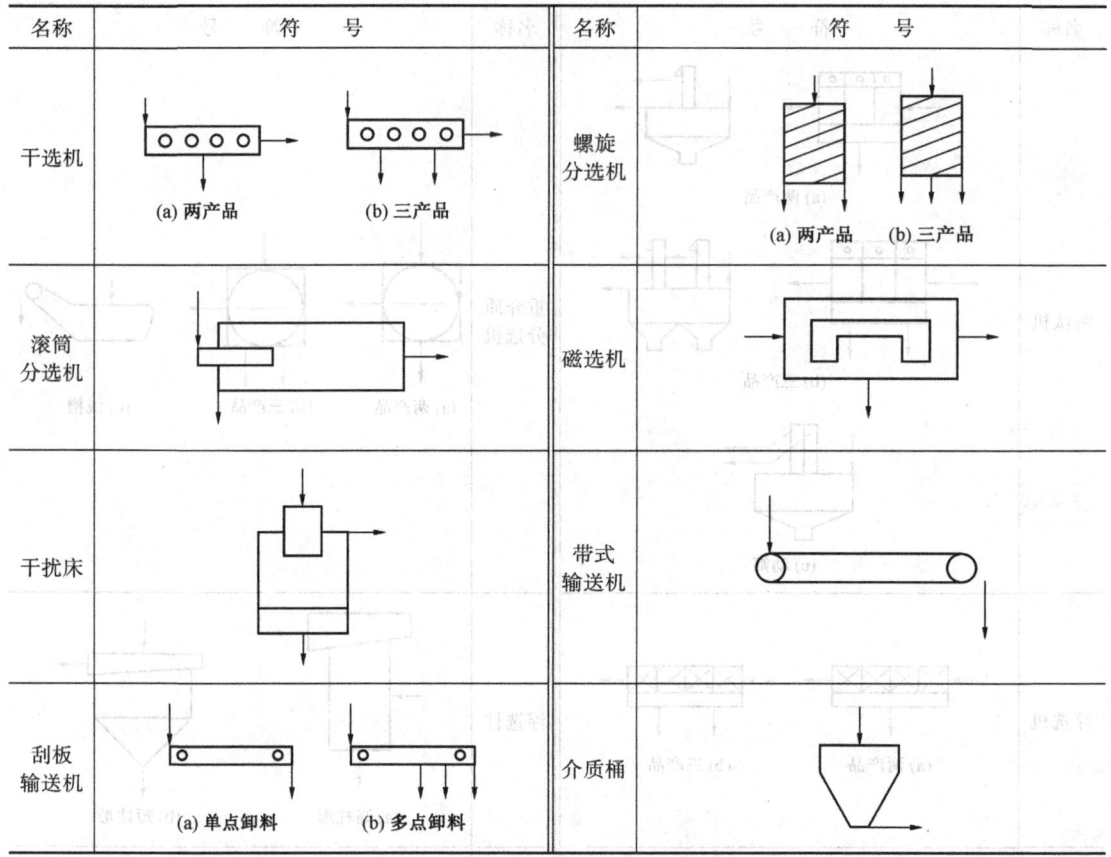

选煤设备流程图中每一设备应在其旁边用引出线标注其位置号或设备编号，有的设备流程图，尤其是小型选煤厂或局部系统还在其一端列出设备顺序表，标出设备编号、名称、主要技术规格等。

三、选煤工艺流程图的识读

选煤工艺流程在选煤生产和管理中占有重要的地位，能识读以及读懂选煤工艺流程图，是从事选煤工作的基本功。我们要了解一个选煤厂的生产情况，首先要能看懂、吃透该厂的工艺流程图和设备流程图。选煤厂的整个工艺流程一般由选前准备作业、分选作业、选后产品脱水（脱介）作业这3个基本的工艺过程组成。怎样看懂选煤工艺流程图，要有系统的观念，读图过程按照煤流顺序对照3个作业系统分别进行识读。

1. 选前准备作业

选前准备作业一般包括重选前原煤准备作业和浮选前准备作业。重选前原煤准备作业一般由选煤厂的原煤准备车间完成，目的是让入选物料在粒度上符合重选设备要求，并使夹矸煤中的煤和矸石解离，用到的主要设备有筛分机、破碎机和手选带等。浮选前准备作业的目的是让入料粒度符合浮选要求，避免粗颗粒进入浮选系统造成损失；使浮选入料有合适的浓度，并使药剂与矿浆有一定的接触时间，用到的主要设备有各种分级设备和调浆设备。

2. 分选作业

分选作业包括重选作业和浮选作业。对于炼焦煤选煤厂一般都设浮选作业，而动力煤选煤厂一般不设浮选，这主要是因为炼焦煤属于稀缺煤，要尽量地回收炼焦煤资源，提高选煤厂的经济效益。分选作业是选煤厂最重要的工序，其作用就是将原料煤按不同用户需求分选成不同质量规格的煤炭产品，因此产品的主要质量指标是由分选作业决定的。重选作业处理大于 0.5 mm 的物料，主要设备有跳汰机、重介质分选机、重介质旋流器等；浮选作业处理小于 0.5 mm 的物料，最适合处理的物料粒度是 0.25~0.074 mm，主要设备有槽式浮选机和浮选柱等。

3. 选后产品脱水（脱介）作业

水是湿法选煤去除灰分杂质后产生的新杂物。产品中过多的水分对用户使用来说是有害的，同时会造成水资源和运力的浪费，为此选煤厂要有选后产品脱水作业。主要设备有脱水筛、离心机、过滤机和压滤机等。对于重介质分选工艺，还需要回收产品中的重介质，主要设备有脱介筛、磁选机等。

以图 6-3 为例，根据工艺流程组成并结合煤流顺序识读工艺流程图。

（1）选前准备作业。原煤准备作业是指从入厂原煤到重选设备前的工序，一般由选煤厂的原煤准备车间来完成，原煤经运输设备进入原煤准备车间，先经筛分机进行预先分级，大于规定粒度的煤先进行检查性手选，除去大块矸石和杂物后，进入破碎机破碎，将煤破碎成小于 50 mm（70 mm）的粒度。破碎好的物料和分级筛筛下的物料一起去重选设备分选，至此完成原煤准备作业。

（2）分选及脱水作业。准备好的物料从中心给入无压给料三产品重介质旋流器，在悬浮液形成的离心力场中进行分选，分选成"精、中、矸"3 种产品，此时的"精煤""中煤"和"矸石"产品分别是由精煤、中煤、矸石及其携带的大量水、磁铁矿粉和细颗粒煤组成，三产品中的水、磁铁矿粉和细颗粒煤要除去。从旋流器出来的产品先经弧形筛进行一次脱介，弧形筛筛下的为合格介质，筛上的物料去振动筛进行二次脱介，二次脱介一般分成两段，一段一般不加喷水，筛下为合格介质，去合格介质桶，二段加喷水，二段筛下稀介质去各自的磁选净化回收系统。13~0.5 mm 级的筛上物料去离心机脱水，然后与筛上大于 13 mm 产品合并在一起，作最终精煤产品。

（3）介质回收净化流程。在精煤一次脱介弧形筛的筛下设有分流箱，现在的多数选煤厂采用直接磁选工艺，磁选机精矿去合格介质桶，精煤磁选尾矿中的粗煤泥经分级旋流器 + 高频筛，回收粗精煤泥。磁选尾矿去煤泥桶，经泵打入旋流器，旋流器的溢流去浮选系统，底流去高频筛脱水，高频筛的筛下去浮选系统，高频筛的筛上去离心机脱水，离心液去磁选机。"中煤"和"矸石"的稀介质磁选过程与"精煤"类似，但"中煤"和"矸石"稀介质的磁选尾矿经旋流器的溢流和高频筛的筛下物料一般去浮选尾煤浓缩机。

（4）煤泥浮选系统。煤泥在进入浮选机前一般有一个准备工序，浮选一般分为浓缩浮选、直接浮选和半直接浮选。该工艺采用直接浮选，即水力旋流器的溢流和高频筛的筛下物料去矿浆准备器，让药剂与矿浆预先接触，调好浆的物料进入浮选机浮选，分选出浮选精煤和浮选尾煤。选出的产品带有大量的水，去下一工序进行浮选精煤脱水。浮选精煤的滤液用作循环水，浮选尾煤去浓缩机浓缩，浓缩机的底流去压滤机压滤，浮选尾煤浓缩机的溢流和压滤机的滤液用作循环水。

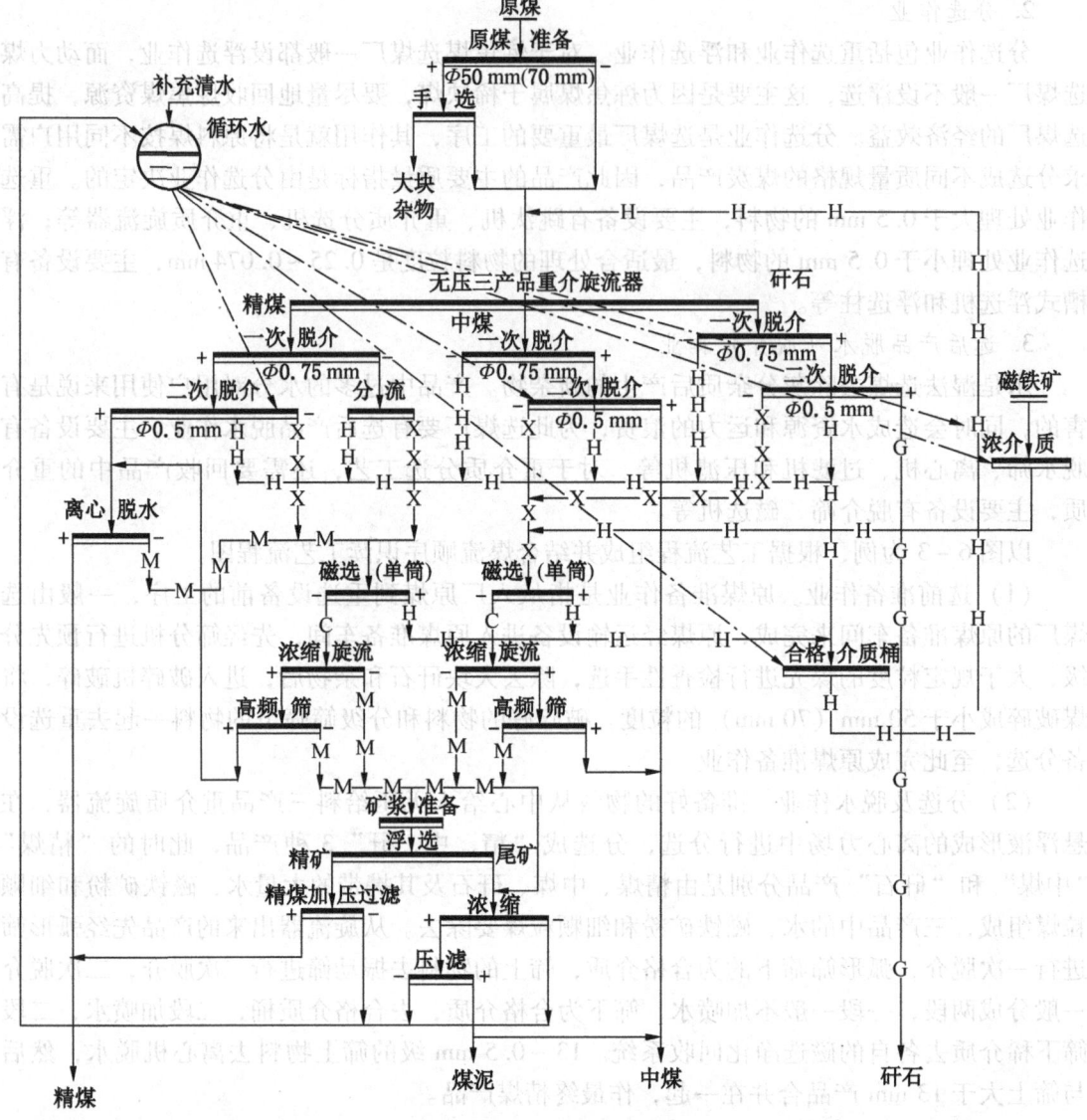

图6-3 选煤厂工艺流程图示例

任务习题

1. 名词解释

(1) 选煤工艺流程图；(2) 选煤设备流程图；(3) 选煤原则流程图；(4) 选煤的工艺流程。

2. 填空题

(1) 选煤流程图一般包括_____、_____和_____。

(2) 选煤厂的整个工艺流程一般由_____、_____、_____这3个基本的工艺过程组成。

(3) 按照选后精煤的供应对象，选煤厂可分为_____和_____两种类型。
(4) 选煤工艺流程图中的各作业采用_____表示，_____标注在作业符号的上方；表示可能和预留作业时，采用_____。

3. 判断题
(1) 最佳的选煤工艺流程，一方面要能满足选煤技术上的要求，另一方面还要能获得最大的经济效益。（　　）
(2) 选煤工艺流程图中的各种线条可与作业符号相交。在流程线的末端和转折、交会点，应用箭头表明其流向。（　　）

4. 选择题
(1) 重选前原煤准备作业一般由选煤厂的原煤准备车间完成，目的是让入选物料在粒度上符合重选设备要求，并使夹矸煤中的煤和矸石解离，用到的主要设备不包括下面哪一种？（　　）
　A. 筛分机　　　　B. 跳汰机　　　　C. 破碎机　　　　D. 手选带
(2) 重选作业处理大于 0.5 mm 的物料，用到的主要设备不包括下面哪一种？（　　）
　A. 跳汰机　　　　B. 重介质分选机　　C. 重介质旋流器　　D. 浮选机
(3) 选煤工艺流程图中的主要煤流线用以下哪种线型表示？（　　）
　A. ——————　　　　　　　　　B. -----------------
　C. ————————　　　　　　　D. —-—-—-—-—
(4) 选煤厂选后产品脱水作业用到的主要设备不包括下面哪一种？（　　）
　A. 脱水筛　　　　B. 重介质旋流器　　C. 过滤机　　　　D. 离心机

5. 简答题
(1) 选煤工艺一般包括哪几部分？各部分的功能是什么？
(2) 制定选煤工艺流程在技术上的主要依据是什么？

任务二　了解炼焦煤选煤典型重选工艺

任务目标

知识目标：掌握炼焦煤选煤厂粗颗粒的常用重选方法和细颗粒的常用洗选方法；掌握常见的炼焦煤选煤的典型重选工艺流程。
能力目标：能识读炼焦煤选煤典型重选工艺流程图；能绘制简单的炼焦煤选煤重选工艺。
素质目标：培养工程技术观念和安全环保意识；培养独立思考能力、逻辑思维能力；培养敬业爱岗、吃苦耐劳的职业道德。

任务描述

目前，炼焦煤的主要加工方法仍然以重介选、跳汰选为主。由于原煤质量下降，煤的可选性难度增加，用户对精煤质量的要求较严，为了提高选煤效率、精煤产率和企业的经济效益,在新建和改扩建工程中,均更视采用重介质选煤法。在炼焦煤选煤厂的建设中,粗颗粒一般采用重介选、跳汰选或跳汰与重介联合流程及其他方法,煤泥大多采用浮选法处理。

一、跳汰主再选—煤泥浮选工艺

跳汰主再选—煤泥浮选工艺流程如图 6-4 所示。该选煤工艺为:50~0 mm 用跳汰主再选,-0.5 mm 煤泥直接浮选。

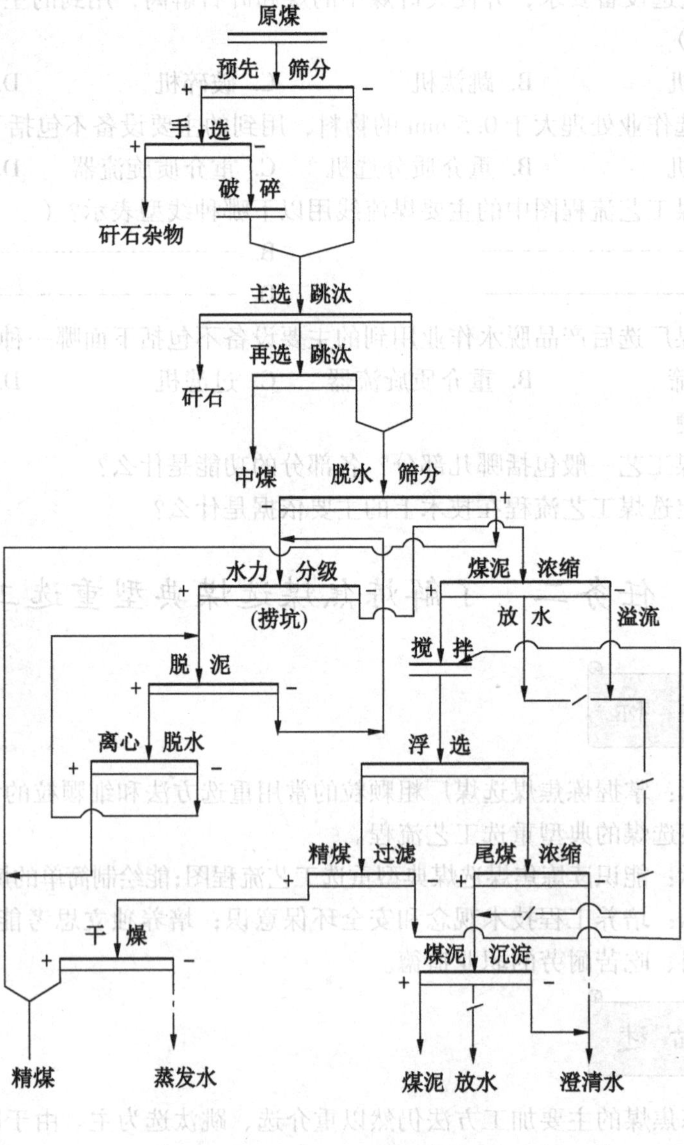

跳汰主再选—
煤泥浮选工艺
流程 动画

图 6-4 跳汰主再选—煤泥浮选工艺流程

该工艺适用条件：原煤可选性属易选、中等或偏难选的炼焦煤，对产品灰分要求不严，不要求出低灰精煤时常用这些流程。本流程生产操作容易，当原煤属易选时，可获得较高精煤产率。

二、块煤重介—末煤跳汰—煤泥浮选联合工艺

块煤重介—末煤跳汰—煤泥浮选联合工艺流程如图6-5所示。该选煤工艺为：100～13 mm块煤用主、再选斜轮精选，13～0.5 mm末煤跳汰选，-0.5 mm煤泥浮选。采用该工艺的有通化矿务局铁厂选煤厂、弯沟选煤厂、双鸭山选煤厂等。

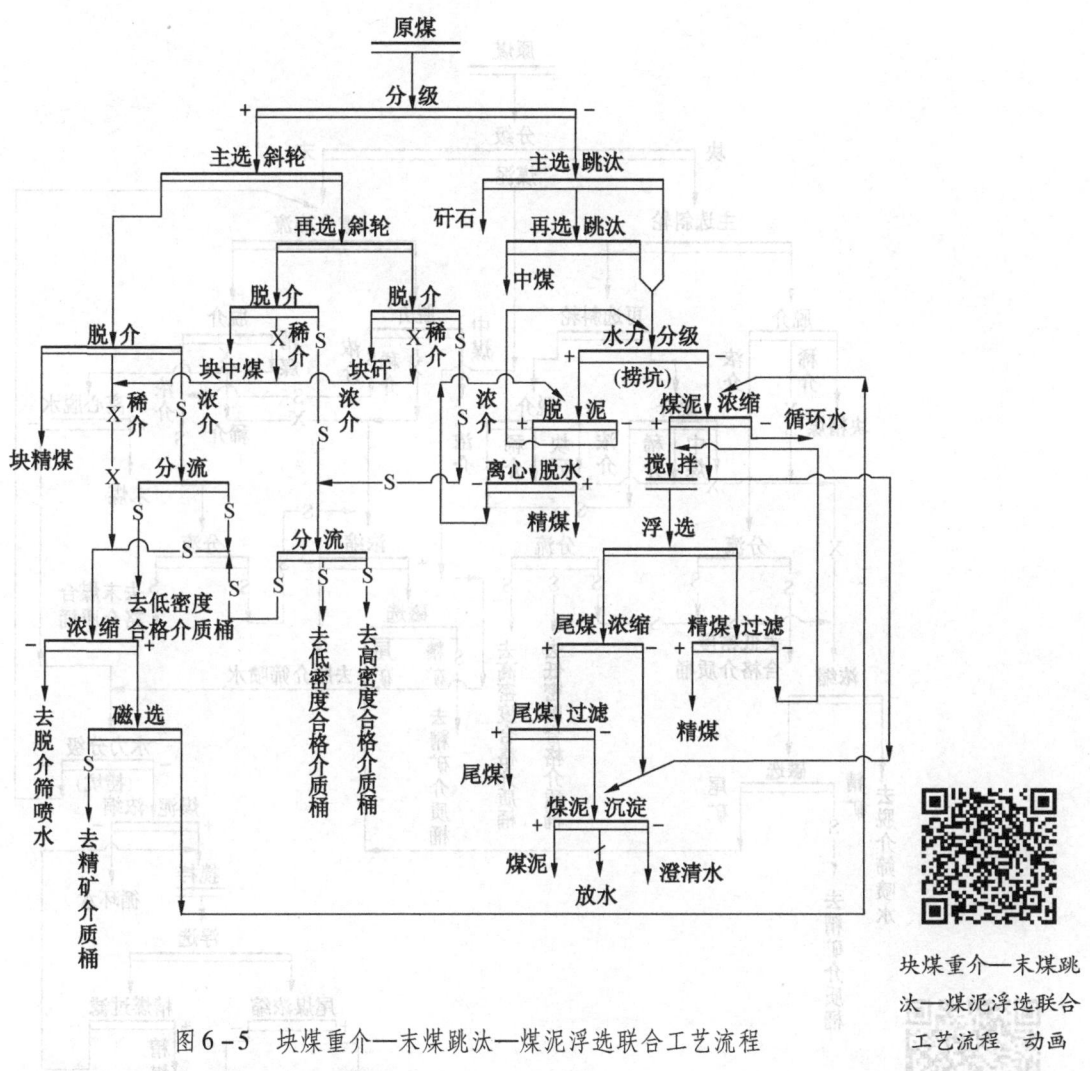

图6-5 块煤重介—末煤跳汰—煤泥浮选联合工艺流程

块煤重介—末煤跳汰—煤泥浮选联合工艺流程 动画

该工艺适用条件：块煤含量多且难选、末煤较易选的原煤宜采用此流程。采用本流程时，应在重视各粒级可选性差异的前提下，既要考虑适当减少重介入选量，又要考虑提高分级和脱介筛的效率，综合权衡利弊确定分级粒度。

三、块、末煤全重介—煤泥浮选工艺

块、末煤全重介—煤泥浮选工艺流程如图6-6所示。该选煤工艺为：300~13 mm块煤用斜轮重介质分选机主再选，13~0.5 mm末煤用重介质旋流器选，-0.5 mm煤泥浮选。采用该工艺的有彩屯选煤厂、田庄选煤厂等。

该工艺适用条件：原煤可选性属难选和极难选的优质、稀缺煤种采用此种流程，分级粒度应根据各粒级的分选密度的相近性来划分，尽量取偏小值（13 mm或6 mm），以减少重介质旋流器负荷，简化介质回收系统，降低选煤费用。

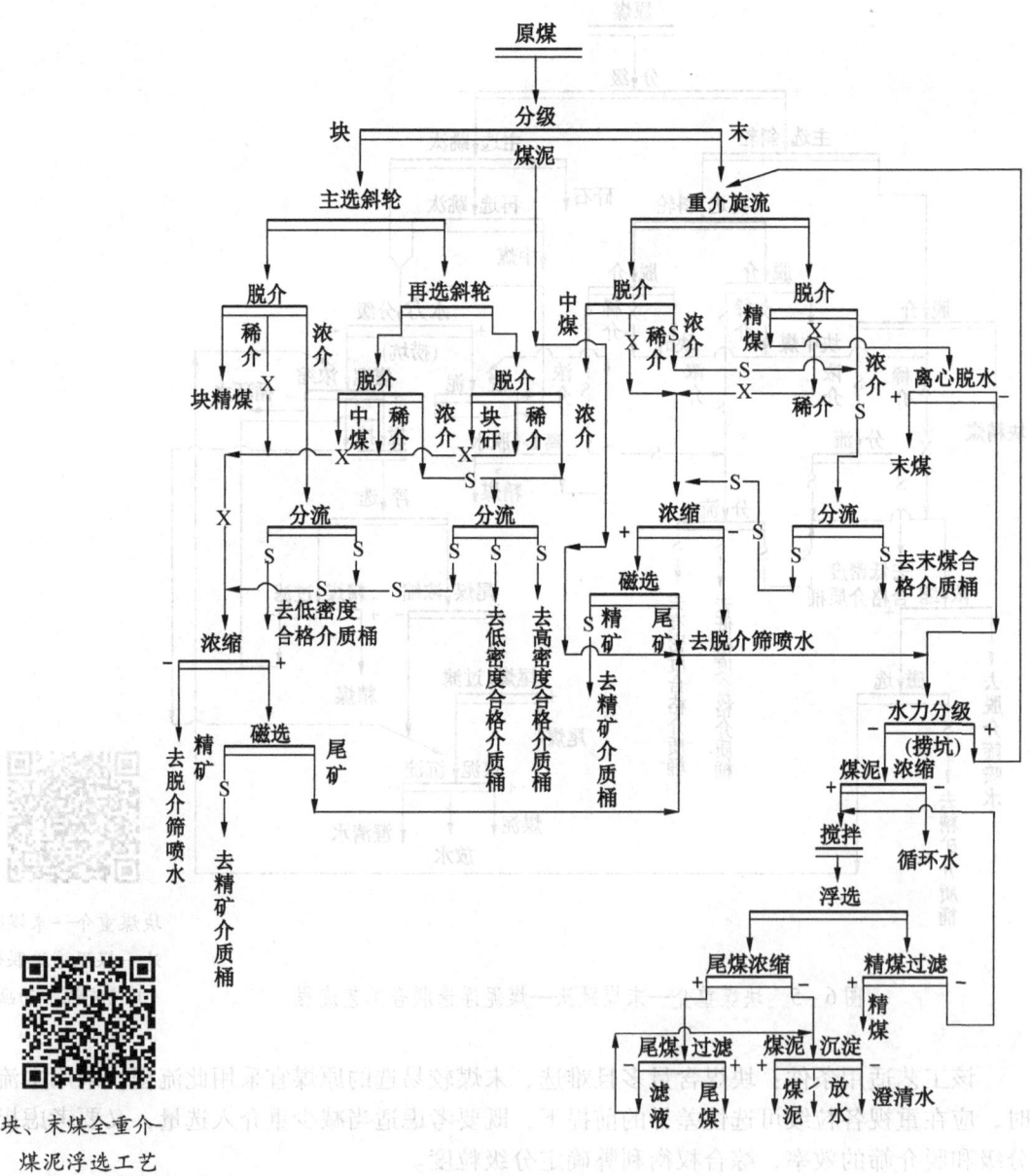

图6-6 块、末煤全重介—煤泥浮选工艺流程

四、跳汰粗选—粗精煤用重介质旋流器精选—煤泥浮选工艺

跳汰粗选—粗精煤用重介质旋流器精选—煤泥浮选工艺流程如图6-7所示。该选煤工艺为：-50 mm原煤用跳汰机粗选、跳汰粗精煤按37 mm分级，50~37 mm块精煤破碎到37~0 mm作为2号精煤，37~0.5 mm末精煤用重介质旋流器再选，轻产物为1号精煤，重产物为中煤。采用该工艺的有西曲选煤厂、临涣选煤厂、兴隆庄选煤厂等。

跳汰粗选—粗精煤用重介质旋流器精选—煤泥浮选工艺流程 动画

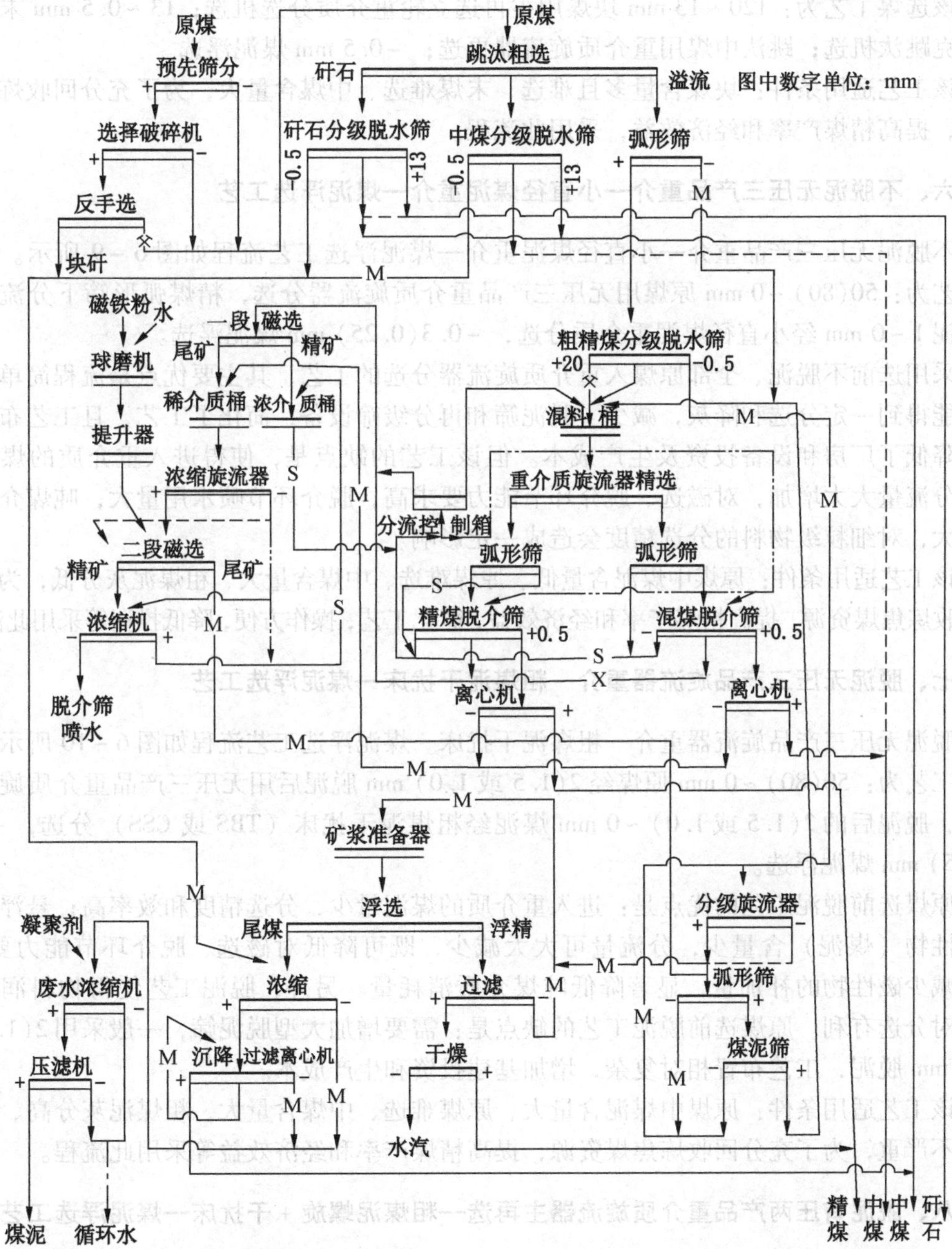

图6-7 跳汰粗选—粗精煤用重介质旋流器精选—煤泥浮选工艺流程

该工艺适用条件：用于分选难选和极难选原煤，且对产品有特殊的要求。如：气煤出高灰分块精煤和低灰分配焦精煤两种产品；或者对稀缺煤种炼焦煤，将跳汰块粗精煤破碎后与末粗精煤合并作为重介质旋流器原料，出合格精煤。这种流程可以利用较简单的跳汰选特点，减少重介质旋流器负荷，以达到提高产品产率和降低选煤费用的目的。

五、块煤重介—末煤跳汰—跳汰中煤重介质旋流器再选—煤泥浮选工艺

块煤重介—末煤跳汰—跳汰中煤重介质旋流器再选—煤泥浮选工艺流程如图 6-8 所示。该选煤工艺为：120~13 mm 块煤用主再选立轮重介质分选机选；13~0.5 mm 末煤用巴达克跳汰机选；跳汰中煤用重介质旋流器再选；-0.5 mm 煤泥浮选。

该工艺适用条件：块煤含量多且难选、末煤难选、中煤含量大，为了充分回收炼焦煤资源，提高精煤产率和经济效益，采用此流程。

六、不脱泥无压三产品重介—小直径煤泥重介—煤泥浮选工艺

不脱泥无压三产品重介—小直径煤泥重介—煤泥浮选工艺流程如图 6-9 所示。该选煤工艺为：50(80)~0 mm 原煤用无压三产品重介质旋流器分选，精煤弧形筛下分流介质和煤泥 1~0 mm 经小直径煤泥重介质分选，-0.3(0.25) mm 煤泥浮选。

采用选前不脱泥、全部原煤入重介质旋流器分选的工艺，其主要优点是流程简单、粗煤泥能得到一定分选和降灰，减少了脱泥筛和再分级筛设备，简化了工艺，且工艺布置紧凑，降低了厂房和设备投资及生产成本。但该工艺的缺点是，使得进入重介质的煤泥量大，分流量大大增加，对磁选、脱介环节能力要求高，脱介环节喷水用量大，吨煤介质消耗量大，对细粒级物料的分选精度会造成一定影响。

该工艺适用条件：原煤中煤泥含量低、原煤难选、中煤含量大、粗煤泥灰分低，为了充分回收炼焦煤资源，提高精煤产率和经济效益，简化工艺，操作方便，降低投资等采用此流程。

七、脱泥无压三产品旋流器重介—粗煤泥干扰床—煤泥浮选工艺

脱泥无压三产品旋流器重介—粗煤泥干扰床—煤泥浮选工艺流程如图 6-10 所示。该选煤工艺为：50(80)~0 mm 原煤经 2(1.5 或 1.0) mm 脱泥后用无压三产品重介质旋流器分选，脱泥后的 2(1.5 或 1.0)~0 mm 煤泥经粗煤泥干扰床（TBS 或 CSS）分选，-0.3(0.25) mm 煤泥浮选。

原煤选前脱泥工艺的优点是：进入重介质的煤泥量少，分选精度和效率高；悬浮液中非磁性物（煤泥）含量少，分流量可大大减少，既可降低对磁选、脱介环节能力要求，又可减少磁性物的补加量，显著降低吨煤介质消耗量。另外，脱泥工艺使得物料润湿充分，对分选有利。原煤选前脱泥工艺的缺点是：需要增加大型脱泥筛，一般采用 2(1.5 或 1.0) mm 脱泥，工艺布置相对复杂，增加基建投资和生产成本。

该工艺适用条件：原煤中煤泥含量大、原煤难选、中煤含量大、粗煤泥灰分高、矸石泥化不严重，为了充分回收炼焦煤资源，提高精煤产率和经济效益等采用此流程。

八、脱泥有压两产品重介质旋流器主再选—粗煤泥螺旋+干扰床—煤泥浮选工艺

脱泥有压两产品重介质旋流器主再选—粗煤泥螺旋+干扰床—煤泥浮选工艺流程如图

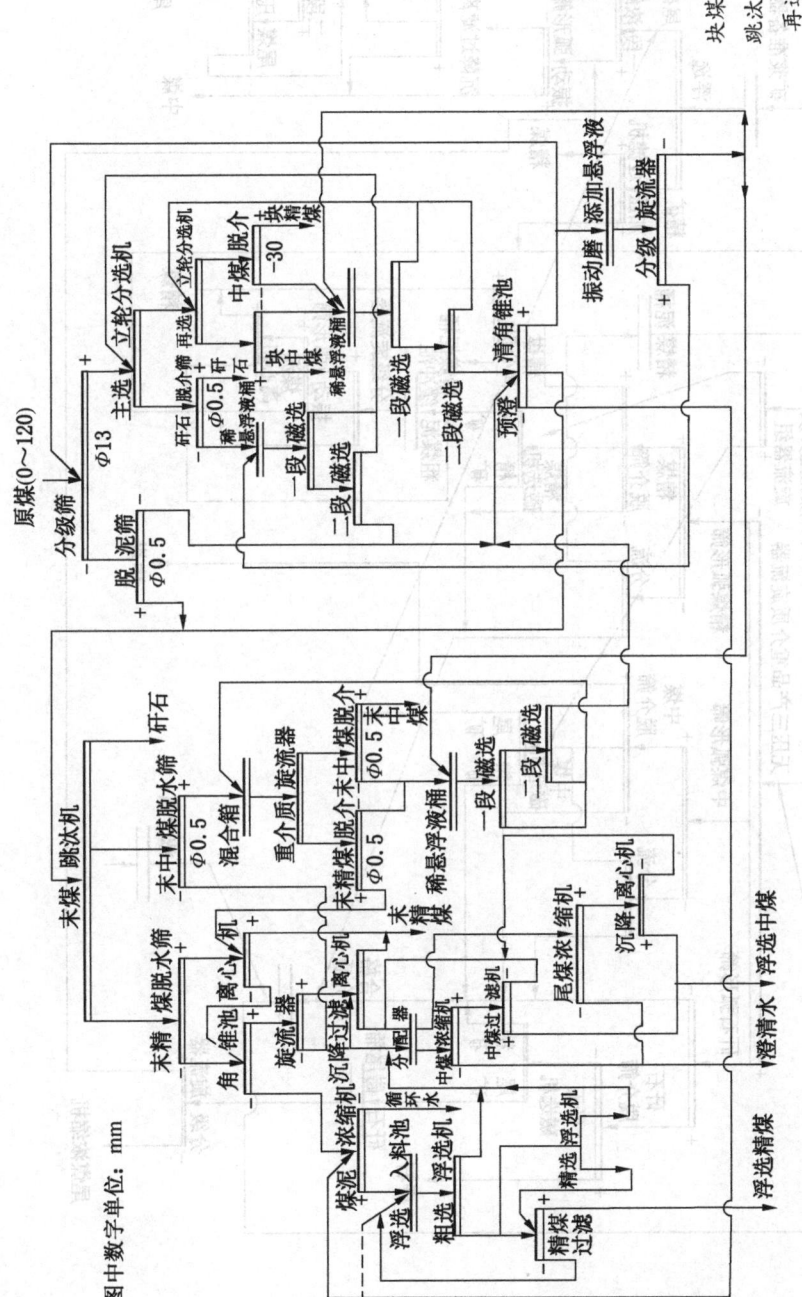

图 6-8 块煤重介—末煤跳汰—跳汰中煤重介质旋流器再选—煤泥浮选工艺流程

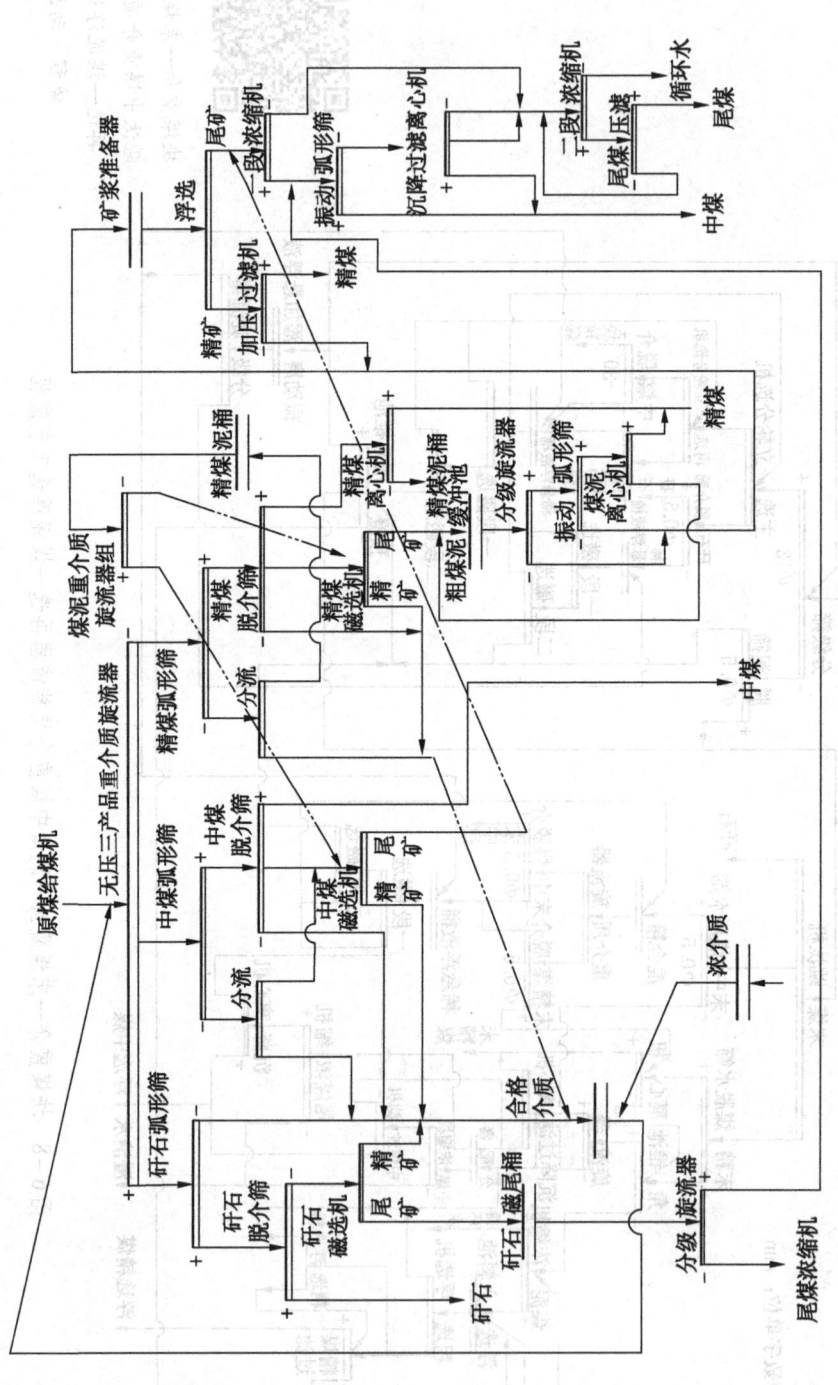

图 6-9 不脱泥无压三产品重介—小直径煤泥重介—煤泥浮选工艺流程

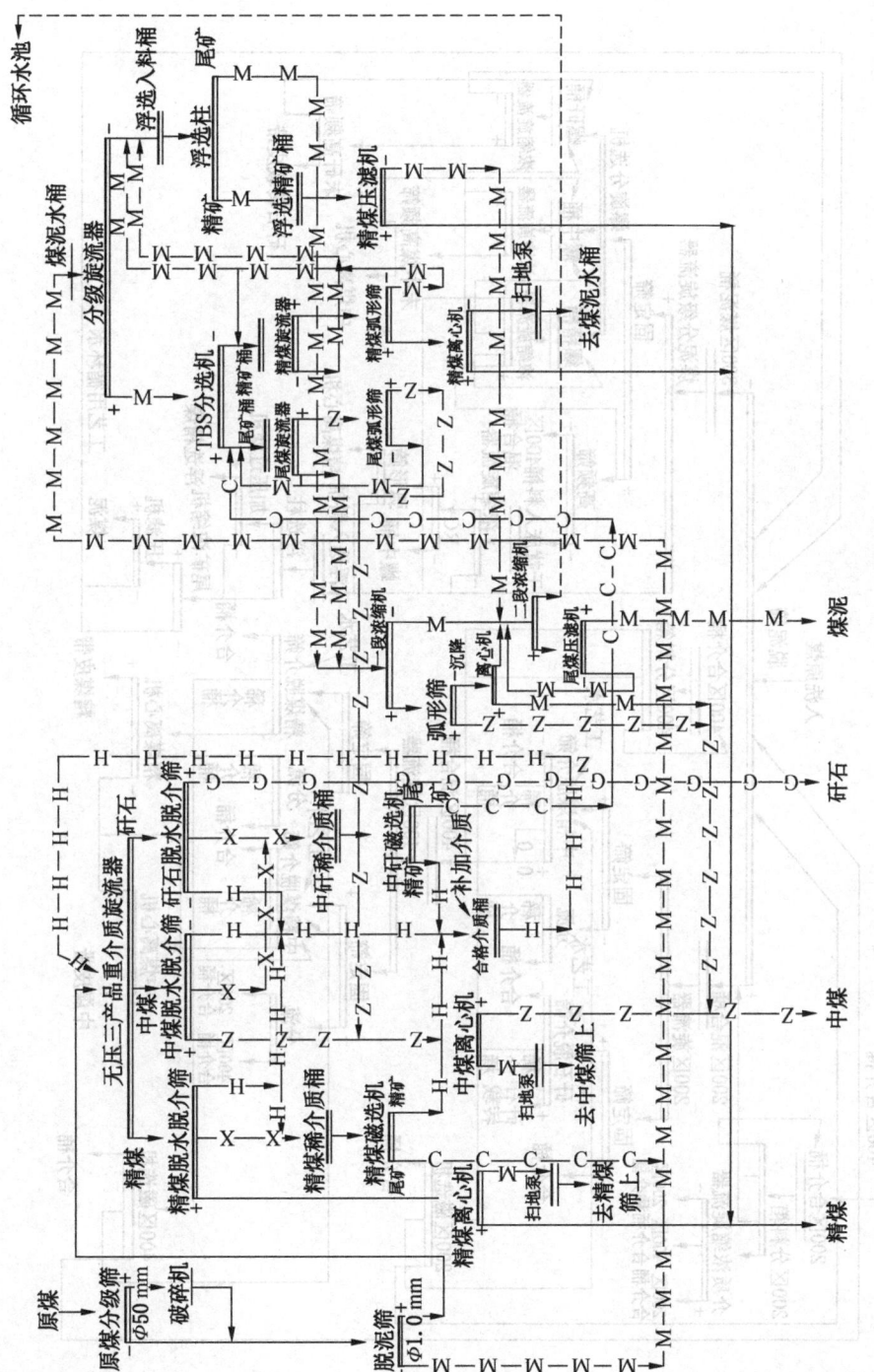

图 6-10 脱泥无压三产品旋流器重介—粗煤泥干扰床—煤泥浮选工艺流程

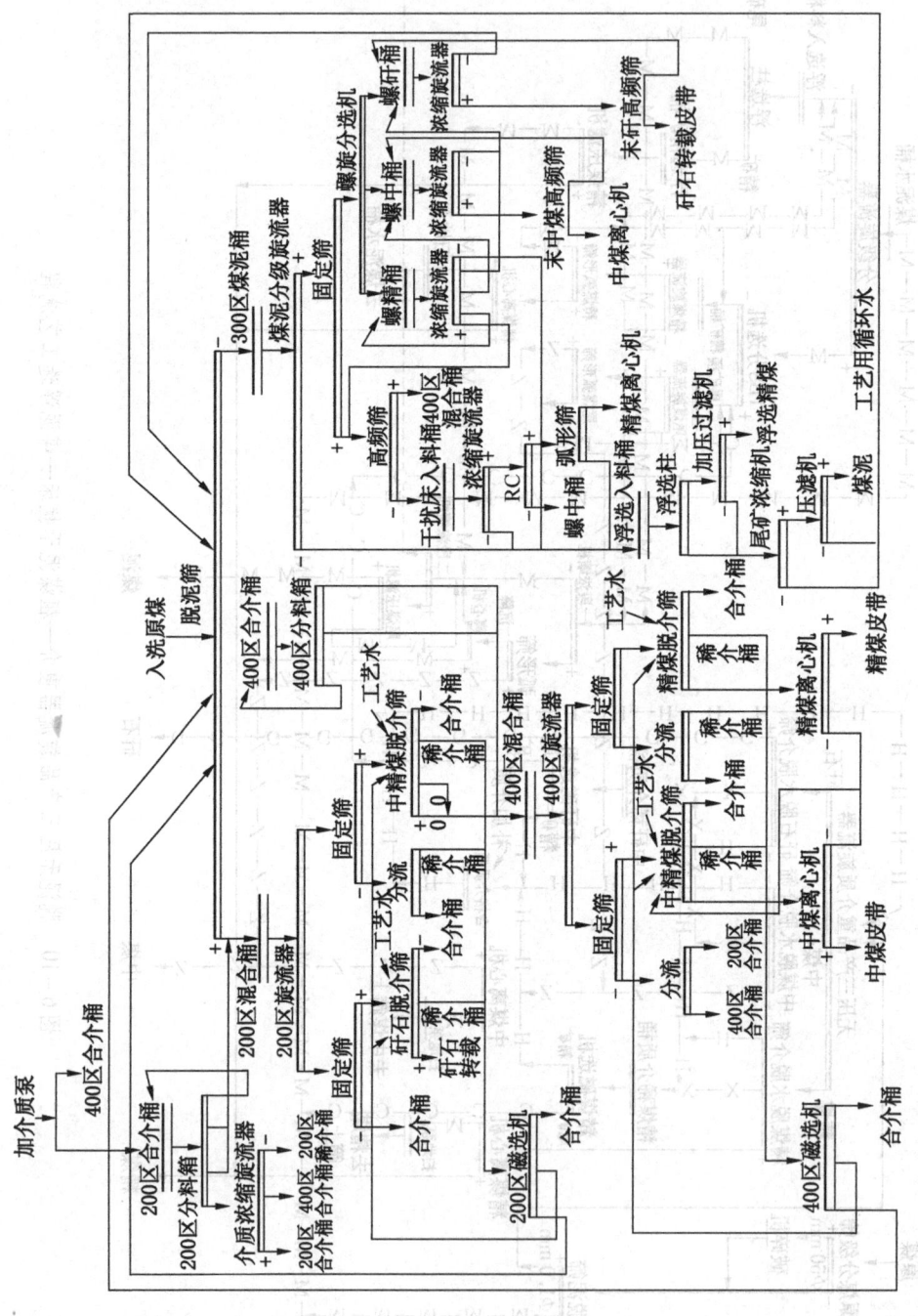

图 6-11 脱泥有压两产品重介质旋流器主再选—粗煤泥螺旋+干扰床—煤泥浮选工艺流程

6-11所示。该选煤工艺为：50(80)~0 mm原煤经2(1.5或1.0) mm脱泥后用有压两产品重介质旋流器主再选，脱泥后的2(1.5或1.0)~0 mm煤泥经粗煤泥螺旋和干扰床分选，-0.3(0.25) mm煤泥浮选。

该工艺适用条件：原煤中煤泥含量高、矸石含量高、原煤难选、粗煤泥灰分高，为了充分回收炼焦煤资源，提高精煤产率和经济效益等采用此流程。

任务习题

1. 填空题

(1) 在炼焦煤选煤厂的建设中，粗颗粒一般采用_____、_____或_____及其他方法，煤泥大多采用_____处理。

(2) 在新建和改扩建的炼焦煤选煤厂工程中，均更重视采用_____。

(3) 目前，炼焦煤的主要加工方法仍然以_____、_____为主。

2. 选择题

(1) 当原煤中煤泥含量低、原煤难选、中煤含量大、粗煤泥灰分低，为了充分回收炼焦煤资源时，一般选用以下哪种工艺流程？（　　）

A. 块、末煤全重介—煤泥浮选工艺

B. 跳汰主再选—煤泥浮选工艺

C. 块煤重介—末煤跳汰—煤泥浮选联合工艺

D. 不脱泥无压三产品重介—小直径煤泥重介—煤泥浮选工艺

(2) 当原煤可选性属易选、中等或偏难选的炼焦煤，对产品灰分要求不严，不要求出低灰精煤时常选用以下哪种工艺流程？（　　）

A. 块、末煤全重介—煤泥浮选工艺

B. 跳汰主再选—煤泥浮选工艺

C. 块煤重介—末煤跳汰—煤泥浮选联合工艺

D. 不脱泥无压三产品重介—小直径煤泥重介—煤泥浮选工艺

(3) 当块煤含量多且难选、末煤较易选的炼焦煤宜选用以下哪种工艺流程？（　　）

A. 块、末煤全重介—煤泥浮选工艺

B. 跳汰主再选—煤泥浮选工艺

C. 块煤重介—末煤跳汰—煤泥浮选联合工艺

D. 不脱泥无压三产品重介—小直径煤泥重介—煤泥浮选工艺

(4) 原煤可选性属难选和极难选的优质、稀缺炼焦煤种时常选用以下哪种工艺流程？（　　）

A. 块、末煤全重介—煤泥浮选工艺

B. 跳汰主再选—煤泥浮选工艺

C. 块煤重介—末煤跳汰—煤泥浮选联合工艺

D. 不脱泥无压三产品重介—小直径煤泥重介—煤泥浮选工艺

3. 绘图题

用AutoCAD绘制一张跳汰主再选—煤泥浮选工艺原则流程图。

任务三　了解动力煤选煤典型重选工艺

任务目标

知识目标：掌握动力煤选煤厂粗颗粒的常用重选方法和细颗粒的常用洗选方法；掌握常见的动力煤选煤的典型重选工艺流程。

能力目标：能识读动力煤选煤典型重选工艺流程图；能绘制简单的动力煤选煤重选工艺。

素质目标：培养工程技术观念和安全环保意识；培养独立思考能力、逻辑思维能力；培养敬业爱岗、吃苦耐劳的职业道德。

课程思政

近年来，我国动力煤入选快速发展。2016 年，我国动力煤入选量约 13.6 亿 t，2021 年我国动力煤入选量约 19.6 亿 t，比 2016 年提高 6 亿 t，近 5 年新建的选煤厂大多数是动力煤选煤厂，我国动力煤入选能力从 2016 年的约 16 亿 t/a 提升到 2021 年的 24 亿 t/a。

当前选煤业的发展与满足国家对煤炭清洁高效利用和完成"双碳"目标的要求还存在较大差距，在选煤发挥重要作用的进程中还存在动力煤入选率还需进一步提高，选煤厂运营存在不规范、不配套现象。我国动力煤入选率达到 65%，还有超过 1/3 的原煤没有入选，入选的原煤里也有相当一部分因为性质和市场影响，只是按照粒度经过筛选，煤质质量没有进一步改善。主要产煤省（区）如内蒙古、山西、陕西和新疆等存在大量选煤方法落后、环节不配套、产品质量差的中小型选煤厂，需进一步规范管理。

按 2021 年情况，目前还有 11.7 亿 t 原煤没有经过选煤直接使用，下一步需要抓紧配套相关选煤厂和选煤设备，因地制宜建设矿井相应能力的选煤厂，有条件的地区可建设区域型选煤厂覆盖多个煤矿。力争尽快实现除褐煤以外商品煤全部入选，无原煤直接销售。绿水青山就是金山银山。进一步推动动力煤入选，实现商品煤全部入选，选煤人责任重大！

任务描述

动力煤泛指可供燃烧用的非炼焦用煤。我国动力煤的分选，主要是洗选高灰分长焰煤、气煤、黏结煤、无烟煤、贫煤及少量的褐煤，且主要是分选含矸量较大的块煤和高灰分末煤，洗选方法一般不设浮选。

任务知识

一、块煤重介质排矸—末煤不入选工艺

块煤重介质排矸—末煤不入选工艺流程如图 6-12 所示。该选煤工艺为：原煤经 13 mm 分级后，13~300 mm 经斜轮重介质分选机分选，13 mm 以下末煤不入选。采用此工艺的

有北京矿务局五平村选煤厂、凤凰山矿、五龙矿、阳泉一矿及二矿选煤厂等。

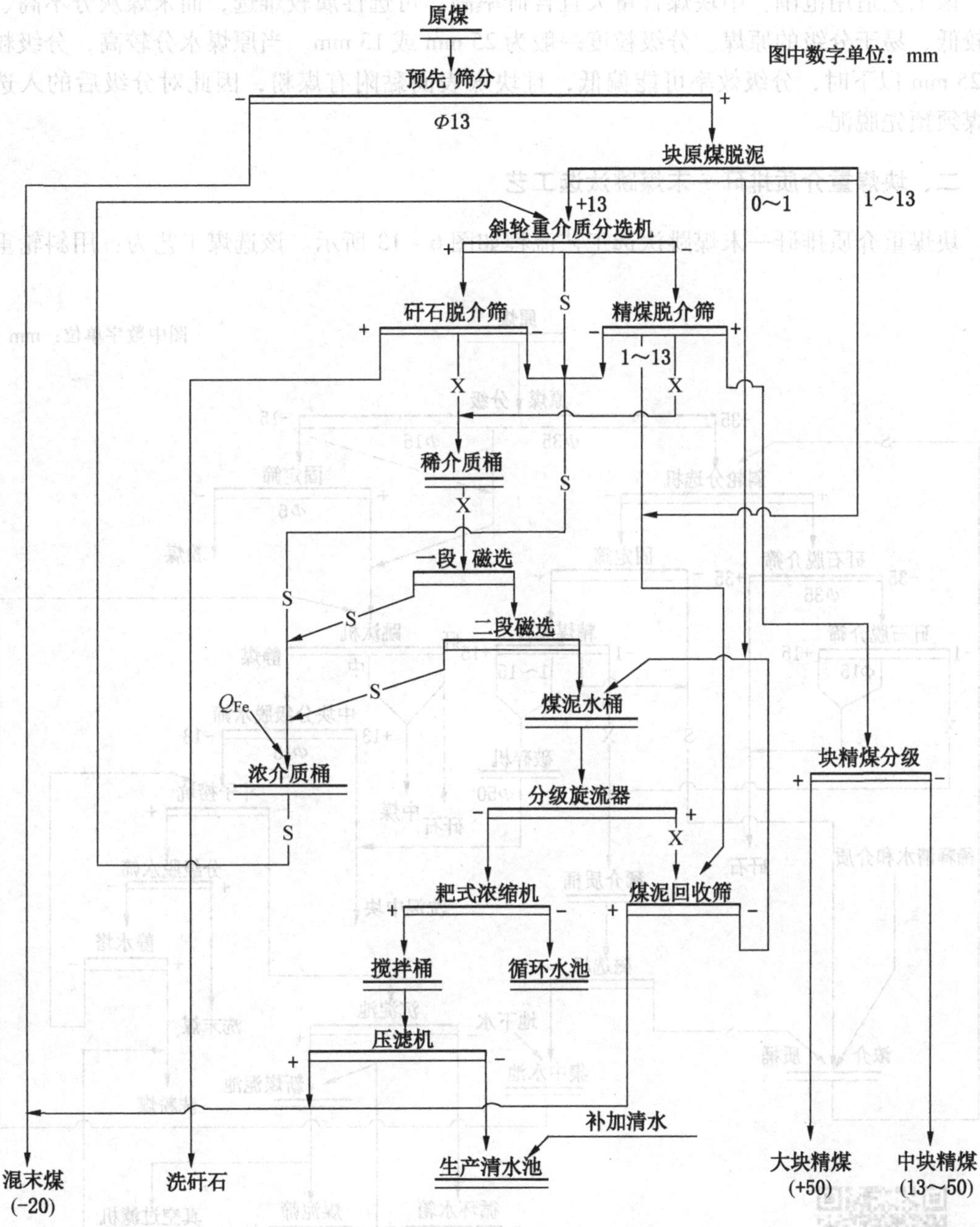

图中数字单位：mm

图 6-12 块煤重介质排矸—末煤不入选工艺流程

块煤重介质排矸—末煤不入选工艺流程 动画

该流程中的斜轮重介质分选机目前大多用浅槽重介质分选机代替，例如国家能源集团神东煤炭洗选中心的孙家沟选煤厂、榆家梁选煤厂、锦界选煤厂、上湾选煤厂、补连塔选煤厂、乌兰木伦选煤厂、哈拉沟选煤厂，陕西新能选煤技术有限公司韩家湾选煤厂、龙华选煤厂、涌鑫选煤厂、袁大滩选煤厂、张家峁选煤厂都采用的是块煤重介质浅槽排矸—末煤不入选工艺。

该工艺适用范围：中块煤含量大且含矸率高、可选性属较难选，而末煤灰分不高、水分较低、易于分级的原煤。分级粒度一般为 25 mm 或 13 mm。当原煤水分较高，分级粒度在 25 mm 以下时，分级效率可能偏低，且块煤表面黏附有煤粉，因此对分级后的入选块原煤须预先脱泥。

二、块煤重介质排矸—末煤跳汰选工艺

块煤重介质排矸—末煤跳汰选工艺流程如图 6-13 所示。该选煤工艺为：用斜轮重介

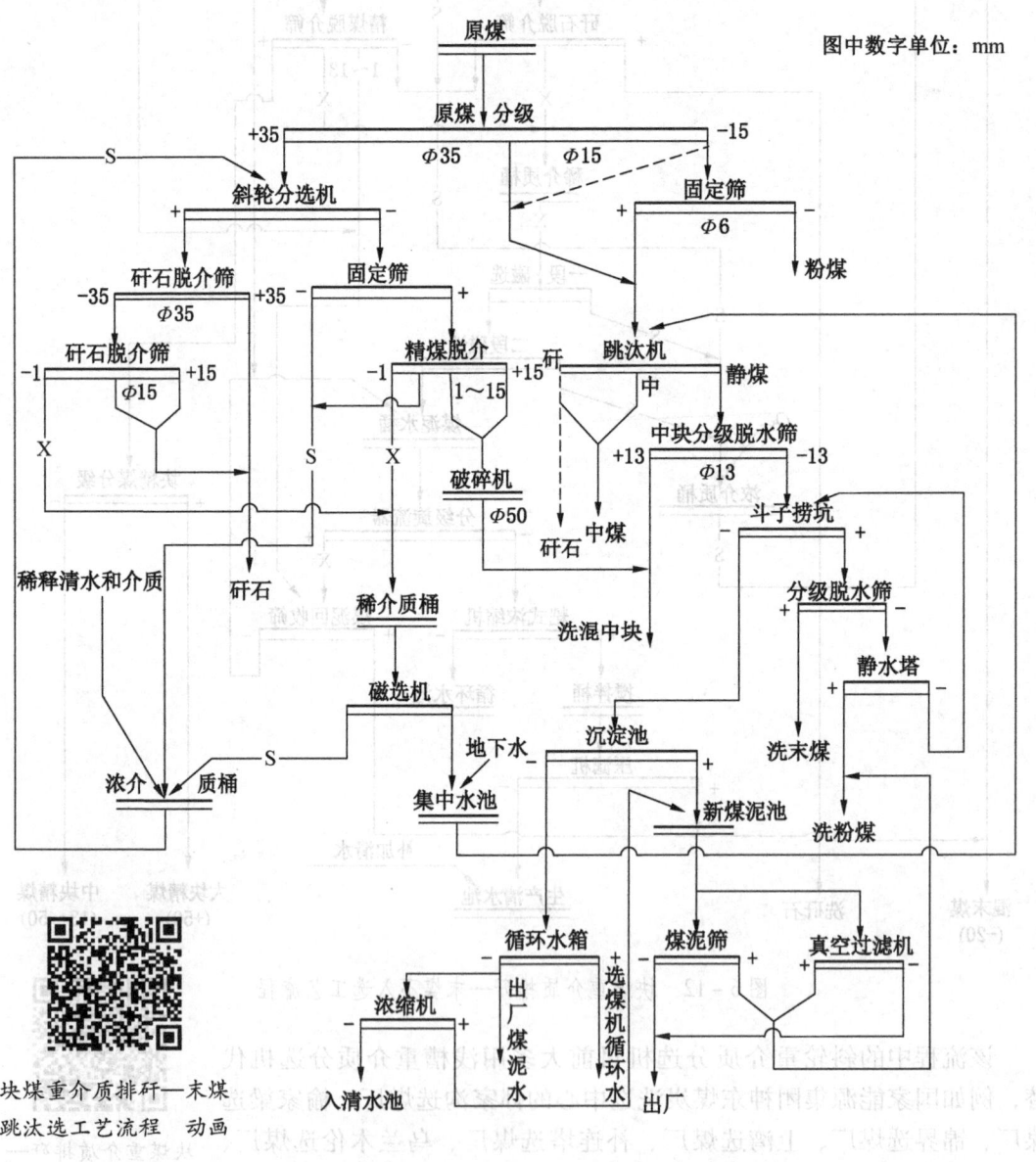

图 6-13 块煤重介质排矸—末煤跳汰选工艺流程

质分选机选 35~300 mm 大块煤，6~35 mm 末煤用跳汰机选。采用该工艺的有抚顺西露天矿、新邱、平庄、岭北矿选煤厂等。

该工艺适用范围：大型矿或露天矿生产的动力原煤（如长焰煤等），各粒级灰分均较高，特大块矸石含量较多，必须经过洗选才能满足用户要求。其分级粒度视各粒级分选密度的相近性和原煤水分大小而定，一般取 20~35 mm。

三、干法深度筛选分级—块煤重介质分选机—末煤重介质旋流器工艺

干法深度筛选分级—块煤重介质分选机—末煤重介质旋流器工艺原则流程如图 6-14 所示。该选煤工艺为：通过高效分级设备将原煤中的小于 6(3) mm 细粒煤脱出，避免这部分煤进入水洗系统，大于 25mm 块煤和脱粉后的 25~6(3) mm 末煤依然采用浅槽重介质分选机和重介质旋流器分选。

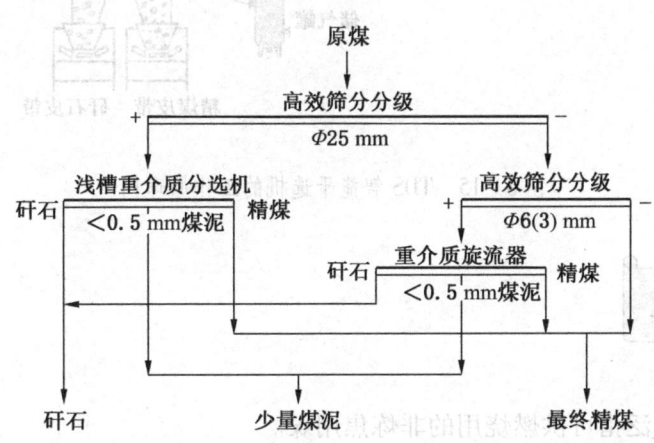

图 6-14 干法深度筛选分级—块煤重介质分选机—末煤重介质旋流器工艺原则流程

该工艺的核心环节是原煤选前筛分设备的处理能力，选择高效、可靠的分级设备，实现原煤选前的有效筛分，并根据矿井煤炭质量与市场需要充分对接，科学制定原煤的分级粒度（可在 6~3 mm 之间实时调节），小于 3 mm 细粒煤坚决不入选。最终达到既满足用户对产品质量的要求，又保证进入煤泥水系统的煤泥量足够少，有效降低生产成本的目的。

目前，随着弛张筛等高效筛分设备的不断发展和运用，干法深度筛选工艺在动力煤选煤厂得到了广泛应用。采用该工艺的有谢桥选煤厂、张集北选煤厂、双马选煤厂、金凤选煤厂等。

四、TDS 智能干选工艺

TDS 智能干选机是 TDS 智能干选工艺的核心设备，是近年来兴起的非阿基米德原理的新型选煤设备。TDS 智能干选机的工作原理如图 6-15 所示，主要采用智能识别技术，针对煤与矸石性质差异通过模型进行数字化识别，再采用控制执行机构将煤和矸石分离。

该分选工艺技术具有分选精度高、分选粒度宽（分选上限可达 300 mm）、节约破碎成

本、智能化程度高、系统界面直观、工艺流程简单等特点，且该分选工艺不需要水，无须建设煤泥水处理系统，能够有效减少运行成本，解决环保压力。但该分选工艺仅适用于块煤分选（大于 40 mm 粒级），粒级较细的末煤得不到有效分选。目前，采用该工艺的有金科尔选煤厂、灵新选煤厂等。

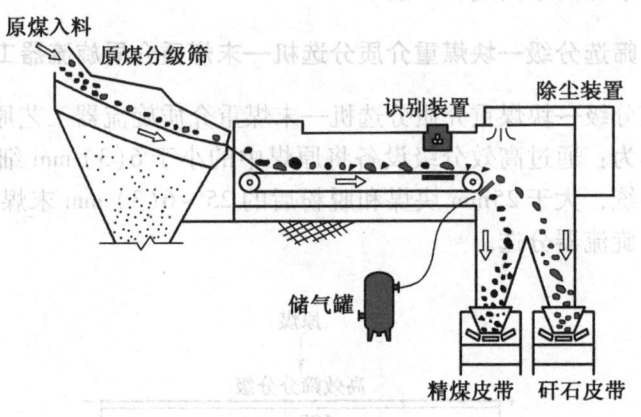

图 6-15　TDS 智能干选机的工作原理图

任务习题

1. 填空题

（1）_____泛指可供燃烧用的非炼焦用煤。

（2）我国动力煤的分选，主要是洗选_____长焰煤、气煤、黏结煤、无烟煤、贫煤及少量的_____。

（3）动力煤的分选主要是分选_____的块煤和_____末煤，洗选方法一般不设_____。

2. 选择题

（1）中块煤含量大且含矸率高、可选性属较难选，而末煤灰分不高、水分较低、易于分级的动力用煤一般选用以下哪种工艺流程？（　　）

A. 跳汰主再选—煤泥浮选工艺　　　B. 块煤重介质排矸—末煤跳汰选工艺
C. 块、末煤全重介—煤泥浮选工艺　　D. 块煤重介质排矸—末煤不入选工艺

（2）大型矿或露天矿生产的动力原煤（如长焰煤等），各粒级灰分均较高，特大块矸石含量较多，必须经过洗选才能满足用户要求，一般选用以下哪种工艺流程？（　　）

A. 跳汰主再选—煤泥浮选工艺　　　B. 块煤重介质排矸—末煤跳汰选工艺
C. 块、末煤全重介—煤泥浮选工艺　　D. 块煤重介质排矸—末煤不入选工艺

3. 绘图题

用 AutoCAD 绘制一张块煤重介质排矸—末煤不入选工艺原则流程图。

项目七 煤炭可选性分析和重力选煤工艺效果评定

众所周知,煤颗粒的密度、粒度和形状是与重力选煤过程有关的3个基本物理参数。不同的煤颗粒,其密度、粒度和形状存在着差异,在重选过程中会表现出不同的运动速度和运动方向。重力选煤过程主要是按密度来分选煤炭,煤中各组分的密度差异是重力选煤的依据。煤的粒度和形状对分选过程也产生一定的影响。

对于由密度各异的颗粒所构成的煤样,可以借助试验的方法将其按不同的密度范围分成若干密度级别的煤样,再进行称重与化验得到各密度级别煤样的数量和质量,这就是该煤样的密度组成。

知道了洗选前煤样(原煤)的密度组成即原煤中各密度级产物的数、质量分布,就可判断该煤样按密度差异进行分选的难易程度,即确定煤炭的可选性,从而为确定分选方法、制定分选工艺流程及选择分选设备提供重要依据。

重力选煤工艺效果的优劣会影响整个选煤厂的技术经济指标。对于重力分选后的煤炭产品,测定其密度组成可以用来分析分选过程进行的优劣,评定重力选煤的工艺效果,从而优化后续的分选过程。

任务一 煤炭密度组成测定

任务目标

知识目标:掌握煤炭浮沉试验的含义;掌握大浮沉的试验方法;熟悉小浮沉的试验方法;熟悉煤炭浮沉试验资料整理的方法。

技能目标:会进行大浮沉试验和小浮沉试验;能对照相关标准进行煤炭浮沉试验资料的整理。

素质目标:形成安全生产、环保节能、讲究卫生的职业意识;培养敬业爱岗、服从安排、吃苦耐劳、精益求精、严格遵守操作规程的职业道德。

任务描述

煤炭密度组成的测定是通过煤炭的大浮沉和小浮沉试验进行的,是指将有代表性的煤样区分成密度范围不同的成分,计算各密度级物料所占的重量百分比(称为产率),再按工业要求进行各密度级煤样的化学分析或矿物分析(如分析灰分、硫分、金属元素含量、矿物含量等),从而确定煤样中各组分质与量的关系。浮沉试验中,对于宽级别煤样,为了减小粒度对煤样性质的影响,把煤样先按粒度分级,算出各粒级煤样占原料的百分比,然后再对各粒级煤样进行密度组成的测定。煤炭密度组成的测定,主要是测定原煤的密度组成，目的是考察不同密度成分在原煤中的数量和质量，从而来研究原煤的性质。对于选后产品，也应测定其密度组成，为分析分选过程提供数据资料。

任务知识

一、煤炭的浮沉试验

测定煤炭密度组成的试验称为煤炭的浮沉试验。具体试验按照《煤炭浮沉试验方法》（GB/T 478—2008）进行。煤炭的浮沉试验按煤样的粒度分为大浮沉和小浮沉两种。大浮沉是对粒度大于 0.5 mm 的煤炭进行的浮沉试验，小浮沉是对粒度小于 0.5 mm 的煤炭进行的浮沉试验。

浮沉试验煤样按照《煤样的制备方法》（GB/T 474—2008）进行制备，煤样质量根据试验项目进行确定。

浮沉试验　微课

（1）原煤各粒级煤样最小质量参照表 7-1 执行。

表 7-1　给定粒级煤样的最小质量

粒级上限/mm	最小质量/kg	粒级上限/mm	最小质量/kg
300	500	25	15
150	200	13	7.5
100	100	6	4
50	30	3	2

（2）选煤厂的产品，如精煤、中煤和矸石因密度组成分布不均（集中于某些密度级），为保证试验结果的正确和各密度级有足够的分析试样，所需煤样质量应适当增加，增加量一般要大于表 7-1 给定量的 50%。物料一经流出选别作业，应尽可能快地采样、试验。

（3）进行选煤厂技术检查时，有些试验项目，如快速浮沉，煤样质量可低于表 7-1 的规定。

（4）小浮沉煤样应是空气干燥状态，不应少于 200 g。称量煤样 4 份，每份 20 g（称准至 0.01 g）。

大浮沉试验和小浮沉试验的主要区别在于配制重液所用的药剂以及操作过程有所不同。

大浮沉试验过程　动画

1. 大浮沉试验

1）重液配制

密度范围通常应包括 1.30 g/cm³、1.40 g/cm³、1.50 g/cm³、1.60 g/cm³、1.70 g/cm³、1.80 g/cm³、1.90 g/cm³ 和 2.00 g/cm³。必要时可增加小于 1.30 g/cm³ 和大于 2.00 g/cm³ 的密度级或增加某些密度级（例如增加 1.25 g/cm³、1.35 g/cm³ 等密度级）。

一般选用氯化锌为浮沉介质。氯化锌易溶于水，可参考表7-2用水配制重液。然后用液体密度计校验，直至达到要求值（密度值准确到0.002 g/cm³）。

表7-2 氯化锌重液配制参考表

重液的密度/(g·cm⁻³)	1.30	1.40	1.50	1.60	1.70	1.80	1.90	2.00
氯化锌的质量分数/%	31	39	46	52	58	63	68	73

高密度氯化锌重液（密度大于1.80 g/cm³）黏度大，容易发生沉淀，影响浮沉分离效果。此时可选用其他类型的无机高密度重液（无毒无味、易溶于水）。

氯化锌有腐蚀性，在配制重液和进行试验时要避免与皮肤接触，穿胶鞋，戴口罩、胶皮手套、眼镜和围胶皮围裙等。

2) 试验步骤（以氯化锌为例）

(1) 浮沉试验过程如图7-1所示。将配好的重液装入重液桶中，并按密度大小顺序排好，每个桶中重液面不低于350 mm，最低一个密度的重液应另备一桶，作为每次试验时的缓冲液使用。

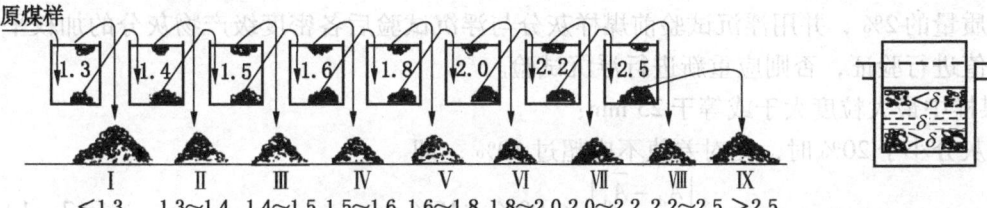

(a) 浮沉试验过程示意图　　　　　　　　　　(b) 漏桶盛煤样浸入重液容器示意图

（重液的密度为δ，上浮者密度小于δ，下沉者密度大于δ）

图7-1 浮沉试验过程示意图

(2) 浮沉试验顺序一般是从低密度逐级向高密度进行，如果煤样中含有易泥化的矸石或高密度物含量多时，可先在最高的密度液内浮沉，捞出的浮物仍按由低密度到高密度顺序进行浮沉。

(3) 当试样中含有大量中间密度的物料时，可先将煤样放入中间密度的介质中大致均匀地分开，再按(2)进行试验。

(4) 浮沉试验之前先将煤样称量，放入网底桶内，每次放入的煤样厚度一般不超过100 mm。用水洗净附着在煤块上的煤泥，滤去洗水再进行浮沉试验。收集同一粒级冲洗出的煤泥水，用澄清法或过滤法回收煤泥，然后干燥称量，此煤泥通常称为浮沉煤泥。

(5) 进行浮沉试验时，先将盛有煤样的网底桶在最低一个密度的缓冲液内浸润一下（同理，如先浮沉高密度物，也应在该密度的缓冲液内浸润一下），然后提起斜放在桶边上，滤尽重液，再放入浮沉用的最低密度的重液桶内，用木棒轻轻搅动或将网底桶缓缓地上下移动，然后使其静止分层。分层时间不少于下列规定：

175

① 粒度大于 25 mm 时，分层时间为 1~2 min；

② 最小粒度为 3 mm 时，分层时间为 2~3 min；

③ 最小粒度为 0.5~1 mm 时，分层时间为 3~5 min。

（6）小心地用捞勺按一定方向捞取浮物，捞取深度不得超过 100 mm。捞取时应注意勿使沉物搅起混入浮物中。待大部分浮物捞出后，再用木棒搅动沉物，然后仍用上述方法捞取浮物，反复操作直到捞尽为止。

（7）把装有沉物的网底桶慢慢提起，斜放在桶边上，滤尽重液，再把它放入下一个密度的重液桶中。用同样方法逐次按密度顺序进行，直到该粒级煤样全部做完为止，最后将沉物倒入盘中。在试验中应注意回收氯化锌溶液。

（8）在整个试验过程中应随时调整重液的密度，保证密度值的准确。

（9）各密度级产物应分别滤去重液，用水冲净产物上残存的氯化锌（最好用热水冲洗），然后在低于 50 ℃ 温度下进行干燥，达到空气干燥状态再称量。

（10）分析化验和试验误差检验。各密度级产物和煤泥应分别缩制成分析煤样，测定其灰分 A_d 和水分 M_{ad}，根据要求确定是否测定硫分或增减其他分析化验项目。各密度级产物的产率和灰分用百分数表示，取到小数点后两位。当一个或两个相邻密度级产率很小时，可将数据合并处理。为保证试验的准确性，试验结果要满足浮沉试验前空气干燥状态的煤样质量与浮沉试验后各密度级产物的空气干燥状态质量之和的差值，不应超过浮沉试验前煤样质量的 2%，并用浮沉试验前煤样灰分与浮沉试验后各密度级产物灰分的加权平均值的差值进行验证，否则应重新进行浮沉试验。

① 煤样中最大粒度大于或等于 25 mm：

煤样灰分小于 20% 时，相对差值不应超过 10%，即

$$\left|\frac{A_d - \overline{A}_d}{A_d}\right| \times 100\% \leq 10\% \tag{7-1}$$

煤样灰分大于或等于 20% 时，绝对差值不应超过 2%，即

$$|A_d - \overline{A}_d| \leq 2\% \tag{7-2}$$

② 煤样中最大粒度小于 25 mm：

煤样灰分小于 15% 时，相对差值不应超过 10%，即

$$\left|\frac{A_d - \overline{A}_d}{A_d}\right| \times 100\% \leq 10\% \tag{7-3}$$

煤样灰分大于或等于 15% 时，绝对差值不应超过 1.5%，即

$$|A_d - \overline{A}_d| \leq 1.5\% \tag{7-4}$$

式中 A_d——浮沉试验前煤样的灰分，%；

$\overline{A}_d$——浮沉试验后各密度级产物的加权平均灰分，%。

2. 小浮沉试验

小浮沉试验需要组装过滤系统，如图 7-2 所示，在烧杯、下口瓶等器皿上贴上相应的标签。

小浮沉试验 过程 动画

1）重液配制

配制重液需要的原料有氯化锌（工业品）或无机高密度液、浓盐酸。煤样容易泥化时可以采用四氯化碳、苯和三溴甲烷配制重液。当重液密度

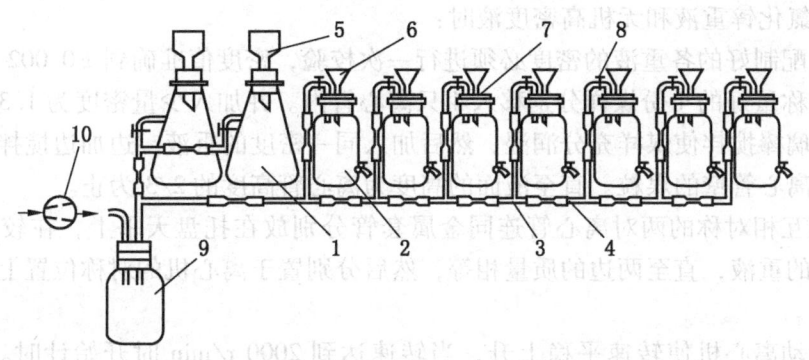

1—过滤瓶；2—下口瓶；3—T形三通玻璃管；4—橡胶管；5—布氏漏斗；6—短颈漏斗；
7—橡胶塞；8—两通活塞；9—气液分离瓶；10—真空泵

图7-2 过滤系统组装示意图

大于 1.70 g/cm³ 时，建议采用无机高密度液。

重液密度为 1.30 g/cm³、1.40 g/cm³、1.50 g/cm³、1.60 g/cm³、1.70 g/cm³、1.80 g/cm³、1.90 g/cm³ 和 2.00 g/cm³。必要时可以增加或减少某些密度级。

配制有机重液和试验时，应在通风橱内进行且要避免与皮肤接触，穿胶鞋、戴口罩、胶皮手套、眼镜和围胶皮围裙等。配制氯化锌重液时，应经减压过滤滤去杂质。配制氯化锌重液时可参照表7-2进行，配制有机重液时可参照表7-3进行，并用液体密度计检测配制的重液密度。无机高密度重液可用水稀释或蒸发浓缩的方法配制。

滤纸应先在恒温箱内烘干，取出冷却至室温后称量（称准至0.01g）并记录。在烧杯内配制质量分数为10%的盐酸，冷却后移入滴瓶内。

表7-3 有机重液配制参考表

重液的密度/ (g·cm⁻³)	四氯化碳和苯配成的重液(体积分数)/%		三溴甲烷和四氯化碳配成的重液(体积分数)/%	
	四氯化碳	苯	三溴甲烷	四氯化碳
1.30	60	40		
1.40	74	26		
1.50	89	11		
1.60			2	98
1.70			11	89
1.80			21	79
2.00			41	59

2）试验步骤

当使用氯化锌重液和无机高密度液时：

（1）对配制好的各重液的密度必须进行一次校验，密度值准确到 ±0.002 g/cm³。

（2）将称量好的4份煤样分别移入4只离心管内。并加入少量密度为 1.300 g/cm³ 的重液，用玻璃棒搅拌使煤样充分润湿，然后加入同一密度的重液，边加边搅拌，同时冲洗净玻璃棒和离心管壁的煤粒。直至液面的高度为离心管高度的 2/3 为止。

（3）把互相对称的两对离心管连同金属套管分别放在托盘天平上，在较轻的一端倒入同一密度的重液，直至两边的质量相等，然后分别置于离心机的对称位置上，盖好离心机盖子。

（4）启动离心机使转速平稳上升，当转速达到 2000 r/min 时开始计时。10 min 后，切断离心机电源，让其自行停止，待离心机停稳后，打开盖子，小心取出离心管并置于离心管架上。

（5）分离浮沉产物时先用玻璃棒沿离心管壁拨动一下浮物表面，然后仔细而又迅速地将浮物倒入同一烧杯内。用热水冲洗净（或用毛笔刷净）管壁上黏着的浮物，但勿使沉物冲下。

（6）在存有沉物的离心管内加入密度为 1.400 g/cm³ 的重液，按（2）~（5）规定的方法进行离心分离。其他密度依次类推，直至加入密度为 2.000 g/cm³ 的重液为止。

（7）在布氏漏斗内铺上滤纸并加水润湿。开动真空泵将滤纸抽紧，把杯内的浮物倒入布氏漏斗内过滤，回收重液并用热水冲洗烧杯。回收的重液经过滤浓缩后重新使用。取下布氏漏斗用热水把滤纸上的浮物冲洗到原烧杯内。滴入已配好的 10% 盐酸，边滴边搅拌，直至白色沉淀消失呈微酸性为止（用 pH 试纸来确定）。将预先称量好的滤纸折叠成锥形放在玻璃漏斗上加水润湿，打开两通活塞将滤纸抽紧，然后把浮物小心倒入漏斗内过滤，同时用热水冲洗烧杯直至冲净为止。各密度级浮物都按本条规定的方法处理。

（8）最后将离心管内大于 2.000 g/cm³ 密度的沉物用热水冲洗到烧杯内，用同样方法滴入盐酸后，按（7）规定的方法进行冲洗处理。

（9）将浮沉产物连同滤纸从漏斗上取下放在棋盘格上，在（75±5）℃的恒温箱内烘干，达到空气干燥状态后连同滤纸在电子台秤上称量，记录质量，称准至 ±0.02 g。浮物和沉物分别测定灰分，必要时测定硫分。

当使用有机重液时：

（1）按照使用氯化锌重液和无机高密度液时的试验步骤完成（1）~（4）。

（2）分离浮沉产物时先用玻璃棒沿离心管壁拨动一下浮物的表面，然后仔细而又迅速地将浮物移入同一烧杯内，用毛笔刷净管壁上黏着的浮物。在存有沉物的离心管内加入密度为 1.400 g/cm³ 的重液。按使用氯化锌重液和无机高密度液时的试验步骤（2）~（4）和本条规定的方法进行离心分离，其他密度依次类推，直至加入密度为 2.000 g/cm³ 的重液为止。

（3）在漏斗内铺上滤纸，把烧杯内的浮物倒入漏斗内过滤并回收重液。

（4）最后将离心管内大于 2.000 g/cm³ 密度的沉物倒在铺有滤纸的漏斗内过滤并回收重液。

（5）按照使用氯化锌重液和无机高密度液时的试验步骤完成（9）。注意：如果某密度级产物不够化验时,该密度级增做一次试验。

试验完计算各密度级产物的产率与灰分,最终结果取小数点后两位。为保证试验的准确性,试验结果要满足浮沉试验前空气干燥状态的煤样质量与浮沉试验后各密度级产物的空气干燥状态质量之和的差值不应超过浮沉试验前煤样质量的2%,并用浮沉试验前煤样灰分与浮沉试验后各密度级产物灰分的加权平均值的差值进行验证,否则应重新进行浮沉试验。

煤样灰分小于20%时,相对差值不应超过10%,即

$$\left|\frac{A_d - \overline{A_d}}{A_d}\right| \times 100\% \leqslant 10\% \tag{7-5}$$

煤样灰分为20%~30%时,绝对差值不应超过2%,即

$$|A_d - \overline{A_d}| \leqslant 2\% \tag{7-6}$$

煤样灰分大于30%时,绝对差值不应超过3%,即

$$|A_d - \overline{A_d}| \leqslant 3\% \tag{7-7}$$

式中 A_d——浮沉试验前煤样的灰分,%;
$\overline{A_d}$——浮沉试验后各密度级产物的加权平均灰分,%。

二、煤炭浮沉试验资料的整理

分别对筛分试验各个粒度级的煤样做浮沉试验,当每个粒度级煤样浮沉试验结束后,需要将试验记录数据(各密度级煤及煤泥的质量)、计算数据(各密度级煤及煤泥的产率)和化验数据(煤样、各密度级煤和煤泥的灰分)填到浮沉试验报告表内,得到每个粒度级煤样的浮沉试验结果。浮沉试验报告表的格式参照表7-4。除上述试验记录数据、计算数据和化验数据外,表中还需记录浮沉试验编号、煤样的粒度级别、试验前煤样的质量、试验日期、该粒度级别占全样的产率(筛分试验中该粒级的质量百分数)。

浮沉试验资料整理 微课

表7-4 浮沉试验报告表

浮沉试验编号: 试验日期: 年 月 日
煤样粒级:25~13 mm(自然级) 本级占全样产率:18.322%
试验前干燥煤样质量:24.965 kg 煤样灰分:22.42%;全硫 %

密度级/	数 量			质 量		累 计			
(g·cm^{-3})						浮物		沉物	
	质量/kg	占本级产率/%	占全样产率/%	灰分/%	全硫/%	产率/%	灰分/%	产率/%	灰分/%
(1)	(2)	(3)	(4)	(5)	(6)	(7)	(8)	(9)	(10)
-1.30	1.645	6.72	1.219	3.99		6.72	3.99	100.00	22.14
1.30~1.40	11.312	46.18	8.380	7.99		52.90	7.48	93.28	23.45
1.40~1.50	5.280	21.56	3.912	15.93		74.46	9.93	47.10	38.64
1.50~1.60	1.370	5.59	1.014	26.61		80.05	11.09	25.54	57.74

表7-4（续）

密度级/ (g·cm^{-3})	数 量			质 量		累 计			
						浮物		沉物	
	质量/ kg	占本级产率/ %	占全样产率/ %	灰分/ %	全硫/ %	产率/ %	灰分/ %	产率/ %	灰分/ %
(1)	(2)	(3)	(4)	(5)	(6)	(7)	(8)	(9)	(10)
1.60~1.70	0.660	2.70	0.490	34.65		82.75	11.86	19.95	66.47
1.70~1.80	0.456	1.86	0.338	43.41		84.61	12.56	17.25	71.45
1.80~2.00	0.606	2.47	0.448	54.47		87.08	13.74	15.39	74.84
+2.00	3.165	12.92	2.345	78.73		100.00	22.14	12.92	78.73
合计	24.494	100.00	18.146	22.14					
煤泥	0.238	0.96	0.176	19.16					
总计	24.732	100.00	18.322	22.11					

表7-4中第（2）栏的合计质量，是指煤样各浮沉密度级（不包括煤泥）质量之和，并以此为100%算出各密度级产率，填到该表第（3）栏之中，例如，+2.00 g/cm³密度级占本级产率为3.165/24.494×100% = 12.92%。总计质量是指合计质量加上煤泥质量，并以此为100%算出第（3）栏煤泥占本级产率，即0.238/24.732×100% = 0.96%。煤泥是指各粒度级煤样浮沉之前冲洗时所得的小于0.5 mm煤粉，经沉淀、过滤、烘干之后称重的总量，即第（2）栏中的煤泥质量。

表头中本级占全样产率乘以第（3）栏中煤泥占本级产率，便得煤泥占全样产率，填入第（4）栏相应的格内。本级占全样产率减去煤泥占全样产率，则为合计占全样产率。合计占全样产率与第（3）栏中各密度级占本级产率相乘，可得第（4）栏中的全部数据。

表中第（5）栏中煤泥灰分是化验值；合计灰分是各密度级灰分的加权平均值；总计灰分是合计灰分与煤泥灰分的加权平均值。显然，表中第（5）栏中的总计灰分与表头所标本级灰分很难一致，但必须在《煤炭浮沉试验方法》（GB/T 478—2008）允许误差范围之内。

表中第（7）栏的数据是小于某一密度浮物的累计产率，由表中第（3）栏数据自上而下累计所得。第（8）栏累计浮物灰分，是小于某一密度的浮物中各密度级浮物的加权平均灰分。

表中第（9）栏的数据是大于某一密度沉物的累计产率，由表中第（3）栏数据自下而上累计所得。第（10）栏累计沉物灰分，是大于某一密度的沉物中各密度级沉物的加权平均灰分。

煤样各粒级的浮沉试验全部完成后，经检查误差符合规定要求，就需进一步将各粒级中的自然级与破碎级的浮沉试验结果综合在一起，提供一个该粒级整体的浮沉试验资料，其表格形式与表7-4相同。然后将各粒级（包括自然级、破碎级和综合级）浮沉试验报告表再综合在一起，编制出筛分浮沉试验综合报告表，其格式参照表7-5。

表7-5 筛分浮沉试验综合报告表

筛分\浮沉 密度级/(g·cm⁻³)	50~25 mm				25~13 mm				13~6 mm				6~3 mm				3~0.5 mm				50~0.5 mm			
	产率/% 33.029			灰分/% 21.71	产率/% 24.605			灰分/% 21.63	产率/% 15.874			灰分/% 22.83	产率/% 13.283			灰分/% 19.24	产率/% 8.303			灰分/% 15.94	产率/% 95.094			灰分/% 21.03
(1)	占本级/% (2)	占全样/% (3)	灰分/% (4)		占本级/% (5)	占全样/% (6)	灰分/% (7)		占本级/% (8)	占全样/% (9)	灰分/% (10)		占本级/% (11)	占全样/% (12)	灰分/% (13)		占本级/% (14)	占全样/% (15)	灰分/% (16)		占本级/% (17)	占全样/% (18)	灰分/% (19)	
-1.30	7.67	2.519	4.49		8.65	2.112	4.35		9.35	1.478	2.97		15.51	2.047	2.69		24.17	1.906	2.32		10.69	10.062	3.46	
1.30~1.40	52.94	17.38	9.29		46.86	11.437	8.31		43.3	6.847	7.12		38.78	5.117	6.83		33.68	2.656	6.47		46.15	43.437	8.23	
1.40~1.50	19.5	6.401	17.03		20.25	4.943	15.92		20.48	3.238	14.77		20.94	2.764	13.65		20.41	1.61	12.72		20.14	18.965	15.5	
1.50~1.60	3.63	1.191	26.68		5.33	1.301	26.64		6.37	1.007	24.87		6.4	0.844	24.39		6.64	0.524	23.01		5.17	4.867	25.5	
1.60~1.70	2.08	0.683	34.92		2.41	0.587	35.11		2.99	0.473	33.67		3.11	0.41	34.05		3.13	0.247	32.07		2.55	2.4	34.28	
1.70~1.80	1.36	0.447	44.33		1.67	0.408	43.39		1.85	0.292	42.08		1.92	0.254	42.34		1.62	0.128	39.81		1.62	1.529	42.94	
1.80~2.00	1.96	0.642	53.46		2.32	0.567	54.57		2.17	0.344	52.32		2.17	0.286	50.88		2.16	0.17	49.94		2.13	2.009	52.91	
+2.00	10.86	3.566	81.12		12.51	3.053	79.43		13.49	2.133	79.29		11.17	1.474	78.19		8.19	0.646	76.99		13.67	10.872	79.64	
合计	100	32.828	20.74		100	24.408	21.69		100	15.812	21.59		100	13.196	19.19		100	7.887	15.9		100	94.132	20.5	
煤泥	0.61	0.2	17.24		0.8	0.197	18.8		0.39	0.062	21.16		0.65	0.087	21.59		5.01	0.416	17.13		1.01	0.962	18.16	
总计	100	33.029	20.72		100	24.605	21.67		100	15.874	21.59		100	13.283	19.21		100	8.303	15.96		100	95.094	20.48	

表 7-5 中各粒级煤样的筛分浮沉资料，是抄于各筛分粒级煤样（包括自然级与破碎级）的综合级浮沉试验报告表。表 7-5 中的第 (17)、(18)、(19) 栏，即 50~0.5 mm 粒级筛分浮沉数据，是把各窄粒级筛分浮沉资料综合所得。例如表 7-5 中第 (18) 栏的数据，是该表中第 (3)、(6)、(9)、(12)、(15) 各栏数据相加而得。而第 (17) 栏数据是以第 (18) 栏中的合计（即表中的 94.132%）为 100% 换算出来的，例如第 (18) 栏中 -1.30 g/cm³ 密度级 50~0.5 mm 占全样产率是 10.062 被合计 94.132% 除之得第 (17) 栏第一行数据 10.69%。表中第 (19) 栏是各粒级占全样产率与灰分相乘之和被第 (18) 栏占全样产率相应数据除后而得，所以它是一个加权平均值。

为了研究 50~0.5 mm 级入选原煤的浮沉组成，进一步分析它的密度组成特性，就必须把表 7-5 中 50~0.5 mm 粒级浮沉资料的第 (17)、(19) 两栏数据转抄到另一表中的第 (2)、(3) 两栏内，见表 7-6，称为 50~0.5 mm 粒级原煤浮沉试验综合表。

表 7-6 50~0.5 mm 粒级原煤浮沉试验综合表

密度级/ (g·cm⁻³)	产率/%	灰分/%	浮物累计		沉物累计		分选密度 ±0.1	
			产率/%	灰分/%	产率/%	灰分/%	密度/ (g·cm⁻³)	产率/%
(1)	(2)	(3)	(4)	(5)	(6)	(7)	(8)	(9)
-1.30	10.69	3.46	10.69	3.46	100.00	20.50	1.30	56.84
1.30~1.40	46.15	8.23	56.84	7.33	89.31	22.54	1.40	66.29
1.40~1.50	20.14	15.50	76.89	9.47	43.16	37.85	1.50	25.31
1.50~1.60	5.17	25.50	82.15	10.48	23.02	57.40	1.60	7.72
1.60~1.70	2.55	34.28	84.70	11.19	17.85	66.64	1.70	4.17
1.70~1.80	1.62	42.94	86.32	11.79	15.30	72.04	1.80	2.69
1.80~2.00	2.13	52.91	88.45	12.78	13.68	75.48	1.90	2.13
+2.00	11.55	79.64	100.00	20.50	11.55	79.64		
合计	100.00	20.50						
煤泥	1.01	18.16						
总计	100.00	20.48						

表 7-6 中第 (4)~(7) 栏的浮物和沉物的累计产率和累计灰分，是由本表第 (2)、(3) 两栏的数据计算得到，其计算方法与各粒级浮沉试验报告表（表 7-4）中的累计产率和累计灰分的计算方法完全相同。

表中第 (8) 栏的分选密度，是指浮沉试验分离过程（即重力分选过程）中，两种产物的分界密度。

表中第 (9) 栏，即分选密度 ±0.1 g/cm³ 含量，有两种计算方法。一是以该表第

（2）栏合计100.00%计算[表7-6第（9）栏数据即是]。二是当采用的理论分选密度小于1.70 g/cm³时，以扣除沉矸（+2.00 g/cm³）为100%计算；当采用的理论分选密度等于或大于1.70 g/cm³时，以扣除低密度物（-1.50 g/cm³）为100%计算。这是根据《煤炭可选性评定方法》（GB/T 16417—2011）中规定可选性等级采用"分选密度±0.1含量法"进行评定的。

任务习题

1. 名词解释

（1）煤炭的浮沉试验；（2）大浮沉；（3）小浮沉；（4）浮沉煤泥。

2. 填空题

（1）大浮沉试验中一般选用_____为浮沉介质。

（2）氯化锌有_____，在配制重液和进行试验时要避免与皮肤接触，穿胶鞋，戴口罩、胶皮手套、眼镜和围胶皮围裙等。

（3）小浮沉试验中，配制有机重液和试验时，应在_____内进行且要避免与皮肤接触，穿胶鞋、戴口罩、胶皮手套、眼镜和围胶皮围裙等。

3. 判断题

（1）大浮沉和小浮沉两者的主要区别在于配制重液所用的药剂不同以及操作过程有所区别。（　　）

（2）浮沉试验顺序一般是从高密度逐级向低密度进行。（　　）

（3）煤中各组分的密度差异是重力选煤的依据。（　　）

4. 选择题

（1）下列与重力选煤过程无关的物理参数是（　　）。

A. 煤颗粒的密度　　　　　　　　B. 煤颗粒的粒度

C. 煤颗粒的颜色　　　　　　　　D. 煤颗粒的形状

（2）重力选煤过程主要是按（　　）来分选煤炭。

A. 粒度　　　B. 密度　　　C. 颜色　　　D. 形状

5. 简答题

（1）什么是煤炭的密度组成？

（2）试说明煤的浮沉试验数据的整理方法和步骤。

任务二　学习可选性曲线及其应用

任务目标

知识目标：掌握原煤可选性曲线（H-R曲线）的含义；熟悉H-R曲线的绘制方法；熟知原煤可选性曲线的用途。

技能目标：会进行原煤可选性曲线的绘制；能根据可选性曲线确定重力选煤的理论分

选指标;能进行数量效率和质量效率的计算。

素质目标:树立工程技术观念,养成理论联系实际的思维方式;培养追求知识、勤于钻研、一丝不苟、严谨求实、认真细致的工作态度。

任务描述

通过煤炭的浮沉试验结果,我们可以得到某些特定密度条件下煤炭的产率和灰分。但是无法得到任意密度条件下的产率和灰分。为了能够从煤炭浮沉试验资料中得到任意条件下的情况,有两种办法:一是把煤炭浮沉试验的密度间隔划得无限小,也就是用无限多个密度连续的重液进行浮沉试验得到试验数据,实际上这显然是不可能也是没有必要的;二是利用煤炭浮沉试验中有限的几个密度级产物的试验数据,用图示的方法将其关系曲线化,从而解决在任意条件下都能获得各种密度范围的煤炭的产率和灰分。

根据煤炭浮沉试验结果绘制出的一组曲线就称为可选性曲线。所谓可选性,就是按所要求的质量指标从原料中分选出产品的难易程度。原煤的可选性,与对产品的质量要求、分选的方法和原煤本身的性质等因素有关。根据同一浮沉资料,绘制可选性曲线的方法可不同。目前物料的可选性曲线有两种:一种是 1905 年由亨利(Henry)提出,1911 年又被列茵卡尔特(Reinhard)作了补充,简称 H-R 曲线;另一种是 1950 年由迈耶尔(Mayer)提出的迈耶尔可选性曲线,简称 M 曲线。但由于 H-R 曲线比 M 曲线要早近半个世纪,故 H-R 曲线使用得更多、更普遍。尤其是原煤可选性曲线更多采用 H-R 曲线。原煤的可选性曲线能反映煤炭所有密度级的质量分布情况,能确定重力选煤过程的理论工艺指标,评定原煤的可选性。

任务知识

一、原煤可选性曲线(H-R 曲线)的绘制

如图 7-3 所示,H-R 曲线是一组曲线,它包括灰分特性曲线(λ 曲线)、浮物曲线(β 曲线)、沉物曲线(θ 曲线)、密度曲线(δ 曲线)和密度 ±0.1 曲线(ε 曲线)5 条曲线。

H-R 曲线按规定一般绘制在 200 mm×200 mm 的坐标纸上。200 mm×200 mm 正方形坐标面积是代表 50~0.5 mm 粒级浮沉试验的原煤量。下方的横坐标轴为灰分 A_d,自左至右由 0 到 100%;上方横坐标轴为密度 δ,自右向左从 1.20 g/cm³ 标注到 2.10 g/cm³ 以上。左边纵坐标轴是浮物产率 γ_β,自上而下从 0 到 100%;右边纵坐标轴是沉物产率 γ_θ,自下而上从 0 到 100%。

下面以表 7-6 的数据为例说明 H-R 曲线的绘制方法。

1. 灰分特性曲线(λ 曲线)的绘制

灰分特性曲线曾称基元灰分曲线,简称 λ 曲线,是可选性 5 条曲线中最基本的一条曲线。因这条曲线能形象、完整地反映原煤中各成分间的结合特性,故它最能集中体现原煤的可选性。

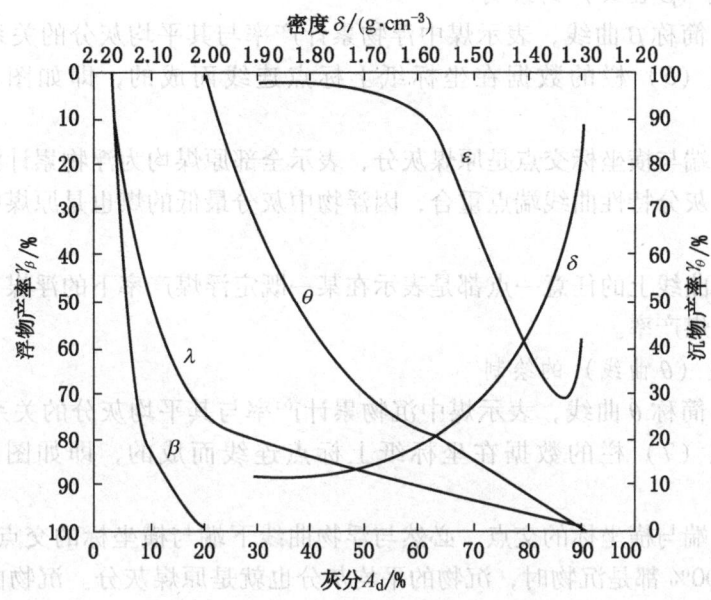

图 7-3 50~0.5 mm 原煤可选性曲线

λ 曲线是利用表 7-6 中第（3）、（4）栏的数据绘出。用第（4）栏数据绘制出各产率的水平线，用第（3）栏数据在各产率范围内绘垂线，于是得到一阶梯形图。在阶梯形中每一矩形由该密度级的产率与灰分组成。由于灰分是各密度级产率的平均灰分，当密度级间隔不是很大时，可取产率线的中点作为该密度级的平均灰分点，将各密度级的产率线中点依次连接起来构成一条光滑曲线，即灰分特性曲线（λ 曲线），如图 7-4 所示。

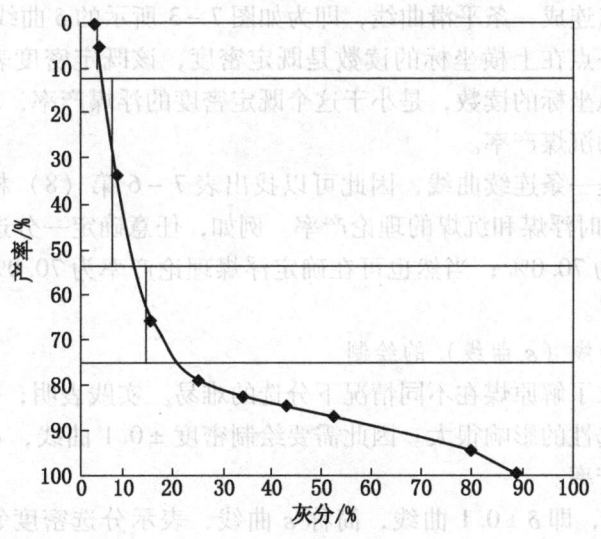

图 7-4 灰分特性曲线绘制示意图

2. 浮物曲线（β曲线）的绘制

浮物曲线，简称β曲线，表示煤中浮物累计产率与其平均灰分的关系。它是利用表7-6中第（4）、（5）栏的数据在坐标纸上标点连线而成的，即如图7-3所示的β曲线。

浮物曲线下端与横坐标交点是原煤灰分，表示全部原煤均为浮物累计混合。浮物曲线向上延伸必然与灰分特性曲线端点重合，因浮物中灰分最低的煤也是原煤中灰分最低的那部分煤。

总之，浮物曲线上的任意一点都是表示在某一既定浮煤产率下的浮煤灰分或某一既定浮煤灰分下的浮煤产率。

3. 沉物曲线（θ曲线）的绘制

沉物曲线，简称θ曲线，表示煤中沉物累计产率与其平均灰分的关系。它是利用表7-6中第（6）、（7）栏的数据在坐标纸上标点连线而成的，即如图7-3所示的θ曲线。

沉物曲线上端与横坐标的交点，必然与浮物曲线下端与横坐标的交点在同一垂线上。也就是说，当100%都是沉物时，沉物的平均灰分也就是原煤灰分。沉物曲线下端必然与灰分特性曲线在横坐标轴上交于同一点，因为沉物中灰分最高的煤必定是原煤中灰分最高的那部分煤。

显然，沉物曲线上的任意一点都是表示在某一既定沉煤产率下的沉煤平均灰分或在某一既定沉煤灰分下的沉煤产率。

4. 密度曲线（δ曲线）的绘制

密度曲线，简称δ曲线，表示煤中浮物（或沉物）累计产率与相应密度的关系。它是利用表7-6中第（1）、（5）栏的数据绘制而成。其具体画法是：利用表7-6中第（1）、（4）栏数据，上横坐标自密度 1.30 g/cm³、1.40 g/cm³、1.50 g/cm³、1.60 g/cm³、1.70 g/cm³、1.80 g/cm³ 及 2.00 g/cm³，与左纵坐标轴对应的浮物累计产率标出7个坐标点，然后将这7个点连成一条平滑曲线，即为如图7-3所示的δ曲线。

密度曲线上任一点在上横坐标的读数是既定密度，该既定密度表示某一理论分选密度；该点在曲线左纵坐标的读数，是小于这个既定密度的浮煤产率，右纵坐标的读数，是大于这个既定密度的沉煤产率。

由于密度曲线是一条连续曲线，因此可以找出表7-6第（8）栏所列分选密度以外的任意一个分选密度时浮煤和沉煤的理论产率。例如，任意确定一分选密度为 1.46 g/cm³，则其浮煤理论产率为 70.0%；当然也可在确定浮煤理论产率为 70.0% 时，找出其理论分选密度为 1.46 g/cm³。

5. 密度±0.1曲线（ε曲线）的绘制

选煤工艺上要求了解原煤在不同情况下分选的难易。实践表明，分选密度邻近物含量的多少，对煤炭可选性的影响很大。因此需要绘制密度±0.1曲线，从而可以提供任一分选密度时邻近物的产率。

密度±0.1曲线，即δ±0.1曲线，简称ε曲线，表示分选密度邻近物的含量与该密度的关系。它是利用表7-6中第（8）、（9）栏的数据绘制而成。其具体画法是：在浮物产率的纵坐标轴上，根据表7-6第（9）栏数据，依次做出7条平行于横坐标的横线，再从密度坐标轴上按第（8）栏所既定的各分选密度点引下 7 条平行垂线，它们的 7 个交点，用平滑曲线连接它们，即得如图 7-3 所示的 ε 曲线。

δ±0.1 曲线上任何一点的坐标值都表示在某一既定分选密度 δ 时，其邻近密度物的产率（$γ_{δ±0.1}$%）。从曲线形状还可以看出，分选密度越低，曲线越陡峭，表示邻近密度物含量越多，也就是说分选密度稍有增减，则其邻近物增减幅度较大，故难以分选。

根据表 7-6 中第（9）栏的数据，分选密度为 1.30 g/cm³ 时，$γ_{1.30±0.1}$ = 56.84%，该数值比 $γ_{1.40±0.1}$ = 66.29% 小，说明前一分选密度已经十分接近煤的最低密度，而原煤中接近最低密度的物料又很少。如果把这一点也包括在 ε 曲线中，则在密度 1.30~1.40 g/cm³ 范围内线段应是一条折线（图 7-3）。实际上从 λ 曲线的形状可知，即使分选密度真的是 1.30 g/cm³（实际上是不可能的，因原煤中只有极少数煤密度小于 1.30 g/cm³），同样也很难分选。因此 ε 曲线的两端没有什么实际意义。

原煤可选性曲线的绘制除了上述手绘方法，还可以借助计算机软件，例如 Origin、Excel、AutoCAD、Matlab 和 PowerPoint 等进行电脑绘制。

二、H-R 曲线的应用

可选性曲线的主要用途有 3 个方面：一是利用曲线确定重力选煤过程的理论工艺指标；二是评定原煤的可选性；三是为计算数量效率和质量效率，提供精煤理论产率及精煤理论灰分的数据。

可选性曲线及其应用 微课

1. 确定重力选煤的理论分选指标

可选性曲线作为原煤性质的图示，表示了被选原煤的质与量的关系。可解决选煤工艺中的理论工艺指标和分选条件的问题。

（1）要求重力选煤产出精煤和矸石两种产物，确定其理论指标。根据表 7-6 的入选原煤资料，决定要求精煤灰分为 10% 时，从图 7-3 原煤可选性曲线上查找其他各项理论指标。

具体步骤如下。在灰分坐标轴上找出灰分为 10% 的点，由此点向上做一条垂直线与 β 曲线相交。过交点再做一平行于灰分坐标轴的横线，该横线与左纵坐标轴的交点就是精煤产率，为 80%；该横线与 λ 曲线的交点在灰分坐标轴的读数为 25%，称为分界灰分；与 θ 曲线的交点，从灰分坐标轴可知矸石灰分为 61.5%，从右纵坐标轴上可知矸石产率为 20%；横线还与 δ 曲线有交点，由此交点向密度横坐标引一条垂线，该垂线与密度横坐标交于 1.54 g/cm³ 密度处，即为理论分选密度；由横线与 δ 曲线交点处向上引垂线，并与 ε 曲线相交，其交点在左纵坐标轴上的读数为 15.6%，这就是当分选密度为 1.54 g/cm³ 时，分选密度 ±0.1 邻近物的产率。注意，若横线与 δ 曲线交点处向上所引的那条垂直线不与 ε 曲线相交，则通过 δ 曲线也可计算出 δ±0.1 的产率，即 $γ_{δ±0.1} = γ_{δ+0.1} - γ_{δ-0.1}$，而 $γ_{δ+0.1}$ 及 $γ_{δ-0.1}$ 通过 δ 曲线均可在左纵坐标轴上查出。

（2）重力选煤分选出精煤、中煤和矸石 3 种产物时，要求确定其分选的各项理论指标。当分选过程选出精煤、中煤及矸石 3 种产品时，3 种产品的质与量的工艺理论指标不可能全部由可选性曲线上查出。其中有些指标需经计算方可求得，有的指标甚至还需再绘一条补充中煤曲线才能够获取。

2. 评定原煤的可选性

1) 定性评价原煤的可选性

评定原煤可选性是指定性判断重力选煤时的难易程度，判断的依据是 H-R 曲线中的灰分特性曲线 λ 或密度曲线 δ 的形状。

(1) 观察与分析 λ 曲线的形状。λ 曲线的形状反映了入选原煤中可燃物与不可燃物的结合特性。这一结合特性正是在对产品质量有一定要求的前提下，判断可否分选及分选时的难易。现举几种特殊情况的例子加以说明。

图 7-5a 是根本无法分选的物料可选性曲线，λ 曲线与纵坐标平行。这说明在这种煤炭中可燃的有机质与非可燃的矿物质呈微细、致密而又均匀地相互结合或侵染，故绝不可能用物理的方法分离出质量（灰分）不同的两种产物。此时的 β 曲线、θ 曲线、λ 曲线合为一体。

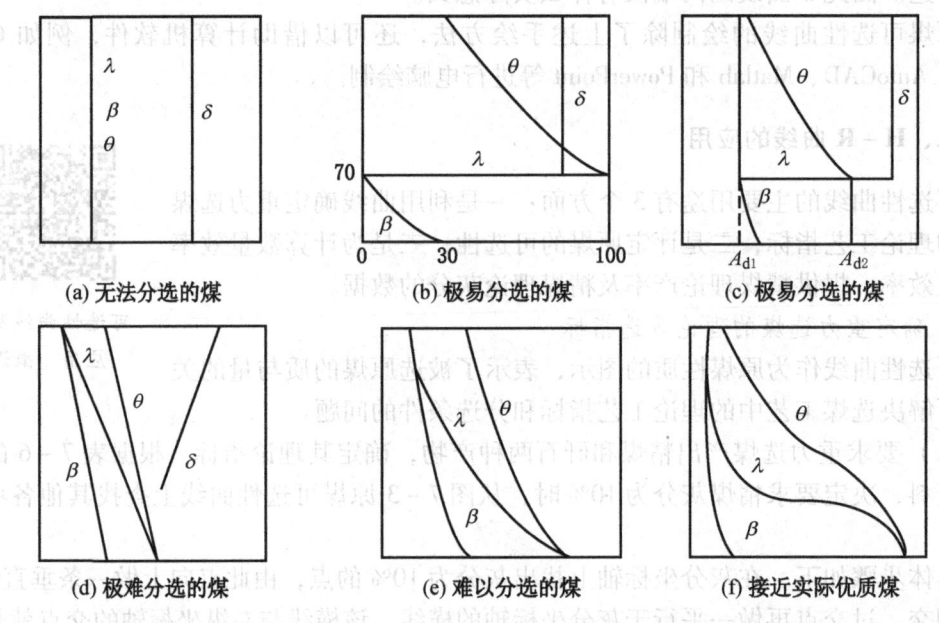

图 7-5　几种特殊煤炭的可选性曲线

图 7-5b 与前一种恰好完全相反，其 λ 曲线与横坐标轴平行。这说明该煤炭是由可以全部燃尽的"纯煤"与根本不能燃烧的"纯矸石"混合而成的。从图中可以看出，当浮物产率为 70% 时，浮物灰分为 0。而此时沉物产率为 30%，其灰分为 100%。可见是极易分选的煤。

图 7-5c 所展示的可选性曲线中，λ 曲线是由相互垂直的折线所构成的，情况与图 7-5b 相似，区别仅在于选出的浮物灰分为 A_{d1}，选出的沉物的灰分为 A_{d2}。必须指出，若想选出灰分低于 A_{d1} 的浮物和灰分高于 A_{d2} 的沉物，那是不可能的，其理由同图 7-5a。因此，它也是极易选的煤。

图 7-5d 中 λ 曲线是一条陡峭的斜直线，说明此种煤炭中有机质可燃物与矸石矿物

微细而致密地结合在一起,并且随着密度的增大,矸石在煤中的含量成正比地增加,因此极为难选。并且 λ 曲线越接近垂直,则分选越趋向不可能。

图 7-5e 所反映的原煤,从低密度到高密度灰分变化情况近于图 7-5d 所示,既不能从中选出低灰分精煤,也不能从中选出高灰分矸石。如若进行分选,精煤产率很低,经济上是不合理的。

图 7-5f 可选性曲线中的 λ 曲线说明,其上部呈陡峭状,灰分低且质地均匀,下部灰分高也均匀,中间段近似水平,表明中间密度级的物料极少,基本情况大致近于图 7-5c 所示。只要合理确定分选密度,煤与矸石易于分离,故仍属易选煤。

总之,在图 7-5 中所列的几种煤的可选性曲线中,不少属于极端情况,实际上是根本遇不到或极难遇到的。但实际的 λ 曲线却往往是上述几种极端情况的综合或几种极端情况的过渡形式。因此,在实际生产中要根据原煤总体性质合理确定工艺指标,这是直接影响分选过程难易程度的关键。

(2) 观察和分析密度曲线的形状。密度曲线的形状反映了性质不同的煤及其密度和数量在原煤中的变化关系。这种关系可以代表该原煤的某种特征。例如,δ 曲线上段(图 7-3)的形状近于垂直,表示原煤中低密度组分很多,若密度稍有增减,则浮煤量增减很大;而 δ 曲线另一端与横坐标轴接近,并且形状变化缓慢(近于水平),这表示原煤中高密度的矸石较少,且在此处密度稍有变化,沉煤量变化不大;δ 曲线的中段,即在 $1.40\sim1.80\ \text{g/cm}^3$ 之间,其斜率变化越明显,说明中间密度的煤量越多,若分选密度稍有变化,浮煤和沉煤的变化均较大。由于重选设备中,不易严格维持某一既定的分选密度,实际上总有些波动,因此若中间密度的物料多或要求在接近 δ 曲线陡峭线段处的分选密度进行分选时,该原煤是属于难选的或者说这种分选制度是难以收效的。故有时可用 $1.40\sim1.80\ \text{g/cm}^3$ 或 $1.50\sim1.80\ \text{g/cm}^3$ 这个范围的中间密度物占原煤的百分比,作为评定原煤分选难易程度的指标。这一评定可选性的方法,曾称为全量中煤法。

2) 定量评定原煤的可选性

原料煤的密度组成是影响原料煤可选性的固有特性。当产品质量要求和理论分选密度确定之后,原料煤的密度组成决定了分选密度的邻近物含量。原料煤分选密度的邻近物含量多少对原料煤的可选性影响很大,所以《煤炭可选性评定方法》(GB/T 16417—2011)规定采用分选密度 ±0.1 含量法,即 $\delta\pm0.1$ 含量法来评定原料煤的可选性,要求浮沉试验资料应符合《煤炭浮沉试验方法》(GB/T 478—2008)的规定,并规定了 $\delta\pm0.1$ 含量的计算方法。

用 $\delta\pm0.1$ 含量法评定原煤可选性,是指在某一精煤灰分时的可选性。故 $\delta\pm0.1$ 含量的计算步骤如下:首先根据用户提出或有关资料假定的精煤灰分值确定理论分选密度,再由 ε 曲线查出 $\delta\pm0.1$ 含量。为了降低原料煤高、低密度段含量对理论分选密度的影响,国家标准《煤炭可选性评定方法》(GB/T 16417—2011)规定,当理论分选密度低于 $1.70\ \text{g/cm}^3$ 时,以扣除沉矸(密度大于 $2.00\ \text{g/cm}^3$ 的矸石)后的量作为 100% 来计算 $\delta\pm0.1$ 含量;当分选密度大于等于 $1.70\ \text{g/cm}^3$ 时,应以扣除低密度浮物($-1.5\ \text{g/cm}^3$ 的低密度物)为 100% 计算 $\delta\pm0.1$ 含量。根据 $\delta\pm0.1$ 含量值和可选性等级(表 7-7),就可确定原料煤的可选性等级。

表7-7 煤炭可选性等级的划分

δ±0.1含量/%	可选性等级	δ±0.1含量/%	可选性等级
≤10.0	易选	30.1~40.0	难选
10.1~20.0	中等可选	>40.0	极难选
20.1~30.0	较难选		

3. 计算数量效率和质量效率

1）计算重力选煤分选作业的数量效率（η_e）

重力选煤分选作业的数量效率，是指精煤的实际产率与相当于精煤实际灰分时的理论产率的百分比，可用代号 η_e 表示。当已知精煤的实际产率后，利用图7-3中的β曲线，找出在该实际灰分时的精煤理论产率。可用数学式表达，即

$$数量效率(\eta_e) = \frac{精煤实际产率(\gamma_p)}{精煤理论产率(\gamma_t)} \times 100\% \tag{7-8}$$

2）计算重力选煤分选作业的质量效率（η_z）

重力选煤分选作业的质量效率，是指相当于精煤实际产率时的理论灰分与精煤实际灰分的百分比，可用代号 η_z 表示。当已知精煤的实际产率后，利用图7-3中的β曲线，找出在该实际产率时的精煤理论灰分。可用数学式表达，即

$$质量效率(\eta_z) = \frac{精煤理论灰分(A_t)}{精煤实际灰分(A_p)} \times 100\% \tag{7-9}$$

任务习题

1. 名词解释

（1）可选性；（2）可选性曲线；（3）质量效率；（4）数量效率。

2. 填空题

（1）H-R曲线是一组曲线，它包括灰分特性曲线，简称_____；浮物曲线，简称_____；沉物曲线，简称_____；密度曲线，简称_____和密度±0.1曲线，简称_____5条曲线。

（2）评定原煤可选性是指定性判断重力选煤时的难易程度，判断的依据是H-R曲线中的_____或_____的形状。

3. 判断题

（1）原煤的可选性，与对产品的质量要求、分选的方法和原煤本身的性质等因素有关。（　　）

（2）实践表明分选密度邻近物含量的多少，对煤炭可选性的影响很小。（　　）

4. 选择题

（1）因（　　）能形象、完整地反映原煤中各成分间的结合特性，故它最能集中体现原煤的可选性。

A. 沉物曲线　　　　B. 密度曲线　　　　C. 灰分特性曲线　　　D. 浮物曲线

（2）当根据用户提出的精煤灰分值计算得到 δ±0.1 含量为 16.5%，则该原煤的可选性为（　　）。

A. 易选　　　　　　B. 中等可选　　　　C. 较难选　　　　　D. 难选

5. 综合题

试根据表 7-8 解决下列问题。

表 7-8　浮沉试验数据资料

粒级：50~25 mm　　　　　　本级占全样产率：8.75%　　　　　　煤样灰分：20.76%

密度级/(g·cm^{-3})	-1.30	1.30~1.40	1.40~1.50	1.50~1.60	1.60~1.80	+1.80	煤泥
占本级/%	18.82	30.95	13.20	8.78	5.75	22.50	3.32
灰分/%	8.39	11.00	20.04	29.14	40.68	7268	21.03

（1）计算各密度级和煤泥占全样产率，并进行灰分误差检验。

（2）编制浮沉试验报告表。

（3）绘制可选性曲线。

（4）如果已知精煤灰分为 10.49%，矸石灰分为 78.63%，求其他理论指标并评定原煤的可选性等级。

（5）如果分选的实际产率为 61%，试计算其数量效率。

任务三　认识分配曲线

任务目标

知识目标：掌握分配率、分配曲线、可能偏差、不完善度的含义；掌握分配率的计算方法；掌握分配曲线的绘制方法。

技能目标：会进行分配率的计算；能绘制分配曲线；能计算可能偏差和不完善度。

素质目标：培养工程技术观念；增强运用理论知识解决实际问题的能力；培养敬业爱岗、服从安排、吃苦耐劳的职业道德。

任务描述

在煤炭分选的过程中，原料煤中某密度级进入重（轻）产物的数量占原料煤中该密度级数量的百分数，就称为该密度级在重（轻）产物中的分配率。在实际的分选研究过程中，按较窄的密度级煤样进入产物中的情况计算分配率。将这种分配规律用曲线描绘出来就是分配曲线。分配曲线就是用分配率数据绘制出来的表示分选效果的特性曲线。分配曲线的特性参数可用于评价重力选煤设备的分选效果。

任务知识

一、分配率和分配曲线

1. 分配率

重选作业，在分选设备中每次按密度分选只能得到两种产物，即重产物和轻产物，对于产出3种产品的分选机，物料在其中实际上是进行了两次分选。物料在分选机中理想的分选结果是：一切密度大于分选密度的高密度级别物料应百分之百地分配到重产物中去，一切密度小于分选密度的低密度级别物料应百分之百地分配到轻产物中去。如图7-6a所示的情况，这是理想的分选。但是，实际上这是不可能的。好的分选情况是：高密度级别物料只能是大部分地进入重产物，低密度级别物料必然会有一小部分误入重产物中去。同样，低密度级别物料也只能是大部分地进入轻产物中去，高密度级别物料也必然会有一小部分误入到轻产物中去，如图7-6b所示的情况。它服从数理统计中的统计规律。

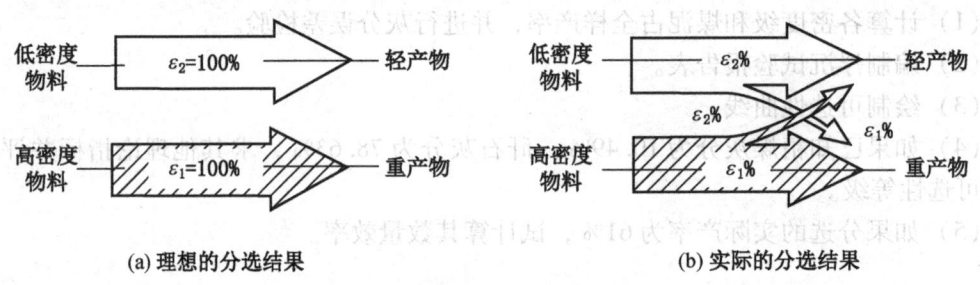

(a) 理想的分选结果　　　　　　　　(b) 实际的分选结果

图7-6　物料在产物中分配规律示意图

把矿粒在产物中按密度分配的统计规律用分配率来表示，即产物中某一密度级的数量与原料中该密度级数量的百分比称为分配率。在分选过程中，把原料中某个密度级别进入到重产物中去的数量占原料中该密度级别的百分数称为该密度级别在重产物中的分配率，用符号"$\varepsilon_1\%$"表示。这个密度级别进入到轻产物中去的数量占原料中该级别的百分数，称为该密度级别在轻产物中的分配率，用符号"$\varepsilon_2\%$"表示。由于每次分选只产出两种产物，因此$\varepsilon_1\%$和$\varepsilon_2\%$之和恒等于百分之百，即

$$\varepsilon_1\% + \varepsilon_2\% = 100\% \tag{7-10}$$

从分配率的上述定义中可以看出，一个密度级别的分配率$\varepsilon_1\%$，实际上就是这个密度级别在分选过程中落入重产物中去的概率。例如$\varepsilon_1 = 70\%$时，就意味着该密度级在分选机中有70%的可能性或70%的机会将进入重产物中去。重选分选结果服从数理统计规律。

2. 分配曲线

在生产、科研实践中，可以根据技术检查资料计算出每个密度级在重产物（或轻产物）中的分配率$\varepsilon_1\%$（或$\varepsilon_2\%$）。以密度级别的平均密度值为横坐标、分配率$\varepsilon_1\%$（或$\varepsilon_2\%$）为纵坐标，将资料中各密度级

分配曲线　微课

别的相应数值标在坐标系中，将各点连成曲线，该曲线称为分配曲线。即分配曲线表示的是某一分离产物各密度级含量百分数的曲线。按重产物分配率 $\varepsilon_1\%$ 值绘出的曲线称为重产物的分配曲线，即图 7-7 中的实线；按轻产物分配率 $\varepsilon_2\%$ 值绘出的曲线称为轻产物分配曲线，即图 7-7 中的虚线。

分配曲线最早是由荷兰工程师特鲁姆普（K. F. Tromp）于 1937 年提出来的，所以在一些著作及文献中也将其称为 T 曲线或特鲁姆普曲线。

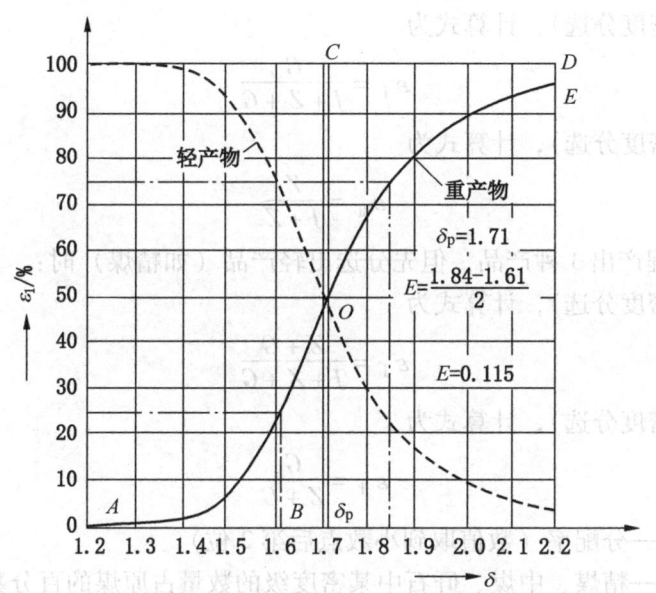

图 7-7 分配曲线

由于 $\varepsilon_1\% + \varepsilon_2\% = 100\%$，所以这两条曲线是完全对称的，而且必然在分配率为 50% 处相交。使用时只画其中一条曲线就够了，习惯上经常使用重产物的分配曲线。密度越高，进入重产物中去的机会自然越多，$\varepsilon_1\%$ 也越大，因此，重产物分配曲线表现为一条单调上升的曲线。

分配率为 50% 处的密度称为分配曲线的实际分选密度，用符号"δ_p"表示。分配曲线的统计意义说明分配率为 50% 时的密度级别进入到轻、重两种产物中去的机会均等，各为 50%。而密度小于实际分选密度 δ_p 的物料，大部分进入了轻产物；密度大于 δ_p 的物料，则大部分进入了重产物。

在按密度分选的理想条件下，密度小于 δ_p 者，在重产物中的分配率 $\varepsilon_1\%$ 均为零；密度大于 δ_p 者，$\varepsilon_1\%$ 均应为 100%。此时所得的分配曲线应是图 7-7 中的折线 ABCD，实际生产过程中不可能达到如此完善的程度，因此，实际的分配曲线将偏离于这条折线。曲线形状越平缓，偏离的程度越大，表明分选效果越差；曲线形状越陡，偏离的程度越小，表明分选效果越好。因此，可以根据分配曲线的形状（陡与缓的程度）来评定分选效果。

二、分配率的计算

绘制分配曲线时，采用重产品分配率，其计算方法如下。

（1）分选过程产出两种产品，其计算式为

$$\varepsilon = \frac{G}{J+G} \tag{7-11}$$

（2）分选过程产出3种产品，若先分选出重产品（如矸石）时：
第一段（高密度分选），计算式为

$$\varepsilon_I = \frac{G}{J+Z+G} \tag{7-12}$$

第二段（低密度分选），计算式为

$$\varepsilon_{II} = \frac{Z}{J+Z} \tag{7-13}$$

（3）分选过程产出3种产品，但先分选出轻产品（如精煤）时：
第一段（低密度分选），计算式为

$$\varepsilon_I = \frac{Z+G}{J+Z+G} \tag{7-14}$$

第二段（高密度分选），计算式为

$$\varepsilon_{II} = \frac{G}{Z+G} \tag{7-15}$$

式中　ε、ε_I、ε_{II}——分配率（数值取到小数点后第2位）；
J、Z、G——精煤、中煤、矸石中某密度级的数量占原煤的百分数。

三、分配曲线的绘制

绘制分配曲线采用常数直角坐标。左边纵坐标为重产品分配率，下面原点为0，上面终点为100；右边纵坐标为轻产品分配率，上面原点为0，下面终点为100，以2 mm长度代表1%分配率。横坐标为密度（这里是平均密度），密度范围视需要而定，以2 mm长度代表0.01 g/cm³，总长度可取200 mm。按规定只画重产品一条分配曲线。

各密度级的平均密度一般取该密度级上下限的算术平均值。对没有上限或下限的密度级，如-1.30 g/cm³或+1.80 g/cm³两个密度级，平均密度最好采用实测的方法确定，或从该选煤厂入选原煤的密度-灰分关系曲线上查得。表7-9列出了我国某选煤厂各种原

表7-9　某选煤厂-1.30 g/cm³及+1.80 g/cm³密度级的平均密度

项　目		萍乡煤	资兴煤	石节煤	笠山煤	牛马司煤	五阳煤	桥头河煤	王庄煤
-1.30 g/cm³	灰分/%		1.96	2.20			3.84		
	平均密度/(g·cm⁻³)		1.26	1.27			1.27		
+1.80 g/cm³	灰分/%	78.65	80.64	74.73	69.34	81.45	71.05	75.16	80.06
	平均密度/(g·cm⁻³)	2.39	2.35	2.25	2.31	2.40	2.50	2.50	2.31

煤中小于 1.30 g/cm³ 和大于 1.80 g/cm³ 平均密度值供参考。在缺乏资料时，-1.30 g/cm³ 密度级的平均密度可近似取 1.25 g/cm³；+1.80 g/cm³ 密度级的平均密度则视矸石的组成和灰分而定，一般可取 2.20~2.30 g/cm³。

现通过实例，进行分配率的计算和分配曲线的绘制。

我国某选煤厂，采用立轮重介质分选机处理 0.5~80 mm 粒级经跳汰机分选后的中煤，选出精煤和最终中煤两种产物。精煤实际产率 γ_j = 18.60%，中煤实际产率 γ_z = 81.40%，其入料及各产物的密度组成见表 7-10。

表 7-10 分配率计算表

密度级/ (g·cm⁻³)	平均密度/ (g·cm⁻³)	入料密度 组成/%	中煤密度组成		精煤密度组成		计算原煤/%	分配率/%
			占产物/%	占入料/%	占产物/%	占入料/%		
(1)	(2)	(3)	(4)	(5)	(6)	(7)	(8)	(9)
-1.30	1.25	1.9	0.3	0.24	8.8	1.64	1.88	12.77
1.30~1.40	1.35	16.3	6.4	5.21	67.7	12.59	17.8	29.27
1.40~1.50	1.45	20.6	21.3	17.34	16.9	3.14	20.48	84.67
1.50~1.60	1.55	14.6	17.6	14.33	3.4	0.63	14.96	95.79
1.60~1.80	1.70	16.9	17.6	14.57	2.4	0.45	15.02	97.00
+1.80	2.10	29.7	36.5	29.71	0.8	0.15	29.86	99.50
合计		100	100	81.4	100	18.60	100	

（1）将产物的密度组成中各密度级占产物的百分数换算成占入料的百分数。根据已知产物的产率 γ_j、γ_z，将产物密度组成中各密度级的质量百分数，即将表 7-10 中第（4）栏和第（6）栏的各项数据换算成占入料质量的百分数，并填入表中第（5）栏及第（7）栏。这样，就使两产物的密度组成质量百分数具有统一的基础。

具体换算方法是：

第（5）栏数据 = 第（4）栏数据 × γ_z/100；第（7）栏数据 = 第（6）栏数据 × γ_j/100。

（2）计算原煤的密度组成。将中煤及精煤中各密度级占入料的百分数两两相加（即第（5）栏和第（7）栏数据对应相加）即计算原煤的密度组成，列入第（8）栏中。

第（8）栏是根据产物的密度组成综合求得的，与第（3）栏对比，可以看出：计算原煤的密度组成与实际入选原煤的密度组成虽然相近，但并不相同。其原因：一是虽然两者同指同一原料的密度组成，但因试验资料本身不可避免地存在误差，致使两者不能完全吻合；二是原料煤在分选过程中发生解离与泥化。入选原料煤的密度组成是选前取样得到的，而计算原煤则是由选后产品的浮沉组成，再经综合计算求出的。故两者当然会有差异。在计算分配率时应采用计算原料煤的数据。

（3）计算分配率。根据分配率定义，按下式可求出各密度级在重产物（中煤）中的

分配率 ε：

$$\varepsilon = \frac{第(5)栏数据}{第(8)栏数据} \times 100\% \quad (7-16)$$

将式（7-16）计算结果列于表第（9）栏中。

（4）画分配曲线。根据分配率和表中第（2）栏平均密度值，在常数坐标纸上画出各密度级的分配点，用描点法将各点连成曲线，即得到重产物的分配曲线，如图 7-8 所示。

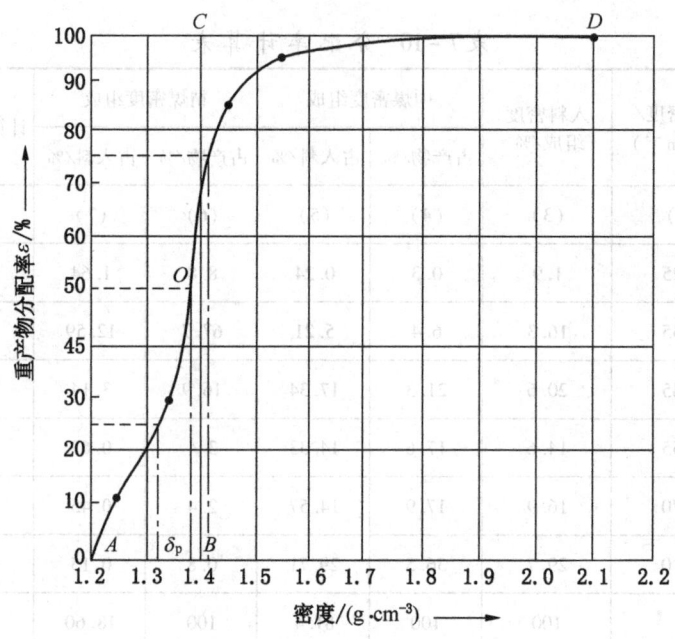

图 7-8 分配曲线

对于出 3 种产物的跳汰机，应分别绘制跳汰机一段和二段的分配曲线。在一段，重产物是矸石，轻产物是中煤加精煤的中间产物。中间产物进入跳汰机二段以后继续进行分选，得到二段的重产物 - 中煤及轻产物 - 精煤。三产品跳汰机的分配率计算见表 7-11，分配曲线如图 7-9 所示。根据需要，有时把矸石和中煤合在一起作重产物，这样绘出的分配曲线称为整机的分配曲线。

表 7-11 三产品跳汰机的分配率

密度级别/ (g·cm⁻³)	平均密度/ (g·cm⁻³)	入料浮沉 组成/%	矸石浮沉组成		中煤浮沉组成		精煤浮沉组成		计算原煤 浮沉组成/ %	计算精煤和 中煤组成/ %	分配率	
			占产 物/%	占入 料/%	占产 物/%	占入 料/%	占产 物/%	占入 料/%			一段 ε_I/%	二段 ε_{II}/%
(1)	(2)	(3)	(4)	(5)	(6)	(7)	(8)	(9)	(10)	(11)	(12)	(13)
-1.30	1.25	19.38	0.68	0.21	20.17	3.72	36.10	18.20	22.13	21.92	0.95	17.00
1.30~1.40	1.35	33.79	1.19	0.37	30.28	5.61	44.52	22.62	28.60	28.23	1.29	19.90

表 7-11（续）

密度级别/ (g·cm^{-3})	平均密度/ (g·cm^{-3})	入料浮沉组成/%	矸石浮沉组成		中煤浮沉组成		精煤浮沉组成		计算原煤浮沉组成/%	计算精煤和中煤组成/%	分配率	
			占产物/%	占入料/%	占产物/%	占入料/%	占产物/%	占入料/%			一段 ε_I/%	二段 ε_{II}/%
(1)	(2)	(3)	(4)	(5)	(6)	(7)	(8)	(9)	(10)	(11)	(12)	(13)
1.40~1.50	1.45	12.02	0.89	0.28	18.25	3.38	13.75	6.94	10.60	10.32	2.64	32.75
1.50~1.60	1.55	5.80	2.45	0.76	13.34	2.47	3.89	1.96	5.19	4.43	14.67	55.70
1.60~1.80	1.70	5.59	8.09	2.52	11.16	2.06	1.12	0.57	5.14	2.63	48.90	78.40
+1.80	2.30	23.42	86.70	26.96	6.80	1.26	0.22	0.11	28.34	1.37	95.00	92.10
合计		100.00	100.00	31.10	100.00	18.50	100.00	50.40	100.00	68.90		

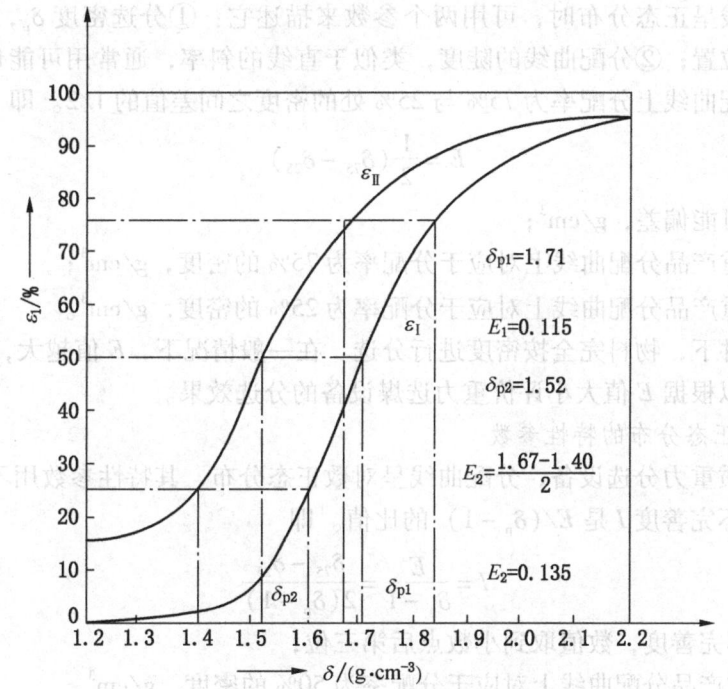

图 7-9 三产品跳汰机分配曲线

用于绘制分配曲线所需的浮沉试验资料，理想情况是多做几个密度级。对于其含量较高的那些密度级，尤其是分选密度附近的那些密度级别，最好按密度间隔为 0.05 g/cm³ 将它们进一步划窄，进行浮沉。此外，浮沉试验的最高密度级，理想配制为 2.00 g/cm³。对于无烟煤用于排矸的重介质分选机，由于实际分选密度较高，所以浮沉试验只能配到 1.80 g/cm³ 密度级，因此在分配曲线的右方只有一个密度点，甚至连一个密度点也没有，画不出一条完整的曲线，用起来较困难。一般来说，应使分配曲线在分选密度两侧都能有

2~3个点才合适。

在分配曲线上分配率为50%的分选密度与在可选性曲线上所求的分选密度是不同的。在分配曲线上查得的分选密度表示选煤过程中实际的分选密度；而在可选性曲线上查得的分选密度则是理想的（或称理论的）分选密度。同样，分配曲线是根据产物的实际产率计算的分配率绘制的，而可选性曲线上所查得的产率则是理论产率。

四、分配曲线的特性参数

煤炭经重力分选过程，获得了按密度分选的结果，这个结果的好坏，用分配曲线的图形得到最直观和最详尽的描述。但是分配曲线的形态是多种多样的，为了便于对比和分析，将整个分配曲线归纳成几个特性参数。基于对分配曲线是正态分布还是非正态分布的认识不同，故其特性参数也不一样。对于分配曲线呈非正态分布的特性参数认识学术界没有形成统一，所以这里只介绍分配曲线呈正态分布时的特性参数。

1. 呈正态分布的特性参数

当分配曲线呈正态分布时，可用两个参数来描述它：①分选密度δ_p，它反映了分配曲线在图上的位置；②分配曲线的陡度，类似于直线的斜率，通常用可能偏差E来表示，可能偏差是分配曲线上分配率为75%与25%处的密度之间差值的1/2。即

$$E = \frac{1}{2}(\delta_{75} - \delta_{25}) \tag{7-17}$$

式中　　E——可能偏差，g/cm^3；

　　　　δ_{75}——重产品分配曲线上对应于分配率为75%的密度，g/cm^3；

　　　　δ_{25}——重产品分配曲线上对应于分配率为25%的密度，g/cm^3。

在理想条件下，物料完全按密度进行分选。在一般情况下，E值越大，表明分选效果越差。因此可以根据E值大小评价重力选煤设备的分选效果。

2. 呈对数正态分布的特性参数

对于水介质重力分选设备，分配曲线呈对数正态分布，其特性参数用不完善度I来描述。在我国，不完善度I是$E/(\delta_p - 1)$的比值。即

$$I = \frac{E}{\delta_p - 1} = \frac{\delta_{75} - \delta_{25}}{2(\delta_p - 1)} \tag{7-18}$$

式中　　I——不完善度，数值取到小数点后第三位；

　　　　δ_p——重产品分配曲线上对应于分配率为50%的密度，g/cm^3。

由式（7-18）可见：E越大，I越大，分选效果越差；反之，E越小，I越小，分选效果越好。所以I值也是评价重力选煤设备分选效果的一个指标。

任务习题

1. 名词解释

（1）分配率；（2）分配曲线；（3）可能偏差；（4）不完善度。

2. 填空题

（1）$\varepsilon_1 = 70\%$时，就意味着该密度级在分选机中有70%的可能性或70%的机会将进

入_____中去。

(2) 分配率为50%处的密度称为分配曲线的_____，用符号"_____"表示。

(3) 绘制分配曲线时，采用_____。

3. 判断题

(1) 重产物分配曲线表现为一条单调下降的曲线。（　）

(2) 在分配曲线上查得的分选密度表示选煤过程中实际的分选密度；而在可选性曲线上查得的分选密度则是理想的（或称理论的）分选密度。（　）

(3) 可以根据分配曲线的形状（陡与缓的程度）来评定重力选煤分选效果。（　）

4. 选择题

(1) 下列不属于分配曲线特性参数的是（　　）。

A. 实际分选密度 δ_p　　　　　　B. 可能偏差 E

C. 不完善度 I　　　　　　　　D. 分配率 ε_1

(2) 对于水介质重力分选设备其特性参数用（　　）来描述。

A. 实际分选密度 δ_p　　　　　　B. 可能偏差 E

C. 不完善度 I　　　　　　　　D. 分配率 ε_1

5. 综合题

填写分配率计算表格（表7-12）和绘制分配曲线，并据此求出 δ_p、E、I 值。

表7-12　产品分配率计算表

密度级/ (g·cm^{-3})	平均密度/ (g·cm^{-3})	精煤密度组成		矸石密度组成		计算原煤密度 组成/%	分配率 ε_1/ %	分配率 ε_2/ %
		占产物/%	占入料/%	占产物/%	占入料/%			
(1)	(2)	(3)	(4)	(5)	(6)	(7)	(8)	(9)
-1.30	1.25	0.18		0.00				
1.30~1.40	1.35	74.34		8.24				
1.40~1.50	1.45	14.52		13.17				
1.50~1.60	1.55	6.14		10.38				
1.60~1.70	1.65	2.93		9.71				
1.70~1.80	1.75	1.57		8.68				
+1.80	2.20	0.32		49.82				
合计		100.00	79.61	100.00	20.39			

任务四　重力选煤工艺效果评定

任务目标

知识目标：熟悉煤用重选设备工艺性能评定的常用指标；掌握常用评定指标的含义和

计算方法；熟悉评价指标的应用原则和计算规则。

技能目标：会进行煤用重选设备工艺性能常用评定指标的计算；能用评价指标结果判断重选设备的工艺效果。

素质目标：树立工程技术观念，养成理论联系实际的思维方式；培养追求知识、勤于钻研、一丝不苟、严谨求实的职业态度。

课程思政

推进中国式现代化新实践，加强煤炭清洁高效利用是实现煤炭产业绿色低碳转型的必由之路。习近平总书记强调，富煤贫油少气是我国国情，要夯实国内能源生产基础，保障煤炭供应安全，统筹抓好煤炭清洁低碳发展、多元化利用、综合储运这篇大文章，加快绿色低碳技术攻关，持续推动产业结构优化升级。全行业要坚持先立后破、循序渐进的原则，持续推进煤炭清洁高效利用，加快构建清洁煤炭供应体系，加快煤炭绿色低碳转型，促进人与自然和谐共生、实现能源系统安全有序转型。

任务描述

由于煤用重选设备分选效果的好坏对整个选煤厂的技术经济指标影响很大，历来为选煤工作者所关注。为了便于使用和国际交往，全国煤炭标准化技术委员会选煤分会参照国际标准化组织制定的《选煤设备性能评定》（ISO/FDIS923：2000），制定了《煤用重选设备工艺性能评定方法》（GB/T 15715—2014），对于煤炭的重介质和水介质的各种重选设备工艺性能的评定，采用给料速度、可能偏差或不完善度、数量效率、灰分误差、总错配物含量和邻近密度物含量6种指标。

任务知识

一、评价指标

1. 给料速度

给料速度是指在性能检测过程中，单位时间内给入评定设备的煤量，单位为t/h。在重选设备的整个性能检测过程中，要尽可能地保持给料速度均匀并采用现有精确的方法测定给料速度。

2. 可能偏差与不完善度

可能偏差和不完善度是国际评定重选作业效率的通用标准，已为许多国家所采用。可能偏差 E 一般用于重介质分选设备，不完善度 I 仅用于水介质分选设备。计算公式分别为

重力选煤工艺效果的评定 微课

$$E = \frac{1}{2}(\delta_{75} - \delta_{25}) \tag{7-19}$$

$$I = \frac{E}{\delta_p - 1} = \frac{\delta_{75} - \delta_{25}}{2(\delta_p - 1)} \tag{7-20}$$

3. 数量效率

数量效率是指灰分相同时，精煤实际产率和理论产率的百分比。该指标是生产、技术管理中的一个重要指标，但其试验与计算工作量均较大，不能及时指导生产。数量效率和可能偏差一样，是使用得较多的一个指标。数量效率按下式计算：

$$\eta_e = \frac{\gamma_p}{\gamma_t} \times 100\% \tag{7-21}$$

式中　η_e——数量效率，计算精度取到小数点后第一位；
　　　γ_p——精煤实际产率，%；
　　　γ_t——精煤理论产率，即原煤中与精煤质量（灰分）相同时的浮煤量，%。

精煤理论产率可以从原煤可选性曲线上求出。

4. 灰分误差

灰分误差按下式计算：

$$A_e = A_p - A_t \tag{7-22}$$

式中　A_e——灰分误差，%；
　　　A_p——精煤实际灰分，%；
　　　A_t——精煤理论灰分，%。

精煤理论灰分值从原煤可选性曲线上获得。

5. 总错配物含量

在实际的重力选煤过程中，由于各种原因造成分选的不完善，使得轻重产品出现互相的污染。物料分选或分级时，混入各产品中非规定成分的物料称为错配物，即轻产物中大于分选密度的物料和重产物中小于分选密度的物料。特鲁姆普把它们称为"迷路的精煤""迷路的矸石"等。总错配物含量也称错配物总量，按下式计算：

$$M_O = M_h + M_l \tag{7-23}$$

式中　M_O——总错配物含量（占入料），%，精确到小数点后第一位；
　　　M_h——密度大于分选密度的物料在轻产品中的错配量（占入料），%；
　　　M_l——密度小于分选密度的物料在重产品中的错配量（占入料），%。

显然，总错配物含量越高，分选效果越差。一般情况下，计算总错配物含量时，分选密度采用分配密度（δ_p）或等误密度（δ_e）。等误密度指在两重选产品中，错配物相等时的密度，即 $M_h = M_l$ 所对应的密度。

总错配物含量能较为明确地表达出物料分选的结果及设备的潜力。试验与计算的工作量也较少。在日常检查中可用占产品的百分数（即污染指标或快速浮沉指标）来表达。大量生产实际表明，实际分选密度一般比理论分选密度低 0.05 g/cm³。

理论分选密度即对应于分选过程中获得的实际灰分的产品，从密度曲线上查得的相应密度。若理论分选密度用符号 δ_t 表示，则

$$\delta_e = \delta_t - 0.05 \tag{7-24}$$

在原煤可选性变化不大的情况下，只要注意分选密度的一致性，就可以把日常检查、月综合、年度检查等结果联系对比加以分析，具有对比性。所以用此指标指导生产比数量效率方便。

6. 邻近密度物含量

邻近密度物含量值按《煤炭可选性评定方法》（GB/T 16417—2011）中的规定进行确定。

二、评价指标的应用原则和计算规则

新研制设备鉴定、新投产设备的验收或重要的生产技术检查应计算全部指标。

评价指标的计算规则如下。

（1）计算全粒级。新研制设备鉴定和新投产设备验收必须各粒级分别计算。

（2）分选下限采用设备生产、研制厂家提供的数值。

（3）对于多段分选，可将每段视为一个单独的分选过程，各有自己的计算入料。分段绘制分配曲线和错配物曲线。

（4）分选产品的产率采用全量计量法确定。

（5）有效数字的取值原则是：以百分数为单位的量修约到小数点后两位；其他量修约到两位或两位以上。

三、应用实例

根据表 7-11 计算产物错配物指标。

（1）列表计算各密度级的错配物数量，见表 7-13。

表 7-13 错配物数量计算表

密度级别/ ($g \cdot cm^{-3}$)	高密度分割						低密度分割					
	数量/%			错配量/%			数量/%			错配量/%		
	精煤+中煤	矸石	密度/ ($g \cdot cm^{-3}$)	精煤+中煤中的沉物	矸石中的浮物	合计	精煤	中煤	密度/ ($g \cdot cm^{-3}$)	精煤中的沉物	中煤中的浮物	合计
	表7-11 (11)	表7-11 (5)		↑∑(2)	↓∑(3)	(5)+(6)	表7-11 (9)	表7-11 (7)		↑∑(8)	↓∑(9)	(11)+(12)
(1)	(2)	(3)	(4)	(5)	(6)	(7)	(8)	(9)	(10)	(11)	(12)	(13)
-1.30	21.92	0.21		68.90	0.00	68.9	18.20	3.72		50.40	0.00	50.40
1.30~1.40	28.23	0.37	1.30	46.98	0.21	47.19	22.62	5.61	1.30	32.2	3.72	35.92
1.40~1.50	10.32	0.28	1.40	18.75	0.58	19.33	6.94	3.38	1.40	9.58	9.33	18.91
1.50~1.60	4.43	0.76	1.50	8.43	0.86	9.29	1.96	2.47	1.50	2.64	12.71	15.35
1.60~1.80	2.63	2.52	1.60	4.00	1.62	5.62	0.57	2.06	1.60	0.68	15.18	15.86
+1.80	1.37	26.96	1.80	1.37	4.14	5.51	0.11	1.26	1.80	0.11	17.24	17.35
				0.00	31.1	31.1				0.00	18.50	18.50

（2）绘制错配物曲线。错配物曲线反映了密度与其相对应的轻或重产品中错配物量

(以占计算原煤的百分数表示）之间的关系，它含有两条曲线：①污染曲线，表示在轻产品中大于各相应分离密度的产率累计（即沉物累计）；②损失曲线，表示在重产品中小于各相应分离密度的产率累计（即浮物累计）。污染曲线与损失曲线交点所对应的密度，即为等误密度 δ_e。

绘制错配物曲线采用常数坐标。纵坐标表示错配量，以 10 mm 代表 1%，全长为 150～200 mm；横坐标表示密度，20 mm 代表 0.1 g/cm³，全长为 150 mm。实际绘制时，可根据错配物量计算表，大致估计一下污染曲线与损失曲线的交点位置，然后再定坐标轴的刻度大小，以便使交点附近比例适当，查阅数据时方便。

根据表 7-13 中第（4）、(5）栏和第（4）、(6）栏数据绘制高密度分割错配物曲线，如图 7-10 所示。

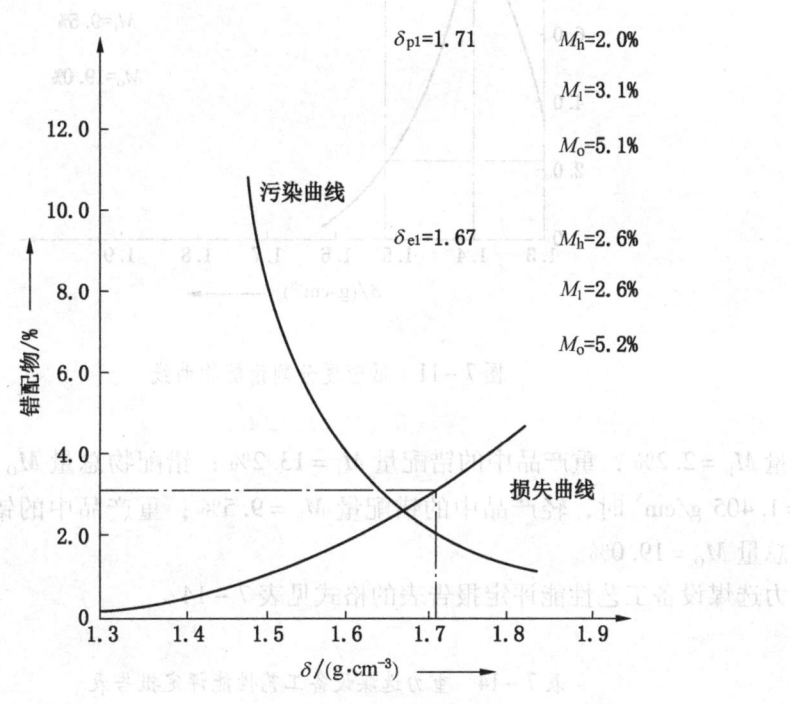

图 7-10 高密度分割错配物曲线

由图 7-9 和图 7-10 可分别查得高密度分割时的分选密度和等误密度，于是再由图 7-10 可得其所对应的错配物指标为：分选密度 $\delta_{p1}=1.71$ g/cm³ 时，轻产品中的错配量 $M_h=2.0\%$；重产品中的错配量 $M_l=3.1\%$；错配物总量 $M_o=5.2\%$。等误密度 $\delta_{e1}=1.67$ g/cm³ 时，轻产品中的错配量 $M_h=2.6\%$；重产品中的错配量 $M_l=2.6\%$；错配物总量 $M_o=5.2\%$。

根据表 7-13 中第（10）、(11）栏和第（10）、(12）栏数据绘制低密度分割错配物曲线，如图 7-11 所示。

同样地，由图 7-9 和图 7-11 可分别查得低密度分割时的分选密度和等误密度，于是再由图 7-11 可得其所对应的错配物指标为：分选密度 $\delta_{p2}=1.52$ g/cm³ 时，轻产品中

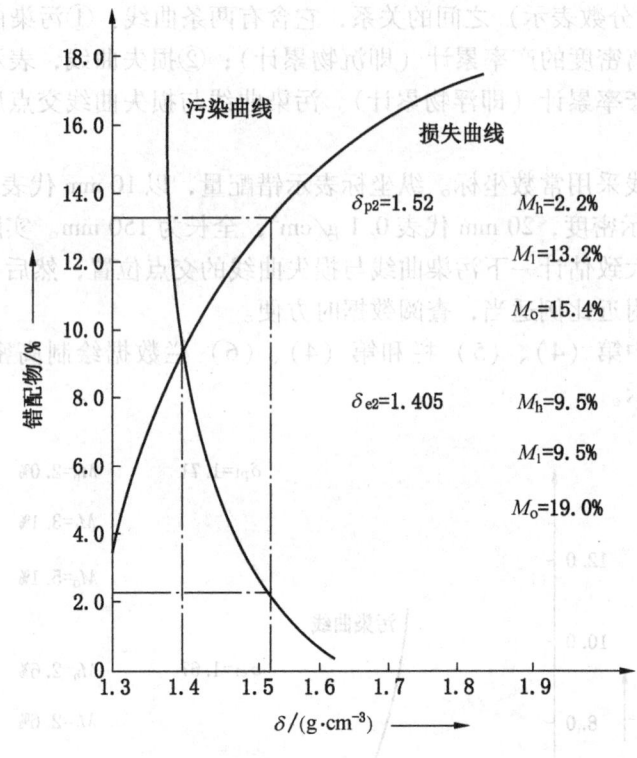

图 7-11 低密度分割错配物曲线

的错配量 $M_h = 2.2\%$；重产品中的错配量 $M_l = 13.2\%$；错配物总量 $M_O = 15.4\%$。等误密度 $\delta_{e2} = 1.405$ g/cm³ 时，轻产品中的错配量 $M_h = 9.5\%$；重产品中的错配量 $M_l = 9.5\%$；错配物总量 $M_O = 19.0\%$。

重力选煤设备工艺性能评定报告表的格式见表 7-14。

表 7-14 重力选煤设备工艺性能评定报告表

试验编号		试验地点		试验日期	
概 况					
设备型号及规格					
入料煤种		入料粒度/mm		入料灰分/%	
作业性质		处理能力/(t·h⁻¹)		试验用时/h	
分选产品/%					
精煤		中煤		矸石	
产率		产率		产率	
灰分		灰分		灰分	

表 7-14（续）

分选密度/(g·cm⁻³)		理论分选指标	
一段		理论精煤产率/%	
二段		理论分选密度/(g·cm⁻³)	
工艺性能评定结果			
给料速度/(t·h⁻¹)			
可能偏差 E/(g·cm⁻³)		一段	二段
不完善度 I			
数量效率 η_e/%			
灰分误差 A_e/%			
总错配物含量 M_0/%			
等误密度 δ_e/(g·cm⁻³)			
邻近密度物含量（±0.1 g/cm³）/%			
注：			

任务习题

1. 名词解释

（1）给料速度；（2）实际分选密度；（3）总错配物含量；（4）污染曲线；（5）损失曲线；（6）等误密度；（7）理论分选密度。

2. 填空题

（1）_____一般用于重介质分选设备，_____仅用于水介质分选设备。

（2）物料分选或分级时，混入各产品中非规定成分的物料称为_____，即轻产物中大于分选密度的物料和重产物中小于分选密度的物料。

3. 判断题

（1）总错配物含量越高，分选效果越好。（   ）

（2）重力选煤工艺效果评定时对于新研制设备鉴定，新投产设备的验收或重要的生产技术检查应计算全部指标。（   ）

4. 综合题

（1）依据任务三习题中表 7-12 的完整数据，绘制错配物曲线和计算错配物指标。

（2）某选煤厂主选采用 SKT-12 型跳汰机处理 80~0 mm 粒级瘦煤，设计处理能力为 160 t/h，经 48 h 试验得原煤和产品浮沉试验结果见表 7-15，试对该设备进行工艺效果评定。

表7-15 原煤和产品浮沉试验结果

密度/ (g·cm^{-3})	入 料		精 煤		中 煤		矸 石	
	产率/%	灰分/%	产率/%	灰分/%	产率/%	灰分/%	产率/%	灰分/%
(1)	(2)	(3)	(4)	(5)	(6)	(7)	(8)	(9)
-1.3	5.18	5.26	8.14	5.6	0.00	0.00	0.00	0.00
1.3~1.40	50.08	8.17	76.21	7.33	5.94	9.32	0.00	0.00
1.4~1.50	12.61	17.21	10.83	16.48	24.91	19.76	0.79	22.73
1.5~1.60	7.42	26.38	3.14	24.84	25.41	29.82	1.23	38.48
1.6~1.70	3.71	33.24	1.24	31.94	19.9	38.76	1.39	44.67
1.7~1.80	2.24	41.12	0.44	36.14	14.32	45.48	2.86	50.17
1.8~2.00	1.75	51.04	0.00	0.00	1.86	53.22	3.78	65.13
+2.00	17.01	83.78	0.00	0.00	7.66	85.09	89.95	83.46
合计	100.00		100.00		100.00		100.00	

项目八 重力选煤实训

任务一 粒度组成分析试验

一、试验目的

(1) 学习使用手摇筛、振筛机(振筛仪)对松散细粒物料进行干法筛分的方法。
(2) 学习筛分数据的处理及分析方法,分析物料的粒度分布特性。
(3) 学习利用筛分试验结果进行数学分析及粒度特性曲线分析。

二、基本原理

松散物料的筛分过程主要包括两个阶段。
(1) 易于穿过筛孔的颗粒穿过不能穿过筛孔的颗粒所组成的物料层到达筛面。
(2) 到达筛面的颗粒透过筛孔。

要实现上述这两个阶段,物料在筛面上应具有适当的相对运动,一方面,使筛面上的物料层处于松散状态,物料层将按粒度分层,大颗粒位于上层,小颗粒位于下层,易于到达筛面,并透过筛孔;另一方面,物料和筛子的运动都促使堵在筛孔上的颗粒脱离筛面,有利于其他颗粒透过筛孔。

松散物料中粒度比筛孔尺寸小得多的颗粒在筛分开始后,很快透过筛孔进入到筛下产物,粒度与筛孔尺寸越接近的颗粒(难筛粒),透过筛孔所需的时间越长。

一般,筛孔尺寸与筛下产品最大粒度具有如下关系:

$$d_{最大} = KD \tag{8-1}$$

式中 $d_{最大}$——筛下产品最大粒度,mm;
D——筛孔尺寸,mm;
K——形状系数,见表 8-1。

表 8-1 K 值 表

孔形	圆形	方形	长方形
K 值	0.7	0.9	1.2~1.7

通常用筛分效率 E 来衡量筛分效果,其表示如下:

$$E = \frac{\beta(\alpha - \theta)}{\alpha(\beta - \theta)} \tag{8-2}$$

式中 E——筛分效率,%;

α——入料中小于规定粒度的细粒含量，%；
β——筛下物中小于规定粒度的细粒含量，%；
θ——筛上物中小于规定粒度的细粒含量，%。

三、仪器设备及材料

（一）大筛分试验（粗粒物料）
（1）台秤或案秤，量程范围 0.5~20 kg。
（2）手摇筛或套筛，孔径 100 mm、50 mm、25 mm、13 mm、6 mm、3 mm、0.5 mm 各 1 个，孔径为 25 mm 及以上的用圆孔筛，筛板厚度为 1~3 mm。孔径为 25 mm 以下的采用金属丝编织的方孔筛网。
（3）铁锹、编织袋、记录笔、封口绳等。
（4）试验煤样不少于 0.5 t。

（二）小筛分试验（细粒物料）
（1）振筛机 1 台，摇动频率为 221 Hz/min，振动频率为 147 Hz/min；振筛仪 1 台。
（2）标准套筛，直径为 200 mm，孔径为 0.5 mm、0.25 mm、0.125 mm、0.075（200目）mm、0.045 mm（320目）的筛子各 1 个/组，筛底、筛盖 1 套/组。
（3）托盘天平 1 台，量程为 200~500 g，感量 0.2~0.5 g。
（4）中号搪瓷盘 6 个，中号搪瓷盆 6 个；大盆 2 个。
（5）-0.5 mm 散体矿样若干（煤泥、石英砂、磁铁粉均可，300 g/组）。
（6）制样铲、毛刷、试样袋若干。

四、试验步骤与操作

（一）大筛分试验
（1）筛分试验应在筛分实验室内进行，室内面积一般为 120 m^2，地面为光滑的水泥地。人工破碎和缩分煤样的地方应铺有钢板（厚度约 8 mm）。
（2）选用的最大孔径试验筛要保证筛分试验后筛上物的质量不超过筛分前试样质量的 5%，且其他各粒级煤的质量均不超过筛分试样总质量的 30%，否则，适当增加粒级。
（3）筛分操作一般从最大筛孔向最小筛孔进行。如煤样中大粒度含量不多，可先用 13 mm 或 25 mm 筛孔的筛子截筛，然后对其筛上物和筛下物，分别从大的筛孔向小的筛孔逐级进行筛分，各粒级产物应分别称量。
（4）筛分试验时，往复摇动筛子，速度均匀合适，移动距离为 300 mm 左右，直到筛净为止。每次筛分新加入的煤量应保证筛分操作完毕时，试样覆盖筛面的面积不大于 75% 且筛上煤粒能与筛面接触。
（5）煤样潮湿但急需筛分时，则按以下步骤进行。
① 采取外在水分样，并称量煤样的总质量；
② 用筛孔为 13 mm 的筛子进行筛分，得到大于 13 mm(A) 和小于 13 mm(B) 两种湿煤样产品；
③ 称量 B 样，从 B 中取外在水分样；
④ 把 A 晾至空气干燥状态后用孔径为 13 mm 的筛子复筛一次，称量复筛后的筛上物

并对其进行各粒级筛分，称量各粒级产品。将复筛的筛下物称量后掺入到 B 中；

⑤ 从 B 中缩取不少于 100 kg 的试样（C），然后晾至空气干燥状态称量。对 C 进行 13 mm 以下各粒级的筛分并称量。

（6）必要时，对 50 mm 和小于 50 mm 各粒级的筛分，用下列方法检查其是否筛净：将煤样在要求的筛子中过筛后，取部分筛上物检查，摇动数次手摇筛，筛下量小于入料的 2%。

（7）采用机械筛分时，应使煤粒在不产生破碎的情况下在整个筛分区域内保持松散状态，并用上述方法检查是否筛净。

（8）没有振筛机时，可用手工筛分，检查方法与机械筛分相同。

（9）筛完后，逐级称量（称准至 0.1 g）并测定灰分。

（10）当煤样易于泥化时，宜采用干法筛分，其试验步骤参照（6）~（9）执行。

（11）筛分过程中不准用刷子或其他外力强制物料过筛。

（二）小筛分试验

（以煤泥干法筛分为例，湿法小筛分可由指导教师演示）

（1）学习设备操作规程，熟悉试验系统。

（2）接通电源，打开振筛机电源开关，检查设备运行是否正常；确保试验过程的顺利进行及人机安全。

（3）将烘干散体试样缩分并称取 100 g。

（4）将所需筛孔的套筛按顺序（从上到下筛孔依次减小）组合好，将试样倒入套筛。

（5）把套筛置于振筛机上，固定好；开动机器，每隔 5 min 停下机器，用手筛检查一次。检查时，依次由上至下取下筛子放在搪瓷盆上用手筛，手筛 1 min，筛下物的重量不超过筛上物重量的 1%，即为筛净。筛下物倒入下一粒级中，各粒级都依次进行检查。

（6）筛完后，逐级称重、记录，将各粒级产物缩制成化验样，装入试样袋进行化验分析。

（7）关闭总电源，整理仪器及实验场所。

（8）指导教师进行湿法筛分过程演示及注意事项讲解。

五、数据处理与报告要求

（1）将试验数据和计算结果按规定填入松散物料筛分试验结果表（表 8-2）中。

（2）误差分析：筛分前试样重量与筛分后各粒级产物重量之和的差值，不得超过筛分前煤样重量的 2.5%，否则试验应重新进行。

（3）计算各粒级产物的产率，单位为%。

（4）绘制 3 种粒度特性曲线：直角坐标（累计产率为纵坐标，粒度为横坐标）、半对数坐标（累计产率为纵坐标，粒度的对数为横坐标）、全对数法坐标（累计产率的对数为纵坐标，粒度的对数为横坐标）。

（5）分析试样的粒度分布特性。

（6）编写试验报告。

表8-2 松散物料筛分试验结果记录表

试样名称：_____ 试样粒度：__-0.5 mm__ 试样前重量：_____ g

试样来源：_____ 试验日期：_____

粒 度		重量/g	产率/%	正累计/%	负累计/%
mm	网目				
+0.500					
0.500~0.250					
0.250~0.125					
0.125~0.074					
0.074~0.045					
-0.045					
合 计					
误差分析					

说明：通过查阅相关资料将网目这一列补充完整。

试验人员：_____ 日期：_____ 指导教师：_____

六、思考题

（1）影响筛分效果的因素有哪些？湿法与干法筛分的效率有何差别？

（2）如何根据累计粒度特性曲线的几何形状对粒度组成特性进行大致的判断？

任务二 密度组成分析试验

一、试验目的

（1）学习粒群密度组成测定的基本原理与方法。

（2）了解浮沉液的配制方法。

（3）学习浮沉数据的处理与重选可选性曲线的绘制、分析方法。

二、基本原理

当散体物料置于一定密度的重液中时，根据阿基米德定律，密度大于重液密度的颗粒将下沉（沉物），密度小于重液密度的颗粒则上浮（浮物），密度与重液密度逼近或相同的颗粒处于悬浮状态。

对重力选矿来说，矿石密度与矿石品位之间具有很强的相关性，这也是采用重力分选获得较高品位（质量）矿物产品的依据。

根据上述原理，使用特制的工具在不同密度的重液中捞起不同密度物料的试验即为浮沉试验。浮沉试验根据所处理的粒度范围分为小浮沉和大浮沉。

对重力选矿来说，矿样可按下列密度分成不同密度级：1.30 kg/L、1.40 kg/L、1.50 kg/L、1.60 kg/L、1.70 kg/L、1.80 kg/L、2.00 kg/L。大浮沉试验过程如图 8-1 所示。

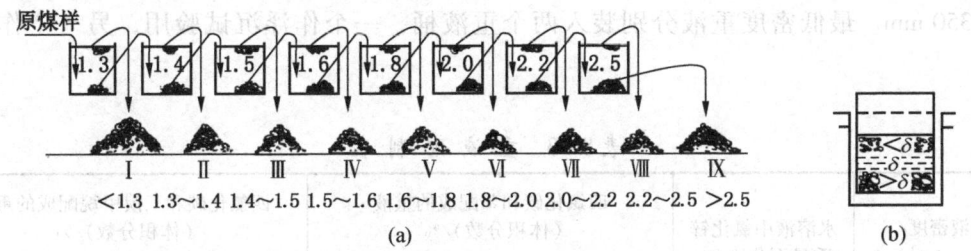

图 8-1 浮沉试验过程示意图

重液密度可依据下式计算（密度瓶法）：

$$\Delta = \frac{G_3 - G_1}{G_2 - G_1} \cdot \Delta_w \tag{8-3}$$

式中 G_1——空密度瓶重量，kg；

G_2——注水后密度瓶与水的总重量，kg；

G_3——注满待测重液时密度瓶和待测重液的总重量，kg；

Δ——待测重液的密度，kg/L；

Δ_w——水的密度（取 1），kg/L。

也可用密度计直接测量。

三、仪器设备及材料

(1) 密度计（1套）、台秤（1 kg）、大浮沉器具（1套）、小浮沉器具（1套）、天平（1套）。

(2) 6~3 mm 级浮沉试样 4 kg，-0.5 mm 煤泥 60 g。

(3) 中号试样盘（盆）若干，滤纸若干。

(4) 氯化锌、四氯化碳、苯、三溴甲烷等基本材料。

四、试验步骤与操作

（以测定煤炭密度组成的大浮沉为例，小浮沉可由指导教师演示）

大浮沉试验过程 动画

小浮沉试验过程 动画

浮沉试验 微课

(1) 重液配制。煤炭浮沉试验常用氯化锌配制重液,其优点是易溶于水、易配制、价廉等,缺点是腐蚀性较大。配制各种密度的氯化锌重液可参考表 8-3 进行,并用密度计反复测量,使重液密度精确到 0.003 kg/L。

(2) 将已配制的重液装入重液桶,并按密度大小顺序排列,桶中重液的液面高度不低于 350 mm。最低密度重液分别装入两个重液桶,一个作浮沉试验用,另一个作为缓冲液。

表 8-3 重液配制表

重液密度/ (kg·L^{-1})	水溶液中氯化锌 重量百分比/%	四氯化碳和苯配成的重液 (体积分数)/%		四氯化碳和三溴甲烷配成的重液 (体积分数)/%	
		四氯化碳	苯	四氯化碳	三溴甲烷
1.3	31	60	40		
1.4	39	74	26		
1.5	46	89	11		
1.6	52			98	2
1.7	58			89	11
1.8	63			79	21
2.0	72			59	41

注:三溴甲烷的密度为 2.887 kg/L;四氯化碳的密度为 1.595 kg/L;苯的密度为 0.798 kg/L。

(3) 称 n kg 煤样(具体质量下限见表 8-4)放入网底桶内,用水洗净附着在煤块上的煤泥,滤去洗水后再进行浮沉试验。收集冲洗出的煤泥水,用澄清法或过滤法回收煤泥,然后干燥称重,此煤泥称为浮沉煤泥。

表 8-4 浮沉试验煤样重量与粒度级别的关系

煤样粒级/mm	+100	100~50	50~25	25~13	13~6	6~3	3~0.5	-0.5
煤样最小重量/kg	150	100	30	15	7.5	4	2	1

(4) 将网底桶(装有洗好的煤样)放入缓冲液中浸润一下,提起并斜放在桶边上滤尽重液,再放入做浮沉用的最低密度的重液桶内,用木棒轻轻搅动或将网底桶缓缓地上下移动,然后使其静止分层,分层时间不少于下列规定。

① 粒度大于 25 mm 时,分层时间为 1~2 min;
② 最小粒度为 3 mm 时,分层时间为 2~3 min;
③ 最小粒度为 1~0.5 mm 时,分层时间为 3~5 min。

(5) 小心地用捞勺按一定方向捞取浮物,捞取深度不得超过 100 mm,捞取时应注意勿使沉物搅起混入浮物中,待大部分浮物捞出后,再用木棒搅动沉物,然后仍按上述方法捞取浮物，反复操作直到捞尽为止，捞出的浮物倒入盘中，并做好标记。

（6）把装有沉物的网底桶缓慢提起，斜放在桶边上滤尽重液，再放入下一个密度的重液桶中，用同样方法逐次按密度顺序进行，直到该煤样全部试验完为止，最后将沉物倒入盘中。

（7）各密度级产物分别滤去重液，用水冲尽产物上残存的重液（最好用热水冲洗）。然后放入不高于100℃的干燥箱内干燥，干燥后取出冷却，达到空气干燥状态再进行称重。

① 浮沉试验所用重液是具有腐蚀性的液体，在配制重液和进行试验过程中应避免与皮肤接触，要戴眼镜、穿胶鞋等。

② 在整个试验过程中应随时用密度计测量和调整重液的密度，保证重液密度值的准确。

③ 浮沉顺序一般是从低密度级向高密度级进行。如果煤样中含有易泥化的矸石或高密度物含量多时，可先在最高密度重液内浮沉。捞出的浮物仍按由低密度到高密度顺序进行浮沉。

（8）小浮沉试验过程演示（试验指导教师讲解、操作）。

五、数据处理与报告要求

浮沉试验报告见表8-5。

表8-5 浮沉试验报告表

浮沉试验编号：										
煤样粒级： mm							煤样灰分： %			
全硫： %							煤样重量： kg			

密度级/ (kg·L^{-1})	质量/ kg	产率		质 量		浮物累计		沉物累计		±0.1含量/ %
		占本级/%	占全样/%	灰分/%	硫分/%	产率/%	灰分/%	产率/%	灰分/%	
-1.3										
1.3~1.4										
1.4~1.5										
1.5~1.6										
1.6~1.7										
1.7~1.8										
1.8~2.0										
+2.0										
合计										
煤泥										
总计										

试验人员：_____　　　　日期：_____　　　　指导教师：_____

(1) 各密度级产物和煤泥烘干后分别称重，将数据记入表中。

(2) 将各级产物和煤泥分别缩制成分析煤样，测定其灰分；当原煤硫分超过 1.5% 时，各密度级产物应测定全硫。

(3) 误差分析：①数量误差分析，浮沉试验前空气干燥状态的煤样重量与浮沉试验后各密度级产物的空气干燥状态重量之和的差值，不得超过浮沉试验前煤样重量的 2%，否则该试验应重新进行；②质量误差分析（不同对象对应有不同的要求，具体请参考有关标准）。

(4) 绘制可选性曲线：说明每条曲线的物理意义及使用方法（±0.1 含量注意扣矸）。

(5) 编写试验报告。

浮沉试验资料整理　微课

可选性曲线及其应用　微课

六、思考题

(1) 小浮沉使用离心机的目的是什么？举例说明离心分离在固液分离领域的其他应用。

(2) 浮沉试验在重选生产实践中有哪些作用？请举例说明。一些非煤常见矿物的比重等性质见表 8-6。

表 8-6　常用的加重质及特性

加重质	比重	可能达到的最大悬浮液比重	莫氏硬度
重晶石	4.4	2.2	3.0~3.5
磁黄铁矿	4.6	2.3	3.5~4.5
黄铁矿	5.0	2.5	6.0~6.5
磁铁矿	5.0	2.5	5.5~6.5
砷黄铁矿	6.0	2.8	5.5~6.0
细磨硅铁	6.9	3.1	7.0
方铅矿	7.5	3.3	2.5~2.75

任务三　颚式破碎机破碎试验

一、试验目的

(1) 熟悉颚式破碎机的构造与操作。

(2) 了解颚式破碎机产品粒度特性。

(3) 绘制产品粒度特性曲线。

二、基本原理

粒度特性表示碎散物料的粒度组成，除了用表格形式表示外，还可以用图形或者曲线来表示，而且用曲线表示比表格更清楚。因曲线为连续的，所以可求出任意级别的产率。通常，用横坐标表示颗粒的粒度，用纵坐标表示物料中各粒级（或累积）产率。这种按筛分试验结果绘制的粒度分布曲线叫粒度特性曲线。

在选矿生产中，为了均衡各破碎段之间的生产负荷，经常需要根据破碎衬板磨损情况和对各段产品的要求，迅速而准确地调节各段破碎机排矿口的大小。生产实践证明，同一类破碎机在不同排矿口尺寸下破碎硬度和形状相似的矿石时，其所得产品粒度特性曲线的形状是相似的。为了使用方便，破碎机破碎产品粒度特性曲线的横坐标不直接用粒度表示，而是采用相对粒度表示：

$$Z_i = \frac{d_i}{e} \tag{8-4}$$

式中　Z_i——相对粒度；

d_i——筛孔尺寸，即产品粒度；

e——排矿口宽度。

另外，破碎产品的粒度特性还取决于破碎物料的性质。不同硬度的矿石，其粒度特性也是不同的。根据拉苏莫夫的资料，破碎产物的典型粒度特性曲线如图 8-2 所示。

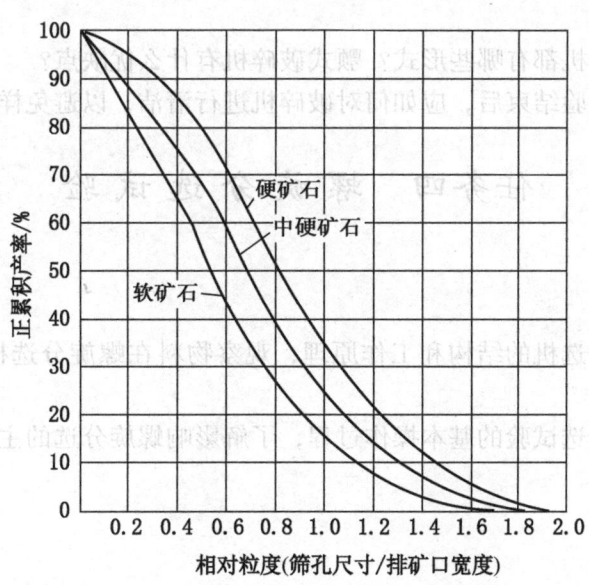

图 8-2　破碎产物的典型粒度特性曲线

三、仪器设备

（1）颚式破碎机：PE150×250。

(2) 试验筛（圆形）：16 mm 筛、12 mm 筛、8 mm 筛、4 mm 筛、2 mm 筛、托盘。

(3) 取矿用托盘（长方形）、接破碎产品用托盘（长方形）。

(4) 台秤、扳手等。

四、试验步骤与操作

(1) 使用台秤对欲进行破碎试验的样品进行称重。

(2) 使用扳手调整调节螺母，将排矿口宽度调至目标值（根据样品特性，由指导教师给定）。

(3) 将已称重的样品放入破碎机入口。

(4) 在破碎机出料口放置接物托盘。

(5) 点击开关按钮，使破碎机处于工作状态，此时陆续有产品沿出料口排出。

(6) 取出接物托盘，将破碎后的产品放至试验筛中进行筛分（按筛孔减小顺序筛分）。

(7) 对各粒度级的破碎产品称重，填入表格，绘制破碎粒度特征曲线。

(8) 可选用不同种类试验样品（或设定不同破碎机破碎目标值）重复以上步骤。

五、数据处理与报告要求

(1) 将筛分结果记录在粒度特性表格中（表格样式参照粒度组成表）。

(2) 根据筛析结果绘制破碎机产品粒度特性曲线。

六、思考题

(1) 常用的破碎机都有哪些形式？颚式破碎机有什么优缺点？

(2) 每组破碎试验结束后，应如何对破碎机进行清洁，以避免样品互相污染？

任务四　螺旋分选试验

一、试验目的

(1) 了解螺旋分选机的结构和工作原理，观察物料在螺旋分选机中的运动状态与分离过程。

(2) 了解螺旋分选试验的基本操作过程，了解影响螺旋分选的主要因素。

二、基本原理

螺旋分选　微课

螺旋溜槽工作原理　动画

螺旋分选过程主要涉及水流在螺旋槽面上的运动规律、物料颗粒在螺旋槽面上的运动规律及颗粒在运动过程中的综合受力规律。

在螺旋槽面的不同半径处，水层的厚度和平均流速不同。越向外缘水层越厚、流速越快。给入的水量增大，湿周将向外扩展，但对靠近内缘的流动特性影响不大。随着流速的变化，水流在螺旋槽内表现为两种流态，即靠近内缘的层流和外缘的紊流。

在流动过程中，水流具有两种不同方向的循环运动。其一是沿螺旋槽纵向的回转运动；其二是在螺旋槽内外缘之间的横向循环运动。两种流动的综合效应使上下水层的流动轨迹不同。

由于横向循环运动的存在，在槽内圈水流表现有上升的分速度，而在外圈则具有下降的分速度。颗粒在槽面上的运动同时受重力、惯性离心力、水流的推动力及摩擦力的作用。

水流的动压力推动颗粒沿槽的纵向运动，并在运动中发生分散和分层。由于水流速度沿深度的分布差异，悬浮于上层的细泥及分层后较轻的颗粒具有很大的纵向运动速度，因而也就具有很大的离心加速度。而位于下层的重颗粒沿纵向运动的分速度较小，相应的离心加速度也较小。由于上述差异而导致物料颗粒在螺旋槽的横向分层（分带）。

重力的方向始终垂直向下。由于螺旋槽的空间倾斜，故重力分布除了推动颗粒沿纵向移动外，也促使颗粒向槽的内缘运动。颗粒的惯性离心力方向与其回转半径相一致，并大致与所处位置的螺旋线的曲率半径重合。

直接与槽底接触的颗粒其所受的摩擦力更加明显，位于上层的颗粒受水介质的润滑作用摩擦力较小，微细颗粒呈悬浮态运动，不再有固体边界的摩擦力。

上述各作用的综合结果导致物料颗粒在螺旋中的分选分离经过3个主要阶段。

（1）分层阶段。这一阶段在完成一次回转运动后初步完成。

（2）轻重颗粒的横向展开、分带过程。离心加速度较小的底层重颗粒向内缘运动，上层的轻颗粒向中间偏外运动，而悬浮的细泥则被甩向最外缘。随着回转运动次数的增加，不同的颗粒逐渐达到稳定运动的过程。

（3）平衡阶段。不同性质的物料颗粒沿着各自的回转半径运动，分选过程完成。研究表明：颗粒分层和分带作用区域主要在螺旋横断面的中部，该区域的主要特点是矿浆的浓度基本不变，颗粒与水层之间具有较大的速度梯度。

因螺旋分选机具有工作无须动力，若有高差可实现无能耗工作，操作维护简单，且工作稳定，使用寿命长、基本无须检修等特点，其已广泛应用于铁矿、钛铁矿、海滨砂矿、锡矿、砂金、钨矿等金属矿及煤等非金属矿的选别及脱泥。

三、仪器设备及材料

（1）螺旋分选机1台，天平（台秤）。

（2）20 L接料桶3个，样品盘5个，小盆10个。

（3）−6 mm物料（原煤或其他矿样与物料，一般可采用细粒煤和石英砂混合样，便于观察现象）20 kg。

四、试验步骤与操作

（1）学习设备操作规程，检查设备，对搅拌桶进行试转。

(2) 缩制两份重量分别为 2.5 kg 和 5 kg 的试样。

(3) 将搅拌桶打开,加入一定量水的情况下加入试样并加水至所需浓度。

(4) 将内圈两根管子接在一个桶内,中间两根接在一个桶内,最外几根管子接在一个桶内。

(5) 准备好接样后,打开搅拌桶放料阀,将入料桶中的悬浮混合物料给入螺旋分选机。

(6) 料浆排完后,适量用水冲洗黏附在槽壁上的物料,并接入料桶。

(7) 彻底冲洗给料桶和分选机,将各产品脱水、烘干、称重。

(8) 根据需要,制取入料及产品的分析、化验样,进行分析化验。

五、数据处理与报告要求

(1) 将试验数据记录于表 8-7 中。

表 8-7 试验结果记录与计算表

序号	入料粒度/mm	入料浓度/(kg·L^{-1})	入料品位/%	产品1			产品2			产品3			计算入料		
				质量	产率	品位	质量	产率	品位	质量	产率	品位	质量	产率	品位
1															
2															

试验人员:_____ 日期:_____ 指导教师:_____

(2) 编写试验报告。

六、思考题

(1) 影响螺旋分选效果的主要结构因素有哪些?如何影响?

(2) 不同密度的样品,在螺旋分选机断面上是如何分布的?

任务五 摇床分选试验

一、试验目的

(1) 了解摇床的结构和工作原理,验证摇床分选的基本理论。

(2) 观察分选过程中物料在床面上的扇形分布,了解影响摇床分选效果的主要因素与调节方法。

二、基本原理

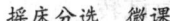

摇床分选 微课

摇床的工作过程 动画

摇床（图8-3）分选过程主要包括以下几个环节。

1. 物料在床面上的松散分层

在摇床分选过程中，水流沿床面横向流动，不断跨越床面隔条，流动变化的大小是交替的。每经过一个隔条即发生一次水跃。水跃产生的涡流在靠近下游隔条的边沿形成上升流，而在沟槽中间形成下降流。水流的上升和下降是颗粒松散、悬浮的动力，而松散悬浮又是发生颗粒分层使得重颗粒转入底层的前提。由于底层颗粒密集且相对密度较大，水跃对底层的影响很小，因此在底层形成稳定的重产物层。而较轻的颗粒由于局部静压强较小，不能再进入底层，于是在横向水流的推动下越过隔条向下运动。沉降速度很小的颗粒始终保持悬浮，随横向水流排出。

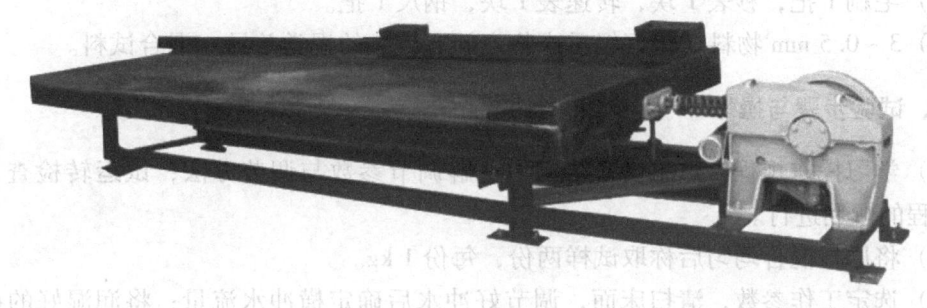

图8-3 摇床

2. 物料在床面上的分带

（1）横向水流包括入料悬浮液中的水和冲洗水两部分。由于横向水流的作用，位于同一高度层的颗粒粒度大的要比粒度小的运动快，密度小的又比密度大的运动快。这种运动差异又由于分层后不同密度和颗粒占据了不同的床层高度而愈加明显：水流对于那些接近隔条高度的颗粒冲洗力最强，因而粗粒的低密度首先被冲下，即横向运动速度最大；沿着床层的纵向运动方向，隔条的高度逐渐降低，原来占据中间层的颗粒不断地暴露到上层，于是细粒轻产物和粗粒重产物相继被冲洗下来，沿床面的纵向产生分布梯度。

（2）由于床面前冲及回撤的加速度及作用时间不同导致的床面差动运动，引起颗粒沿床面纵向的运动速度不同。特别是颗粒群分层后更加剧了不同密度和粒度的颗粒沿床面的纵向运动差异。即底层的密度较高的颗粒由于与床面间的摩擦系数较大，因而具有随床面一起运动的倾向。而位于上层的颗粒由于水的润滑及所具有的相对松散的状态摩擦力较小，因而随床面一起运动的趋势较弱。所以低密度颗粒尽管与床面间具有较大横向运动速度，但综合的结果是低密度颗粒沿床面的纵向距离较短，而高密度不但沿床面的横向运动速度较小，且由于每次负加速度的作用，可以获得一段有效的前进距离。进一步导致了轻重颗粒的运动距离差异。

颗粒在床面上的实际运动是横向运动与纵向运动的合成。运动方向是横向运动方向与纵向运动方向的向量和。

不同颗粒每一瞬时沿横向和纵向的运动速度并不一样。受隔条的阻挡，颗粒的实际轨迹是阶梯状的，颗粒的最终运动方向只能由两个方向的平均速度决定。根据前面分析，低密度、粗颗粒具有最大偏离角，高密度、细颗粒具有最小偏离角。其他颗粒介于两者之间。最终导致轻重产物的扇形分布。扇形分带越宽，分离精度越高。而分带的宽窄由颗粒间的运动速度差异决定。

摇床分选技术已广泛用于钨、锡、钽、铌及其他稀有金属和贵金属矿石的分选，也可以用于选别铁、锰、铬、钛、铅等矿石及煤等非金属矿，可用于粗选、精选、扫选等作业。

三、仪器设备及材料

(1) 实验室用摇床 1 台，天平 (1 kg) 1 架。
(2) 物料桶 5 个，瓷盆若干，量筒 1 个 (1000 mL)。
(3) 毛刷 1 把，秒表 1 块，转速表 1 块，钢尺 1 把。
(4) 3～0.5 mm 物料（最好轻重产物之间有较大的视觉差异）混合试料。

四、试验步骤与操作

(1) 学习操作规程，熟悉设备结构，了解调节参数与调节方法；试运转检查，确保试验过程的顺利进行。

(2) 将原样混合均匀后称取试样两份，每份 1 kg。

(3) 选定工作参数，清扫床面，调节好冲水后确定横冲水流量；将润湿好的矿样在 2 min 内均匀地加入给料槽，调整冲水及床面倾角，使物料在床面上呈扇形分布，同时调整接料装置，分别接取各产品。待分选过程结束后，停机，继续保持冲水，清洗床面，将床面剩余颗粒归入重产物。

(4) 按照上述参数，用备用样做正式试验，接取 3 个产物。

(5) 试验结束后清理实验设备、整理实验场所。

五、数据处理与报告要求

(1) 将试验条件与分选结果数据记录于表 8-8 中。
(2) 分析试验条件与分选结果间的关系。
(3) 编写试验报告。

表 8-8 摇床分选实验数据记录表

单元试验条件	入料粒度/mm	处理量/(kg·h^{-1})	横向倾角/(°)	冲水量/(L·min^{-1})	冲次/min	冲程/mm

单元试验结果	产品	质量/g	产率/%	品位分析		接料点距床尾距离/mm
				1	2	
	产品1					
	产品2					
	产品3					
	合计					

试验人员：_____　　　日期：_____　　　指导教师：_____

六、思考题

（1）绘制出沿摇床出料位置的颗粒按粒度和密度的分布。
（2）摇床分选过程中哪些颗粒容易发生错配？为什么？

任务六 磁性物含量的测定

一、试验目的

（1）了解磁选管的结构、工作原理及操作方法。
（2）学会散体物料磁性物含量的测定方法，掌握试验的操作步骤。

二、基本原理

具有不同磁性的矿物粒子，通过磁选管形成的磁场，必然要受到磁力和机械力（重力及流体作用）的作用。由于磁性较强和磁性较弱的矿粒所受的磁力不同，便产生了不同的运动轨迹，磁性较强的矿粒富集在两磁极中间，而磁性弱的矿粒则在水流的作用下排出，由于磁选管与磁极间的相对往复运动，使得磁极间的物料产生"漂洗作用"，将夹杂在磁性矿粒间的非磁性颗粒冲洗出来，于是物料颗粒按其磁性不同分选为两种单独的产物。

三、仪器设备及材料

（1）磁选管1台。
（2）500 mL烧杯2个，塑料洗瓶1个，50 mL烧杯1个。
（3）秒表1块。
（4）托盘天平1台，称量100 g，感量0.1 g。
（5）磁铁矿重介质粉100 g，粒度要求小于0.5 mm。
（6）酒精适量。

四、试验步骤与操作

（1）熟悉试验系统，检查设备运转是否正常。
（2）注水进玻璃管，调节尾矿管上的夹子，使玻璃管内水的流量保持稳定，水面高于磁极30 mm左右，且不溢出。
（3）按动电钮，电源接通。电机通过传动装置使玻璃管做往复上下移动和转动，调整手柄使激磁电流为2.5 A，至此仪器处于待使用状态。
（4）称取20 g磁铁矿重介质粉放入500 mL的烧杯中，滴入5~6滴酒精，并加入适量清水，用玻璃棒搅拌。
（5）将仪器调至待用状态，此时尾矿管有水流出，应用桶接水并收集尾矿。
（6）缓慢将矿浆从给料漏斗中给入磁选管，边给料边搅拌。给料完毕，用清水将杯及玻璃棒上的矿粒冲洗入磁选管，此时，磁性物吸附在磁极相对应的玻璃管上，非磁性物随水一起从尾矿管排出。

（7）矿样给入磁选管后，继续给水，直至玻璃管内的水清晰不混时，夹住尾矿管的夹子，同时停水。

（8）切断电源，打开尾矿管的夹子，用盆接取磁性物，用水将管壁的磁性物洗净。

（9）将激磁调整手柄回至零位。

（10）精矿和尾矿过滤脱水，并送入干燥箱内烘干，干燥后冷却至室温称重。

（11）注意事项：①磁选管的磁场强度大于磁选机，所以试验时手中不得拿铁器，以免打碎玻璃管；勿将手表等物接近磁极，以免磁化受损；②分选时一定要冲洗至水清晰、不混浊为止。

五、数据处理与报告要求

（1）将试验所获数据和计算的数据填入表8-9中。

表8-9 磁性物含量测定结果表

试验编号	试料重量/g	精矿重量/g	尾矿重量/g	磁性物含量/%	磁选时间/min	激磁电流/A
1						
2						

试验人员：_____　　　　日期：_____　　　　指导教师：_____

（2）磁性物含量按下式计算：

$$\beta = \frac{G_j}{G} \times 100\% \tag{8-5}$$

式中　β——磁性物含量，%；

　　　G_j——磁性物（磁选出的精矿）质量，g；

　　　G——试料计算质量，g。

（3）编写试验报告。

六、思考题

（1）解释磁性物含量与磁选回收率，并说明二者的区别。

（2）试样调制成浆的过程为什么要加几滴酒精？

任务七　加重介质的磁选回收试验

一、试验目的

（1）了解试验用磁选机的结构、工作原理及其操作方法。

（2）了解影响磁选效果的主要因素。

（3）掌握评价磁选效果的方法和指标。

二、基本原理

物料颗粒之间的磁性差异是实现物料分选、回收的重要物理性质之一。磁选是利用磁性颗粒和非磁性颗粒在分选空间的运动行为差异进行分选的过程。

混合物料进入磁选机的分选空间后,颗粒受到磁力和机械力(重力、离心力、惯性力、流体动力等)的作用,磁性不同的物料颗粒受到的磁力大小不同,因此其运动的路径(轨迹)不同。当作用于颗粒的磁力大于作用于其上的机械力的合力时,颗粒将被吸附于分选滚筒上,脱离分选区进入卸料区,从精矿排料槽排出;当作用于颗粒的磁力小于作用于其上的机械力的合力时,颗粒将继续处于分选箱内,与大部分分散介质一起排入尾矿管。

磁选过程的基本条件是:$F_1 > F_2 > F_3$,其中 F_1 为作用于颗粒上的磁作用力,F_2 为作用于颗粒上的与磁作用力相反的机械力的合力,F_3 为作用于弱磁性颗粒上的磁作用力。

三、仪器设备及材料

(1) 实验室用鼓形湿式磁选机 1 台;天平(1 kg)1 台。
(2) −0.5 mm 磁铁粉与煤泥的混合样 10 kg。
(3) 500 mL 烧杯 2 个,洗瓶 1 个;接料桶(20 L)3 个。

四、试验步骤与操作

(1) 学习操作规程,检查设备、试运转,确保试验能够顺利进行。
(2) 在给料桶中配制浓度为 100 g/L 的悬浮液 20 L。
(3) 调整磁极位置,启动磁选机,调压使输出电流为 20 A。
(4) 将悬浮液缓慢放入磁选机中,同时开启喷水管和反冲水管适量给水。
(5) 接收精矿和尾矿。
(6) 给矿 1 min 后,将运转按钮切断,转鼓停止转动,关闭冲水管。
(7) 清洗精矿槽和尾矿槽,并入各自产品槽中。
(8) 过滤、烘干(105~110 ℃)、称重。
(9) 制备磁性物含量分析样各 50 g,进行产品的磁性物含量分析。

五、数据处理与报告要求

(1) 将试验条件与数据记录于表 8 − 10 中。
(2) 分析试验条件对磁选效果的影响。
(3) 编写试验报告。

表 8 − 10 试 验 数 据 表

序号	条件			入料		精矿			尾矿		
	磁场强度/ $(A \cdot m^{-1})$	磁偏角/ (°)	磁选时间/ min	磁性物含量/ %	浓度/ $(g \cdot L^{-1})$	质量/ g	产率/ %	磁性物含量/ %	质量/ g	产率	磁性物含量/ %
1											
2											

试验人员:_____   日期:_____   指导教师:_____

六、思考题

（1）简述滚筒式磁选机的工作原理。
（2）试分析滚筒式磁选机回收介质和磁选管磁选有何本质的区别。

附录1　选煤术语（GB/T 7186—2023）（节选）

附表1　选煤术语（GB/T 7186—2023）（节选）

术　语	含　义
一般术语	
选煤	将煤炭经机械处理除去非煤物质，并按需要分成不同质量、规格产品的加工过程
毛煤	煤矿直接生产出来，未经过任何筛分、破碎和分选的煤
原煤	毛煤经过筛分或破碎处理的煤
原料煤	供给选煤厂或选煤设备以便用某种方式加工处理的煤
精煤	经过分选获得的低密度产物
中煤	经分选后得到的灰分介于精煤和矸石之间的产物
纯中煤	质地均匀，不易通过破碎和再选改善其质量的中煤
假中煤	颗粒由煤和矸石或页岩生成的连生体，并可通过破碎将煤解离出来的中煤
矸石	从原料煤中选出的高密度产物
可见矸石	粒度大于50 mm的矸石
手选矸石	用人工方法由原料煤中拣选出来的矸石
外来煤	从隶属于选煤厂煤源以外而来的煤
进口煤	从关境以外进入到关境内的煤
析离	散装物料堆积时，不同物理特性（如颗粒粒度或相对密度）颗粒的自然分离
选煤厂	对煤炭进行分选加工，生产不同质量、规格产品的加工厂
矿井选煤厂	厂址位于煤矿工业场地内，只入选该矿所产原煤的选煤厂
群矿选煤厂	厂址位于某一座煤矿工业场地内，可同时入选该矿及附近煤矿所产毛（原）煤的选煤厂
矿区选煤厂	在煤矿矿区范围内，厂址设在单独的工业场地上，入选矿区毛（原）煤的选煤厂
中心选煤厂	厂址设在矿区范围以外独立的工业场地上，入选外来毛（原）煤的选煤厂
用户选煤厂	厂址设在用户（如焦化厂等）工业场地的选煤厂
筛选厂	对煤进行筛选加工，生产不同粒级产物的加工厂
智能化选煤厂	通过智能化技术在选煤行业的应用，依托选煤大数据与专家知识库，形成全面感知、实时互联、数据共享、综合分析、自主学习、动态预测、协同控制的智能系统，实现选煤厂的智能控制、智能管理、智能决策，逐步做到少人或无人干预，最终达到安全、高效、节能、环保的选煤厂

附表1（续）

术语	含义
分选作业	将煤炭按需要分成不同质量、规格产品的作业环节
辅助作业	与分选作业相联系，基本上不改变所加工煤炭质量的作业
粒度	物料颗粒的大小
入料上限	最大给料粒度
入料下限	最小给料粒度
可选性	原煤通过重选方法分选出规定产品质量的难易程度
浮沉试验	将煤样用不同密度的重液分成不同的密度级，并测定各密度级产物的产率、灰分或其他指标的试验
分　级	
分级（泛指粒度分级）	将物料分成若干个标准粒级的作业
筛分试验	为了解煤的粒度组成和各粒级产物的特性而进行的筛分和测定的试验
小筛分	对粒度小于0.5 mm的物料进行的筛分试验
粉煤	粒度小于6 mm的煤
末煤	粒度小于13 mm的煤
粒级煤	煤通过筛选或洗选生产的、粒度下限大于6 mm的产品煤
块煤	粒度大于13 mm的各粒级煤的总称
粒度组成	各粒级物料的质量分布
粒级	一定粒度范围的颗粒群
自然级	未经破碎的原料煤的筛分粒级
破碎级	块煤经破碎后的粒级
标准筛	一套筛孔尺寸大小有一定比例的、筛孔边长及筛丝直径均按标准制造的筛分机
自由沉降	单个颗粒在无限空间介质中的沉降
干扰沉降	颗粒在有限空间介质中的沉降
分　选	
干选	不用水作介质，采用手工或机械方法从煤中分选出杂质
湿选	用水作为介质，从煤中用机械分选出杂质
再选	为提高产品质量或减少损失，对选后产品进行的再次分选
重力选煤	以物料密度差别为主要依据的选煤方法
跳汰选煤	在垂直脉动为主的介质中实现分选的重力选煤方法

附表1（续）

术语	含义
重介质选煤	在密度大于水的介质中实现分选的重力选煤方法
主选	各分选工艺中，分选出主要产品的工艺
分组入选	按原料煤的牌号或可选性分组进行分选的方式
不分级入选	原煤不经分级直接进行分选的方式
分级入选	将原料煤分成不同粒级进行分选的方式
脱泥入选	原料煤经脱泥后进行分选的方式
手选	采用人工方法从大块煤中拣出杂质或煤块
手选带	块煤在其上铺开，以便供人工手选或拣选的连续输送机（例如胶带式、链板式或链条结构）
跳汰筛板	承托物料床层的冲孔钢板或格栅
跳汰床层	跳汰机筛板承托的全部物料
风阀	控制压缩空气交替进入和排出跳汰机每个分室的装置
排矸装置	从跳汰机的各个分段用人工或自动操作排除重物料的装置
冲水	用于润湿原料煤并辅助进入跳汰机的水
顶水	从跳汰机筛板下给入，松散床层并起分选作用的水
跳汰周期	跳汰机中介质流上下脉动一次所经历的时间
人工床层	在跳汰机筛板上人为铺设的，具有一定密度和粒度的物料层
床层松散度	床层呈悬浮状态时，其中分选介质所占的体积百分比
分层	分选过程中物料主要按密度分类成层的现象
正排矸	矸石层移动方向与煤流方向相同的排矸方式
倒排矸	矸石层移动方向与煤流方向相反的排矸方式
跳汰室	跳汰机中物料分层和产物分离的工作室
空气室	跳汰机中与跳汰室直接联通的，容纳压缩空气的工作室
筛侧空气室跳汰机	空气室在筛板一侧的空气脉动跳汰机（鲍姆跳汰机）
筛下空气室跳汰机	空气室在跳汰机筛板下面的空气脉动跳汰机
加重质	密度相对较高的磁铁矿等矿物质微粒
重悬浮液	加重质与水等制备呈悬浮状态的两相均匀流体
重介质	密度大于 1 g/cm^3 的分选介质
重介质分选机	用重介质分选煤炭的选煤设备

附表1（续）

术语	含义
分流	为排除循环悬浮液中多余的水、煤泥和其他杂物等，从悬浮液系统中分出的部分悬浮液
斜轮重介质分选机	用斜提升轮提升并排除沉物的重介质分选机
立轮重介质分选机	用垂直提升轮提升并排除沉物的重介质分选机
刮板重介质分选机/浅槽重介质分选机	利用槽内的刮板输送机排出重产物的重介质分选机
重介质旋流器	以重悬浮液或重液为介质进行分选的旋流器
磁性物含量	磁性物的质量占固体总质量的百分比
稀介质	稀悬浮液/用水喷洗黏附加重质所产生的低于合格介质密度的悬浮液
重介质回收/加重质回收	从稀介质中回收加重质以重复使用的作业
水平流	从重介质分选机给料端给入的悬浮液流，用以补充分选槽内的悬浮液和输送浮起物
上升流	从重介质分选机底部给入，用以维持分选槽内悬浮液的稳定性的悬浮液流
下降流	从重介质分选机下部排出，用以维持分选槽内悬浮液的稳定性的悬浮液流
螺旋分选机	物料在绕垂直弯曲成螺旋状的溜槽中，利用离心力和重力进行分选的机械
摇床	床面设有格条，且通常对水平两个方向倾斜，并作水平的往复差动运动的分选设备
其 他	
煤泥	泛指：湿的煤粉 专指：粒度小于0.5 mm的选煤产品
粗煤泥	粒度大于或等于0.5 mm的颗粒，一般不用浮选处理的颗粒
原生煤泥	由入选原煤中所含的煤粉形成的煤泥
次生煤泥	在选煤过程中，煤和矸石因粉碎或泥化所产生的煤泥
浮沉煤泥	在浮沉试验过程中产生的煤泥
分选密度	由产品的相关密度分析计算得出，实现分选的有效密度（注：分选密度通常用分配密度或等误密度表示）
分配密度	密度分配曲线上得到的，对应回收率为50%的密度
等误密度	分选作业中给料错配到两种产物的量相等时的密度
理论分选密度	在可选曲线上按某一理论灰分（或产率）从密度曲线上查得的相应密度，通常以等灰密度或当量密度表示
实际分选密度	完成分选过程的实际密度，从产物的浮沉试验资料计算出的。通常用分配密度或等误密度表示
质量效率	相当于精煤实际产率时的精煤理论灰分与精煤实际灰分的百分比

附表1（续）

术 语	含 义
产率	某一作业获得的产物数量，以占入料量的百分比表示
基元灰分	煤在某一密度（或产率）点的灰分
分界灰分	两种产物分界线上的基元灰分（即浮物的最高灰分和沉物的最低灰分）
理论灰分	按某一给定产率，从浮物或沉物曲线上查得的相应灰分值
捞坑	沉淀的煤泥或末煤由链式或斗式提升机连续输出的锥形池子

附录2 "1+X"煤炭清洁高效利用职业技能等级标准(节选)

1. 面向职业岗位(群)

【煤炭清洁高效利用】(初级、中级):选煤操作员、煤质分析员、煤炭气化操作员、煤炭液化操作员等相关岗位。

【煤炭清洁高效利用】(高级):选煤操作员、煤质分析员、煤炭气化操作员、煤炭液化操作员、选煤技术员、煤炭气化技术员、煤炭液化技术员等相关岗位。

2. 职业技能要求

2.1 职业技能等级划分

煤炭清洁高效利用职业技能等级分为三个等级:初级、中级、高级,三个级别依次递进,高级别涵盖低级别职业技能要求。

【煤炭清洁高效利用】(初级):根据生产任务安排,结合生产工艺特点,能够完成煤炭气化、煤炭液化、煤炭分选现场生产工艺的监控、操作、记录等工作;能测定煤样的水分、灰分、挥发分和固定碳。

【煤炭清洁高效利用】(中级):能根据生产任务操控中控系统,完成煤炭气化、煤炭液化、煤炭分选装置开停车操作、正常生产调节与控制;能判断并处理跑料、水、电、气、汽等异常事故;能判断气化炉、重介质旋流器等常见设备、仪表故障;能根据产品质量标准调整、处理产品质量问题;能按照煤炭清洁生产要求完成"三废"及环保的工艺处理;能进行煤的全硫、发热量和元素分析。

【煤炭清洁高效利用】(高级):能根据煤炭气化、煤炭液化、煤炭分选生产的需求,实现节能、高效生产,完成并指挥多岗位的开车准备、开车操作、工艺参数优化操作、正常及异常停车;能根据操作参数、分析数据判断装置事故隐患及处理,能完成初步的工艺优化、技术改造、质量管理、事故分析及处理等工作;能调整控制产品质量,进行初步的生产经济核算;能测定煤的黏结指数、胶质层指数、灰熔融性、可磨性指数。

2.2 职业技能等级要求描述

附表2 煤炭清洁高效利用职业技能等级要求(煤炭分选领域)

等级	工作任务	职业技能要求
初级	原煤准备	能识别破碎机、筛分机、运输机等设备; 能正确操作破碎机、筛分机、运输机等设备; 能检查、维护破碎机、筛分机、运输机等设备
	煤炭分选	能识别重介质选煤机、重介质旋流器等选煤设备; 能正确操作分选设备; 能检查、维护洗选设备

附表 2（续）

等级	工作任务	职 业 技 能 要 求
初级	煤泥水处理	能识别煤泥水处理设备； 能正确操作煤泥水处理设备； 能根据配置规程配制水处理剂； 能检查、维护煤泥水处理设备
中级	原煤准备	能判断破碎、筛分效果是否达到技术要求； 能判断设备运行的故障，进行常规故障的排除
中级	煤炭分选	能分析判断分选效果，根据结果进行工艺参数调整； 能根据煤炭分选工艺绘制工艺流程图； 能判断工艺、设备故障，并进行正确处置
中级	煤泥水处理	能根据水质检测结果判断设备的工艺的运行状况，分析判断煤泥水处理效果并进行水处理工艺调整
高级	煤炭分选	能根据原煤性质、产品指标，绘制原煤可选性曲线，进行工艺操作优化； 能排除分选工艺、设备常规的故障； 能分析系统中主要分选设备的工艺效果
高级	煤泥水处理	能根据煤泥水的性质，筛选符合工艺的水处理剂； 能根据煤泥水的处理效果，优化工艺操作

参 考 文 献

[1] 谢广元. 选矿学 [M]. 徐州：中国矿业大学出版社，2016.
[2] 黄阳全，王东. 重力选煤技术 [M]. 北京：煤炭工业出版社，2011.
[3] 陈贵锋. 选煤 [M]. 北京：化学工业出版社，2010.
[4] 张国旺. 破碎筛分与磨矿分级 [M]. 北京：冶金工业出版社，2016.
[5] 王玉鑫，赵秀芳. 重力选煤技术 [M]. 北京：煤炭工业出版社，2015.
[6] 杨小平. 重力选煤技术 [M]. 北京：冶金工业出版社，2012.
[7] 王淀佐，邱冠周，胡岳华. 资源加工学 [M]. 北京：科学出版社，2005.
[8] 李延锋. 液固流化床粗煤泥分选机理与应用研究 [M]. 徐州：中国矿业大学出版社，2008.
[9] 骆振福，赵跃民. 流态化分选理论 [M]. 徐州：中国矿业大学出版社，2002.
[10] 杨海旺. 螺旋分选机应用、研究综述 [J]. 内蒙古煤炭经济，2015 (7)：53 + 65.
[11] 江勇. 废弃印刷线路板绿色回收与资源化工艺的研究 [D]. 南宁：广西民族大学，2017.
[12] 李延锋. 矿物加工实验技术 [M]. 徐州：中国矿业大学出版社，2010.
[13] 全国煤炭标准化技术委员会. 煤炭筛分试验方法：GB/T 477—2008 [S]. 北京：中国标准出版社，2008.
[14] 住房和城乡建设部. 煤炭洗选工程设计规范：GB 50359—2016 [S]. 北京：中国计划出版社，2017.
[15] 全国煤炭标准化技术委员会. 选煤厂流程图原则和规定：GB/T 19094—2003 [S]. 北京：中国标准出版社，2003.
[16] 欧泽深，张文军. 重介质选煤技术 [M]. 徐州：中国矿业大学出版社，2011.
[17] 谢贺遥. 重力选煤 [M]. 北京：煤炭工业出版社，2013.
[18] 李幼川. 现代洗选煤技术工艺流程、设备选型计算、技术检查与经济效益评估实用手册 [M]. 北京：当代中国音像出版社，2008.
[19] 程子曌，马剑. "双碳"背景下选煤高质量发展研究 [J]. 中国煤炭，2022，48 (7)：10 - 16.
[20] 杨俊利，杨茂青. 我国选煤 70 年的回顾与展望 [J]. 选煤技术，2019 (4)：1 - 7 + 12.
[21] 郭德. 重力选煤 [M]. 北京：煤炭工业出版社，2017.
[22] 中国煤炭教育协会职业教育教材编审委员会. 重力选煤 [M]. 北京：煤炭工业出版社，2013.
[23] 周安宁，黄定国. 洁净煤技术 [M]. 徐州：中国矿业大学出版社，2018.
[24] 李振. 洁净煤技术 [M]. 徐州：中国矿业大学出版社，2013.
[25] 黄波. 选煤厂工艺设计与建设 [M]. 北京：冶金工业出版社，2014.
[26] 陶有俊，夏文成. 选煤工艺设计与管理 [M]. 徐州：中国矿业大学出版社，2022.
[27] 王慧，杨天敏. 我国煤炭清洁高效利用现状及发展建议 [J]. 能源，2023 (3)：64 - 69.
[28] 程宏志. 碳达峰碳中和战略目标下选煤技术发展的思考 [J]. 选煤技术，2022，50 (5)：1 - 6.
[29] 李帆，马晓敏，樊玉萍，等. 煤炭可选性曲线绘制方法对比研究 [J]. 选煤技术，2022，50 (4)：38 - 46.
[30] 王启广. 选煤机械 [M]. 徐州：中国矿业大学出版社，2013.
[31] 王新文，潘永泰，刘文礼. 选煤机械 [M]. 北京：冶金工业出版社，2017.
[32] 胡海祥. 矿物加工实验理论与方法 [M]. 北京：冶金工业出版社，2012.
[33] 刘富. 选煤厂技术检查与质量管理 [M]. 北京：煤炭工业出版社，2002.

图书在版编目（CIP）数据

重力选煤技术 / 贾雪梅，赵辉主编. -- 北京：应急管理出版社，2024. --（煤炭职业教育"十四五"规划教材）. -- ISBN 978-7-5237-0626-8

Ⅰ．TD94

中国国家版本馆 CIP 数据核字第 2024S5M302 号

重力选煤技术（煤炭职业教育"十四五"规划教材）

主　　编	贾雪梅　赵　辉
责任编辑	闫　非　王一名
责任校对	孔青青
封面设计	之　舟
出版发行	应急管理出版社（北京市朝阳区芍药居 35 号　100029）
电　　话	010-84657898（总编室）　010-84657880（读者服务部）
网　　址	www.cciph.com.cn
印　　刷	廊坊市印艺阁数字科技有限公司
经　　销	全国新华书店
开　　本	787mm×1092mm$^1/_{16}$　印张 15$^1/_4$　插页 1　字数 353 千字
版　　次	2024 年 8 月第 1 版　2024 年 8 月第 1 次印刷
社内编号	20240010　　　　　定价　48.00 元

版权所有　违者必究

本书如有缺页、倒页、脱页等质量问题，本社负责调换，电话：010-84657880